百战程序员丛书

新工科 IT 人才培养系列教材

MySQL 数据库教程

北京尚学堂科技有限公司 组编

刘凯立 张巧英 编著

高 淇 主审

U0379280

西安电子科技大学出版社

内 容 简 介

本书从初学者角度出发，通过精心设计的丰富示例由浅入深地讲解了 MySQL 数据库开发中的常用操作。全书共 18 章：第一至四章主要讲解了数据库的基础知识及操作，内容包括数据库概述、MySQL 的安装与配置、MySQL 支持的数据类型以及数据库的基本操作；第五至九章主要讲解了 MySQL 数据库的应用，内容包括表的基本操作，索引，插入、更新与删除数据，单表查询操作以及多表查询操作；第十至十二章主要讲解了 MySQL 数据库中常用的高级操作，内容包括事务、视图以及用户管理；第十三至十七章主要讲解了 MySQL 数据库中的存储过程、游标、存储函数、触发器、数据备份与恢复；第十八章主要讲解了关系型数据库设计的理论基础，内容包括数据模型、概念模型以及三大范式等。每章的最后都设计了针对该章内容的练习题，能够让读者趁热打铁，巩固所学的知识。

本书适合 MySQL 数据库的初学者快速入门，可作为广大高等院校计算机及其相关专业的教材，同时也可作为数据库开发人员的参考用书。

图书在版编目(CIP)数据

MySQL 数据库教程 / 刘凯立，张巧英编著. —西安：西安电子科技大学出版社，2019.6
(2023.2 重印)
ISBN 978-7-5606-5265-8

Ⅰ. ① M… Ⅱ. ① 刘… ② 张… Ⅲ. ① SQL 语言—程序设计—教材 Ⅳ. ①
TP311.132.3

中国版本图书馆 CIP 数据核字(2019)第 037532 号

策　　划　李惠萍　刘统军
责任编辑　王　斌　雷鸿俊
出版发行　西安电子科技大学出版社(西安市太白南路 2 号)
电　　话　(029)88202421　88201467　　　邮　编　710071
网　　址　www.xduph.com　　　　电子邮箱　xdupfxb001@163.com
经　　销　新华书店
印刷单位　陕西博文印务有限责任公司
版　　次　2019 年 6 月第 1 版　　2023 年 2 月第 3 次印刷
开　　本　787 毫米×1092 毫米　1/16　印　张　21.5
字　　数　508 千字
印　　数　6001～8000 册
定　　价　52.00 元

ISBN 978−7−5606−5265−8/TP

XDUP 5567001−3

如有印装问题可调换

前　　言

MySQL 是目前 IT 行业最流行的开放源代码的数据库管理系统，它是一款开源的、免费的、轻量级的关系型数据库，具有体积小、速度快、成本低、开放源码等优点，受到了业界人士的青睐，其发展前景无可限量。同时 MySQL 也是一个支持多线程、高并发、多用户的关系型数据库管理系统。市面上关于 MySQL 数据库学习的书籍非常多，但是有的过于深奥，让广大初学者望而生畏；有的过于浅显，浅入浅出，仅限于简单的示例；有的不注重实战，工作用不到的内容长篇大论，浪费读者时间。

北京尚学堂科技有限公司多年来一直从事高端 IT 教育，并且同国内外上千家企业有直接的用人合作，所以我们深知学员的需求和企业的技术要求。

学员需求：学习不枯燥，能够快速入门、实战操作，熟悉底层原理。

企业要求：程序员既有实战技能，可以快速上手，也内功扎实，熟悉底层原理，后劲十足。

因此，针对以上需求，北京尚学堂科技有限公司设计、推出了本书。

本书主要有以下几个特点：

1. 使用当前最主流版本的 MySQL 软件

本书中的 MySQL 软件的版本为 8.0.12，在此版本中新增或摒弃了旧版本中的一些操作，如果还是继续研读旧版本的读物，可能会给初学者在实际工作中带来困惑。在本书各章节知识点的讲解中，我们明确指出了 MySQL 8.0.12 与之前版本的不同，方便读者重点关注和进行区分。

2. 内容由易到难、由浅入深

本书从数据库的基础知识开始讲解，逐步深入到数据库的基本操作和应用，最后又讲解了数据库中常用的高级操作。这些内容由易到难、由浅入深，使学习循序渐进，适合初学者以及各高校学生阅读。

3. 注重实战应用

本书以示例驱动模式进行知识点的讲解，注重实战应用，以理论与实际相结合为原则，让读者边学边练，达到快速入门的目的，同时拥有更强的实战技能。本书在每一章中都精心设计了一个完整的案例，该案例涉及每一章中所有的知识点，这些知识点几乎涵盖了 MySQL 软件中常用的操作，旨在让 MySQL 数据库的初学者能够快速、深刻地理解这些知识点。

4. 注重原理的讲解

本书力求通过合适的示例和简明的语言给大家讲清楚原理，并将需要注意的问题和容易出现错误的地方重点标记，让读者不仅能够明确重点难点，也能对每个知识点做到"知其然也知其所以然"。

编　者

2018 年 11 月

北京尚学堂科技有限公司简介

北京尚学堂科技有限公司成立于 2006 年，旗下拥有北京尚学堂、百战程序员、优效学院三大子品牌。公司目前业务涵盖软件开发、技术培训、技术咨询、在线教育四大领域，事业部遍布北京、上海、广州、长沙、成都、太原、郑州、哈尔滨、深圳、武汉等十多个城市。

公司目前与北京大学软件工程国家研发中心联合研发"程序理解与代码正确性智能判断"技术；与奇虎 360 集团达成人才培育战略合作；连续多年被新浪网、腾讯网授予"中国好老师"、"金牌教育机构"等称号；2017 年成为教育部首批协同育人合作企业，并与国内 14 所高校联合申报、获批 14 项校企协同育人项目。

2016 年我公司组织研发部、培训部、技术咨询部等多部门 50 多位一线技术人员，推出"百战程序员"系列丛书，丛书涉及大数据、人工智能、Java 语言、C 语言、Python 语言等领域。

公司官网：https://www.bjsxt.com。

丛书编写组邮箱：book@sxt.cn。

高淇老师邮箱：gaoqi@sxt.cn。

目　　录

第一章　数据库概述

　　在日常生活中，我们通常把食物放进冰箱存储起来；在学习中，学生的入学信息、考试成绩等档案资料都会存放到档案室；在工作中，公司员工的个人信息(包括职工编号、姓名、性别、籍贯等)会存放到表格中。我们可以形象地将上面提到的冰箱、档案室、表格看做是存放物品的仓库，我们可以根据需求随时在这些仓库中查找某一种食物或者查找某一个学生或员工的基本信息。

　　同样的道理，我们可以把数据库也看成是一个仓库，用它来存储和管理数据。在实际开发中，通常都是使用数据库来存储数据的。比如学校的学生管理系统就是使用数据库来存储每位学生的入学信息、考试信息、选课信息、教师信息等；再比如我们熟知的 12306 网上购票系统同样需要用数据库来存储用户信息、站点信息、车次信息、余票信息等。

　　数据库的应用已经无处不在，本章我们主要对数据库和常用的数据库管理系统 MySQL 的基本概念进行介绍。

1.1　数据库简介

1.1.1　数据管理技术的发展过程

　　数据管理是指对数据进行有效的分类、组织、编码、存储、检索和维护的过程，其目的是使数据能够充分且高效地发挥其作用。到目前为止，数据管理共历经了三个阶段：人工管理阶段、文件系统阶段、数据库系统阶段。其中数据库系统阶段是目前最高级的阶段，下面我们简单介绍这三个阶段的发展情况。

1. 人工管理阶段

　　自 1946 年 2 月第一台电子计算机诞生至 20 世纪 50 年代中期，计算机主要应用于科学计算。当时，计算机除了硬件设备外，并没有任何的软件可以用于存储数据，而使用的外存也只有磁带、卡片和纸带，并没有磁盘等直接存储设备；软件中只有汇编语言，没有操作系统。所以数据只能采用人工管理的方式。

　　人工管理阶段存在许多弊端，如下所述：

　　(1) 不能长期保存数据。由于数据存储在处理数据的程序中，导致数据与程序组成一个整体，程序运行时数据载入，程序结束时数据随着内存的释放而消失。即使是存储在磁带或卡片等外存中的数据，也只是一些临时数据。

　　(2) 没有软件对数据进行保存。程序设计者不仅要考虑数据之间的逻辑结构，还要考虑数据的存储结构、存取方式等。

(3) 数据面向应用(数据不能共享)。数据是附属于程序的，即使两个程序拥有相同的数据，也必须设计各自的数据存储结构和存取方式，还不能实现相同数据的共享，因此会导致程序与程序之间存在大量的重复数据。

(4) 数据不具备独立性。由于数据依托于程序，因此一旦数据的存储结构发生变化，就会导致程序的改变，使得数据没有独立性。

2．文件系统阶段

20 世纪 50 年代后期到 60 年代中期，由于出现了磁盘、磁鼓等直接存储设备，软件也有了各种高级语言和操作系统，因此计算机不仅可以应用于科学计算，也被大量应用于经营管理活动。人们可以将程序所需的大量数据组织成数据文件，长期保存到直接存储设备中，然后利用操作系统中的文件管理功能随时对数据进行存取。

发展到文件系统阶段，对于数据的存储已经有了质的飞跃，该阶段的主要特点如下：

(1) 数据可以长期保存。数据保存在磁盘上，用户可以通过程序对数据进行增、删、改、查操作。

(2) 使用文件系统来管理数据。文件系统是程序与数据之间的接口，程序需要通过文件系统建立、存储和操作数据。

(3) 数据冗余大(数据共享性差)。因为文件是为特定的用途设计的，所以会造成数据在多个文件中被重复存储。

(4) 数据不一致。这是由于数据冗余和文件的独立性造成的，在更新数据时，很难保证相同数据在不同文件中的一致性。

(5) 数据独立性差。修改文件的存储结构后，相关的程序也需要修改。

3．数据库系统阶段

20 世纪 60 年代后期，存储技术不断发展，出现了大容量的磁盘，因此计算机管理和处理的数据量急剧增加，原有的文件系统已经不能满足大量用户对数据共享性、独立性及安全性的需求，所以数据库应运而生。

1968 年，IBM 公司成功研发出数据库系统，这标志着数据管理技术进入了第三个阶段，即数据库系统阶段。在该阶段中，数据库替代了文件来存储数据，使得计算机能够更快速地处理大量的数据。数据库系统阶段弥补了文件系统阶段的不足，具有如下特点：

(1) 数据的结构化。通过存储路径实现记录之间的联系，这是文件系统所不具备的。

(2) 数据面向系统(数据实现了共享)。对于任何一个系统来说，数据库中的数据结构是透明的，任何程序都可以通过标准化接口来访问数据库。

(3) 数据的独立性强。数据的逻辑结构和物理结构实现了分离，用户以简单的逻辑结构操作数据即可，无需考虑数据的物理结构，转换工作由数据库管理系统实现。

(4) 数据的安全性。并非任意用户都可以存取数据库中的数据，数据库的安全性控制可以防止非法用户对数据的非法操作。

1.1.2　数据库系统相关概念

时至今日，我们仍然处于数据库系统阶段，因此我们必须要知道什么是数据，什么是数据库，什么是数据库管理系统，什么是数据库系统，等等。下面我们就来了解此部分内容。

1. 数据

数据(Data)是指对客观事物进行描述并可以鉴别的符号。这些符号是可识别的、抽象的。它不仅仅指狭义上的数字，而是有多种表现形式，如字母、文字、文本、图形、音频、视频等。现在计算机存储和处理的数据范围十分广泛，而描述这些数据的符号也变得越来越复杂。

2. 数据库

数据库(DataBase，DB)是指以一定格式存放、能够实现多个用户共享、与应用程序彼此独立的数据集合。

3. 数据库管理系统

数据库管理系统(DataBase Management System，DBMS)是指用来定义和管理数据的软件。如何科学地组织和存储数据，如何高效地获取和维护数据，如何保证数据的安全性和完整性，等等，这些都需要靠数据库管理系统来完成。目前比较流行的数据库管理系统有Oracle、MySQL、SQL Server、DB2 等。

4. 数据库应用系统

数据库应用系统(DataBase Application System，DBAS)是指在数据库管理系统的基础上，使用数据库管理系统的语法开发的直接面对最终用户的应用程序。例如，学生管理系统、人事管理系统、图书管理系统等。

5. 数据库管理员

数据库管理员(DataBase Administrator，DBA)是指对数据库管理系统进行操作的人员，其主要负责数据库的运营和维护。

6. 最终用户

最终用户(User)是指数据库应用程序的使用者。用户面向的是数据库应用程序(通过应用程序操作数据)，并不会直接与数据库打交道。

7. 数据库系统

数据库系统(DataBase System，DBS)一般是由数据库、数据库管理系统、数据库应用系统、数据库管理员和最终用户构成的。其中DBMS是数据库系统的基础和核心。图 1-1 所示为数据库系统组成示意图。

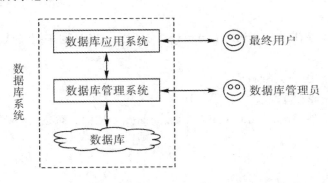

图 1-1　数据库系统组成

> **注意：** 对于初学者而言，特别容易混淆数据库与数据库系统的概念，以为数据库就是数据库系统，而实际上数据库系统的范围要比数据库大得多。

1.1.3　什么是 SQL 语言

我们都知道，数据库管理员(DBA)通过数据库管理系统(DBMS)可以对数据库(DB)中的数据进行操作，但具体是如何操作的呢？这就涉及我们本节要讲的 SQL 语言。

SQL(Structured Query Language)是结构化查询语言的简称，它是一种数据库查询和程序设计语言，同时也是目前使用最广泛的关系型数据库操作语言。在数据库管理系统中，使用 SQL 语言来实现数据的存取、查询、更新等功能。SQL 是一种非过程化语言，只需要提出"做什么"，而不需要指明"怎么做"。

SQL 是由 IBM 公司在 1974 至 1979 年之间以 E.J.Codd 发表的关系型数据库理论为基础开发的，其前身是"SEQUEL"，后更名为 SQL。由于 SQL 语言具有集数据查询、数据操纵、数据定义和数据控制功能于一体，类似自然语言、简单易用以及非过程化等特点，得到了快速的发展，并于 1986 年 10 月被美国国家标准学会(American National Standards Institute，ANSI)确定为关系型数据库管理系统的标准语言，后为国际标准化组织(International Organization for Standardization，ISO)定为国际标准。

SQL 语言分为以下几个部分：

(1) 数据查询语言(Data Query Language，DQL)。DQL 主要用于数据的查询，其基本结构是使用 select、from 和 where 子句的组合来查询一条或多条数据。

(2) 数据操作语言(Data Manipulation Language，DML)。DML 主要用于对数据库中的数据进行增加、修改和删除操作，主要包括：

①　insert：增加数据；

②　update：修改数据；

③　delete：删除数据。

(3) 数据定义语言(Data Definition Language，DDL)。DDL 主要针对数据库对象(表、索引、视图、触发器、存储过程、函数、表空间等)进行创建、修改和删除操作，主要包括：

①　create：创建数据库对象；

②　alert：修改数据库对象；

③　drop：删除数据库对象。

(4) 数据控制语言(Data Control Language，DCL)。DCL 用来授予或回收访问数据库的权限，主要包括：

①　grant：授予用户某种权限；

②　revoke：回收授予的某种权限。

(5) 事务控制语言(Transaction Control Language，TCL)。TCL 用于数据库的事务管理，主要包括：

①　start transaction：开启事务；

②　commit：提交事务；

③ rollback：回滚事务；

④ set transaction：设置事务的属性。

1.1.4　如何访问数据库

通过上述讲解可知,数据库管理系统可以使用 SQL 语言来操作数据库中的数据。其实,应用程序中也可以嵌套使用 SQL 语言来实现对数据库中数据的操作,但是如何才能让程序中的 SQL 语言发挥作用，这就涉及我们本节要讲解的数据库访问技术。

数据库技术经过多年发展，已出现了多种数据库访问技术，如 ODBC(Open DataBase Connectivity，开放数据库互联)、DAO(Data Access Object，数据访问对象)、RDO(Remote Data Object，远程数据对象)、OLE DB(Object Linking and Embedding DataBase，对象链接和嵌入数据库)、ADO(Active Data Object，活动数据对象)、JDBC(Java DataBase Connectivity，Java 数据库连接)等。随着时代的发展，DAO 和 RDO 技术正在逐渐退出历史舞台。

> **注意**：在使用数据库访问技术时，必须安装相应的驱动程序，不同的访问技术有不同的驱动程序。

1. ODBC

在数据库发展初期，不同类型的数据库之间很难实现数据交换。为解决这个问题，Microsoft 开发了 ODBC 技术，它为编写关系型数据库的应用程序提供了统一的接口，使开发人员无需了解连接具体细节就可以访问数据库。

目前，大部分的关系型数据库都提供了 ODBC 驱动程序。ODBC 的体系结构如图 1-2 所示。

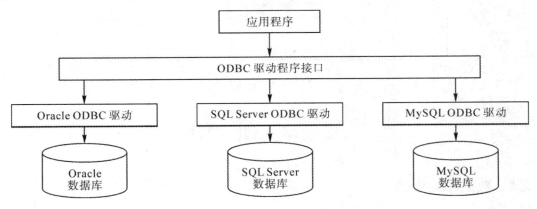

图 1-2　ODBC 的体系结构

我们可以将图 1-2 看成是应用程序访问数据库的流程图。应用程序直接和 ODBC 驱动程序管理器打交道，驱动管理器利用为各种关系型数据库提供的 ODBC 驱动程序来访问不同的数据库。ODBC 驱动程序由 ODBC 驱动管理器调用，它会根据客户的请求调用相应的 ODBC 驱动，然后连接到数据库。

2. OLE DB

OLE DB 是对 ODBC 的拓展，前者在后者基础上提供了 COM 接口，让应用程序能够以统一的方式存取各种不同的数据源。实际开发中，数据可能存储在 Excel、E-mail 或者非关系型数据库中，而并非传统的关系型数据库，但是 ODBC 只能访问关系型数据库，所以 OLE DB 技术便应运而生。

3. ADO

我们可以将 ADO 看成是对 OLE DB 的封装。虽然 OLE DB 允许程序员访问各种类型的数据源，但是其非常底层化，编程非常困难，对程序员的水平有很高的要求。为了解决这个问题，Microsoft 推出了 ADO 技术，大大简化了程序员的工作，因此 ADO 越来越被程序员所喜爱。

4. JDBC

JDBC 是专门针对 Java 语言的一种数据库访问技术，是一种用于执行 SQL 语句的 Java API，为多种关系型数据库提供统一的访问接口。它是连接 Java 应用程序与数据库的桥梁。JDBC 由 Java 语言编写的类和接口组成。通过 JDBC 来操作数据库时，必须有相应的 JDBC 驱动。图 1-3 所示为 JDBC 驱动作用示意图。

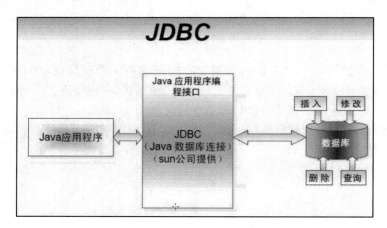

图 1-3　JDBC 驱动的作用

1.2　MySQL 简介

1.2.1　数据库的分类

数据库经过几十年的发展，出现了多种类型。根据数据的组织结构不同，主要分为网状数据库、层次数据库、关系型数据库和非关系型数据库四种。目前最常见的数据库类型主要是关系型数据库和非关系型数据库。

1. 关系型数据库

关系型数据库模型是将复杂的数据结构用较为简单的二元关系(二维表)来表示，如图 1-4 所示。在该类型数据库中，对数据的操作基本上都建立在一个或多个表格上，我们可以采用结构化查询语言(SQL)对数据库进行操作。关系型数据库是目前主流的数据库技术，其中具有代表性的数据库管理系统有 Oracle、DB2、SQL Server、MySQL 等。

学号	姓名	性别	年龄
S070476	张三	男	24
S070477	李四	女	23
S070478	王五	男	24
S070479	赵六	女	25

编号	学号	课程	成绩
1	S070476	英语	78
2	S070477	Java	89
3	S070478	英语	83
4	S070479	JSP	96

图 1-4　关系型数据库的存储方式

2. 非关系型数据库(NOSQL)

NOSQL(Not Only SQL)泛指非关系型数据库。关系型数据库在超大规模和高并发的 Web 2.0 纯动态网站中已经显得力不从心，暴露了很多难以克服的问题。非关系型数据库的产生就是为了解决大规模数据集合多重数据种类带来的挑战，尤其是大数据应用难题。常见的非关系型数据库管理系统有 Memcached、MongoDB、Redis 等。

1.2.2　常见关系型数据库

虽然非关系型数据库的优点很多，但是由于其并不提供 SQL 支持、学习和使用成本较高并且无事务处理功能，所以本书的重点是关系型数据库。下面我们将简要介绍常用的关系型数据库管理系统。

1. Oracle

Oracle 数据库是由美国甲骨文公司开发的世界上第一款支持 SQL 语言的关系型数据库。经过多年的完善与发展，Oracle 数据库已经成为世界上最流行的数据库，也是甲骨文公司的核心产品。

Oracle 数据库具有很好的可移植性，能在所有的主流平台上运行，并且性能好、安全性高、风险低；但是其对硬件的要求很高，管理、维护和操作比较复杂而且价格昂贵，所以一般用于银行、金融、保险等行业的大型数据库中。

2. DB2

DB2 是 IBM 公司著名的关系型数据库产品。DB2 无论稳定性、安全性、恢复性等都无可挑剔，而且从小规模到大规模的应用都可以使用，但是用起来非常繁琐，比较适合大型分布式应用系统。

3. SQL Server

SQL Server 是由 Microsoft 开发和推广的关系型数据库，SQL Server 的功能比较全面、效率高，可以作为中型企业或单位的数据库平台。SQL Server 可以与 Windows 操作系统紧密结合，无论是应用程序开发速度还是系统事务处理运行速度，都能得到大幅度提升。但是，SQL Server 只能在 Windows 系统下运行。

4. MySQL

MySQL 是一种开放源代码的轻量级关系型数据库，MySQL 数据库使用最常用的结构化查询语言(SQL)对数据库进行管理。由于 MySQL 是开放源代码的，因此任何人都可以在 General Public License 的许可下下载并根据个人需要对其缺陷进行修改。

由于 MySQL 数据库体积小、速度快、成本低、开放源代码等优点，现已被广泛应用于互联网上的中小型网站中，并且大型网站也开始使用 MySQL 数据库，如网易、新浪等。

1.2.3　MySQL 的优势

MySQL 数据库最初是由 MySQL AB 公司开发，几经辗转，最后成为 Oracle 公司的产品。MySQL 是目前 IT 行业最流行的开放源代码的数据库管理系统，同时它也是一个支持多线程、高并发、多用户的关系型数据库管理系统。MySQL 之所以受到业界人士的青睐，主要是因为其具有以下几方面的优点。

1. 开放源代码

MySQL 最强大的优势之一在于它是一个开放源代码的数据库管理系统。开源的特点是给予了用户根据自己的需求修改 DBMS 的自由。MySQL 采用了 General Public License，这意味着授予用户阅读、修改和优化源代码的权利，这样即使是免费版的 MySQL，其功能也足够强大，这也是为什么 MySQL 越来越受欢迎的主要原因。

2. 可移植

MySQL 可以在不同的操作系统下运行，简单地说，MySQL 可以支持 Windows 系统、UNIX 系统、Linux 系统等多种操作系统平台。这意味着在一个操作系统中实现的应用程序可以很方便地移植到其他的操作系统下。

3. 轻量级

MySQL 的核心程序完全采用多线程编程，这些线程都是轻量级的进程，它在灵活地为用户提供服务的同时，又不会占用过多的系统资源。因此，MySQL 能够更快速、高效地处理数据。

4. 成本低

MySQL 分为社区版和企业版，社区版是完全免费的，而企业版是收费的。即使在开发中需要用到一些付费的附加功能，MySQL 价格相对于昂贵的 Oracle、DB2 等也具有很大的优势。免费的社区版也支持多种数据类型和标准的 SQL 查询语言，能够对数据进行查询、增加、删除、修改等操作，所以一般情况下社区版就可以满足开发需求，而对数据库可靠性要求比较高的企业则可以选择企业版。

> **注意：** MySQL 社区版与企业版的主要区别是：
> ● 社区版包含所有 MySQL 的最新功能，而企业版只包含稳定之后的功能。换句话说，社区版可以理解为是企业版的测试版。
> ● MySQL 官方的支持服务只针对企业版，如果用户在使用社区版时出现了问题，MySQL 官方是不负责任的。

　　总体来说，MySQL 是一款开源的、免费的、轻量级的关系型数据库，其具有体积小、速度快、成本低、开放源代码等优点，其发展前景是无可限量的。

本 章 小 结

　　本章首先介绍了数据管理技术历经的三个阶段，即人工管理阶段、文件系统阶段、数据库系统阶段；然后介绍了数据、数据库、数据库系统的概念及 SQL 语言的分类、数据组织结构的分类等；最后重点介绍了常见的关系型数据库和 MySQL 的优势，其中常见的关系型数据库包括 Oracle、DB2、SQL Server 及 MySQL，MySQL 的主要优势有开放源代码、开放性、轻量级、成本低等。

练 习 题

1. 简述数据库管理技术的发展过程。
2. 数据库系统包括哪几部分？
3. SQL 语言主要分为几类？
4. 在 Java 中如何访问数据库？
5. 常见的关系型数据库有哪几种？
6. 简述 MySQL 的优势。

第二章　MySQL 的安装与配置

　　MySQL 是基于 C/S(Client/Server，客户端—服务器端)模式的，简单地说，如果要搭建 MySQL 环境，需要有两部分软件，即服务器端软件和客户端软件。

　　服务器端软件为 MySQL 数据库管理系统，它包括一组在服务器主机上运行的程序和相关文件(如数据文件、配置文件、日志文件等)，通过运行程序，启动数据库服务。

　　客户端软件则是连接、操作数据库的，用来执行查询、修改和管理数据库中的数据。

　　MySQL 支持所有的主流操作平台，Oracle 公司为不同的操作平台提供了不同的版本，本章主要讲解在 Windows 和 Linux 平台下 MySQL 的安装与配置过程。

> 注意：
> ● 一般安装 MySQL 时会同时安装服务器端软件和客户端软件。
> ● MySQL 可运行于 Windows 和 Linux 平台上，但客户端和服务器端之间的沟通并不受限于所运行的操作平台。客户端与服务器端之间的连接可以在同一台主机上进行，也可以在不同的主机间进行，而且客户端主机和服务器端主机不需要操作平台相同。例如，客户端可以运行于 Windows 平台上，而所连接的服务器端则可以运行在 Linux 平台上。

2.1　下载 MySQL

　　如果大家安装 MySQL 只是为了个人的学习和软件开发，那么安装免费的社区版即可。打开 MySQL 的官网"https://www.mysql.com/"，如图 2-1 所示。

图 2-1　MySQL 官网主页

点击"DOWNLOADS"导航栏，就会默认进入到 MySQL 的 Enterprise(企业版)产品下载页面；点击"Community"(社区版)，可切换到社区版的下载页面。最后，点击"MySQL Community Server"下边的"DOWNLOAD"按钮，即可进入 MySQL 数据库的下载页面，如图 2-2 所示。

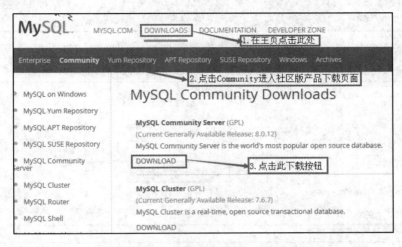

图 2-2　MySQL 社区版产品下载页面

2.1.1　在 Windows 平台下载 MySQL

进入 MySQL 数据库的下载界面后，首先在"Select Operating System"下拉菜单中选择"Microsoft Windows"平台，然后进入 MySQL Installer MSI 下载页面，如图 2-3 所示。

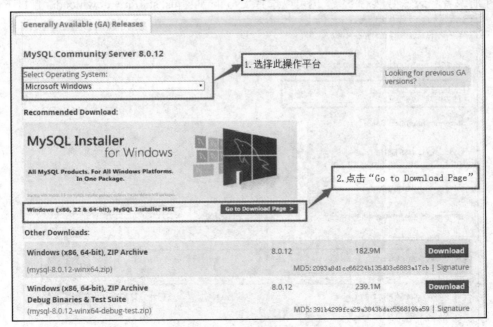

图 2-3　Windows 平台下的 MySQL 数据库产品页面

> **注意:**
> ● Windows 平台下的 MySQL 文件有两个版本:MSI 和 ZIP。
> ● MSI 是安装版。在安装过程中,会将用户的各项选择自动写入配置文件(.ini)中,即自动配置,适合初学者使用,也是本书中使用的版本。
> ● ZIP 是压缩版。需要用户自己打开配置文件写入配置信息,适合高级用户。

在 MSI 版下载页面,按照图 2-4 中所示选择正确的文件下载,MySQL 官网会建议用户注册或者登录账号然后下载,也可以选择 "No thanks, just start my download." 直接下载。

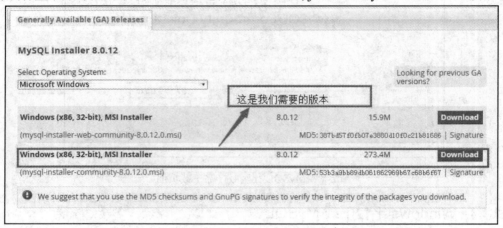

图 2-4　Windows 平台下的 MSI 版 MySQL 下载页面

在 ZIP 版下载页面,按照图 2-5 中所示选择正确的文件下载,此时 MySQL 官网会建议用户注册或者登录账号然后下载,也可以选择 "No thanks, just start my download." 直接下载。

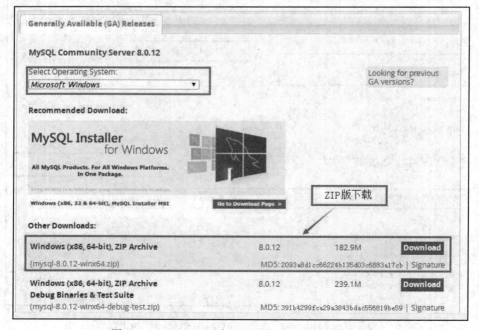

图 2-5　Windows 平台下 ZIP 版 MySQL 下载页面

2.1.2　在 Linux 平台下载 MySQL

　　Linux 操作系统的版本有很多种，如 Red Hat Enterprise、Ubuntu、Debian、CentOS 等，针对自己的电脑选择适合的版本。

　　下面以 64 位的 CentOS 7 版本进行演示，因为 CentOS 系统是由 Red Hat Enterprise Linux 依照开放源代码所规定的源代码编译而成的，所以下载时可以按照 Red Hat 平台选择相应的版本进行下载，如图 2-6 所示。

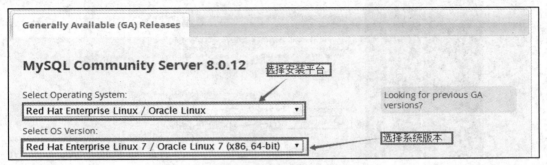

图 2-6　Linux 平台下选择版本

　　在选择完成后，会看到如图 2-7 所示的页面，直接下载"RPM Bundle"压缩包，最后使用 xftp 或其他工具，将下载的压缩包上传到 Linux 服务器中的"Download"目录中。

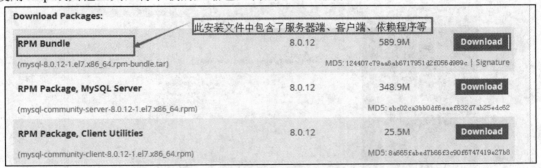

图 2-7　Linux 平台下选择安装服务器端与客户端软件

2.2　在 Windows 平台下安装与配置 MySQL

2.2.1　MSI 版 MySQL 的安装与配置

1. MSI 版 MySQL 的安装

　　根据下载路径找到下载好的 MySQL 安装程序(mysql-installer-community-8.0.12.0.msi)，安装的具体步骤如下所述：

　　(1) 双击安装程序"mysql-installer-community-8.0.12.0.msi"，此时会弹出 MySQL 许可协议界面，如图 2-8 所示，选中复选框"I accept the license terms"后，点击"Next"按钮，进入安装类型选择界面。

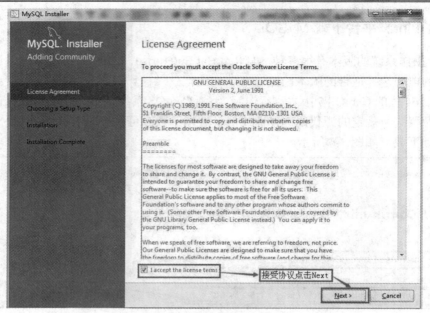

图 2-8　许可协议界面

(2) 如图 2-9 所示，选择自定义安装类型"Custom"(此类型可以根据用户自己的需求选择安装需要的功能)，然后点击"Next"按钮。

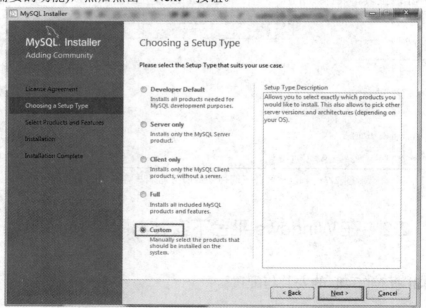

图 2-9　安装类型选择界面

(3) 选择安装功能界面，如图 2-10 所示，展开第一个节点"MySQL Server"，找到并点击"MySQL Server 8.0.12-X64"，之后向右的箭头会变成绿色，点击该绿色的箭头，将选中的产品添加到右边的待安装列表框中。如图 2-11 所示，在展开安装列表"MySQL Server 8.0.12-X64"中，取消"Development Components"选项前面的"√"，再点击"Next"按钮，进入安装列表界面。

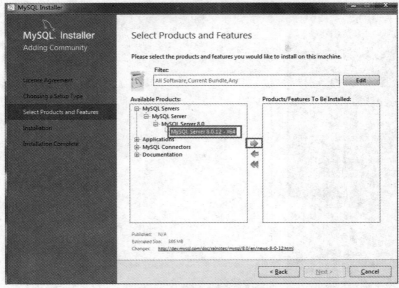

图 2-10　选择安装功能界面

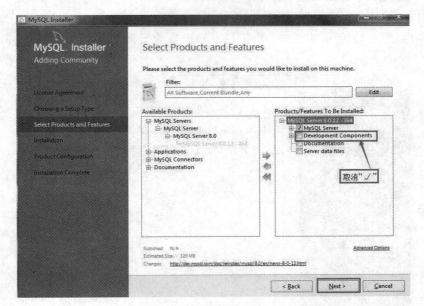

图 2-11　添加要安装的产品界面

(4) 如图 2-12 所示，点击安装列表界面的"Execute"按钮后，要安装的产品右边会显示一个进度条，安装完成之后该安装项前边会出现一个绿色的"√"，之后继续点击"Next"按钮即可。

完成上述 4 个步骤后，MySQL 即安装完成，此时会出现安装成功界面。

2. MSI 版 MySQL 的配置

安装完成后，还需要设置 MySQL 的各项参数，软件才能正常使用。使用图形化界面对其进行配置，具体步骤如下所述：

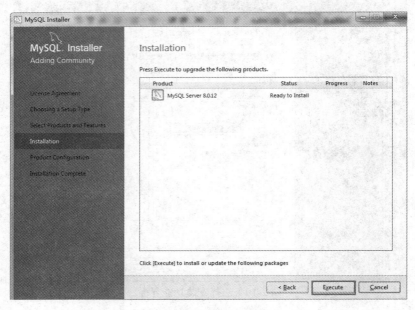

图 2-12　安装列表界面

(1) 点击如图 2-13 所示的"Next"按钮，进入参数配置页面中的"Group Replication"界面。

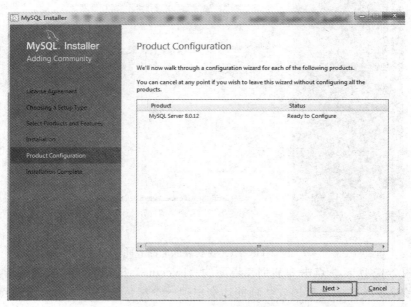

图 2-13　参数配置界面

(2) 如图 2-14 所示，进入"Group Replication"界面后，会看到两个选项："Standalone MySQL Server / Classic MySQL Replication"和"Sandbox InnoDB Cluster Setup(for testing only)"。如果要运行独立的 MySQL 服务器，可以选择前者，以便稍后配置经典的 MySQL 复制；另外，使用该选项时，用户可以手动配置复制的设置，并在需要时为自己提供高可用性的解决方案。而后者是 InnoDB 集群沙箱测试设置，仅用于测试。

选择"Standalone MySQL Server / Classic MySQL Replication"选项，然后点击"Next"按钮，即可进入配置界面。

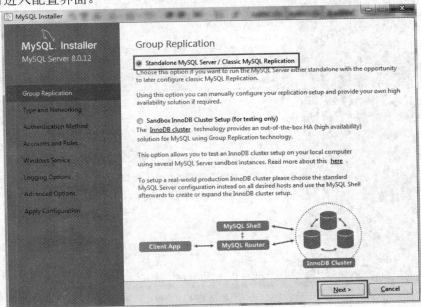

图 2-14　类型选择界面

（3）配置界面如图 2-15 所示，服务器配置类型"Config Type"选择"Development Computer"，不同的选择将决定系统为 MySQL 服务器分配实例资源的大小，"Development Computer"占用的内存是最少的。连接方式保持默认的"TCP/IP"，端口号也保持默认的"3306"即可。然后点击"Next"按钮。

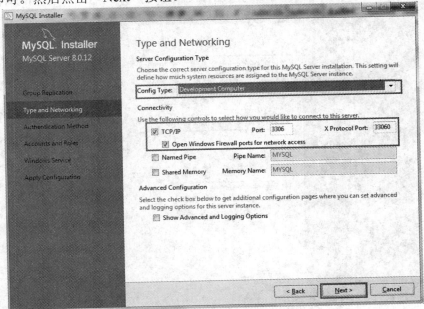

图 2-15　类型及网络参数配置界面

(4) 接下来就是设置 MySQL 数据库 Root 账户密码，需要输入两遍，如图 2-16 所示，这个密码必须记住，后面会用到。此处将密码设置成 "bjsxt" 后，点击 "Next" 按钮。

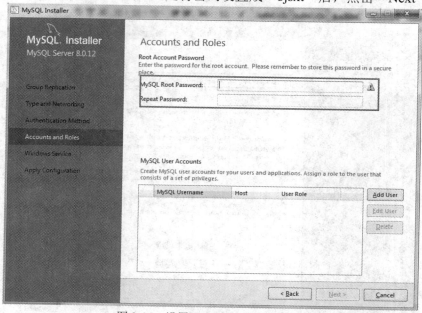

图 2-16　设置 Root 账户的密码界面

(5) 在配置 Windows 服务时，如图 2-17 所示，需要以下几步操作：勾选 "Configure MySQL Server as a Windows Service" 选项，将 MySQL 服务配置为 Windows 服务；取消 "Start the MySQL Server at System Startup" 选项前面的 "√"（该选项用于设置是否开机自启动 MySQL 服务，在此选择开机不启动，也可以根据自己的需要来选择）；勾选 "Standard System Account" 选项，该选项是标准系统账户，推荐使用该账户；最后，点击 "Next" 按钮。

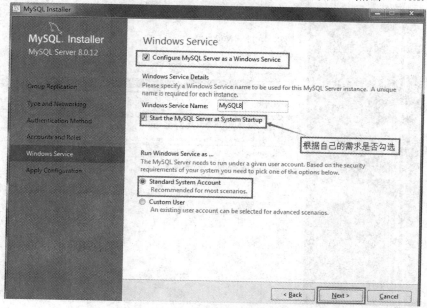

图 2-17　设置 Windows 服务界面

注意：图 2-17 中的"Windows Service Name"为 MySQL8，MySQL8 是要用于此 MySQL 服务器实例的 Windows 服务名称，每个实例都需要一个唯一的名称。

(6) 至此，即可准备执行上述一系列配置。直接点击"Execute"按钮，等到所有的配置完成之后，会出现如图 2-18 所示的界面，点击"Finish"按钮，就会跳到配置成功界面，之后点击该界面的"Next"按钮，在弹出的界面中点击"Finish"按钮，即可完成配置。

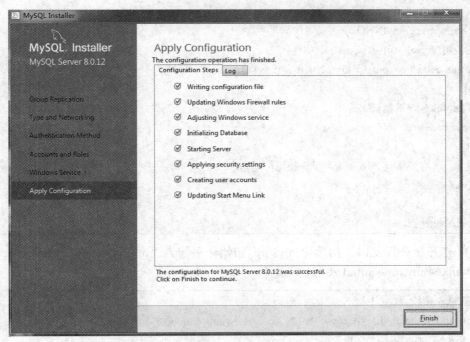

图 2-18　配置成功界面

2.2.2　ZIP 版 MySQL 的解压与配置

根据下载路径，找到下载好的 ZIP 版的 MySQL(mysql-8.0.12-winx64.zip)，其解压与配置过程如下所述：

(1) 下载后，将解压出来的文件放到欲存放的磁盘处(为了避免遇到管理员权限问题，尽量不要放到 C 盘)，本书下载解压后将其放到了 E 盘(如 E:\mysql-8.0.12-winx64)。

(2) 在"mysql-8.0.12-winx64"文件夹下找到"my.ini"配置文件，文件内容如下：

```
[mysqld]
# 设置 3306 端口
port=3306
# 设置 mysql 的安装目录
basedir=E:\\mysql-8.0.12-winx64
# 设置 mysql 数据库的数据存放目录
datadir=E:\\mysql-8.0.12-winx64\\Data
```

```
# 允许最大连接数
max_connections=200
# 允许连接失败的次数。这是为了防止有人从该主机试图攻击数据库系统
max_connect_errors=10
# 服务端使用的字符集默认为 utf8
character-set-server=utf8
# 创建新表时将使用的默认存储引擎
default-storage-engine=INNODB
# 默认使用"mysql_native_password"插件认证
default_authentication_plugin=mysql_native_password
[mysql]
# 设置 mysql 客户端默认字符集
default-character-set=utf8
[client]
# 设置 mysql 客户端连接服务端时默认使用的端口
port=3306

default-character-set=utf8
```

（3）打开命令行窗口，初始化 mysql，初始化语句为"mysqld --defaults-file=E:\mysql-8.0.12-winx64\my.ini --initialize –console"。

> **注意：初始化语句**
> mysqld --defaults-file=E:\mysql-8.0.12-winx64\my.ini --initialize -console
> 该语句中的路径为自己的"my.ini"所在路径。

（4）执行该语句后会在结果中找到"root@localhost:"，冒号后面的内容为 mysql 的初始密码，如图 2-19 所示。

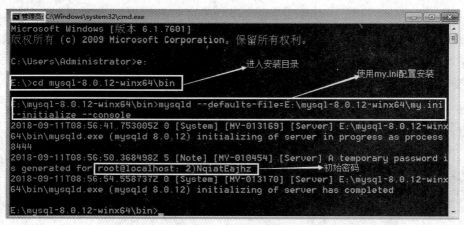

图 2-19　配置安装界面

（5）安装 MySQL 为系统服务，如图 2-20 所示。

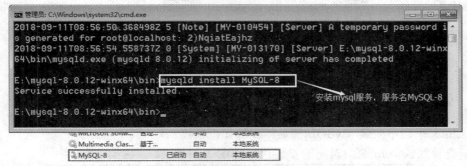

图 2-20　安装服务界面

(6) 修改密码，如图 2-21 所示，执行"mysql -u root –p"登录 mysql，按回车键后输入初始密码，再按回车键后进入 mysql 控制台，输入修改密码命令"ALTER USER'root'@'localhost' IDENTIFIED WITH mysql_native_password BY 'root';"，"root"是新密码。至此，mysql ZIP 版的配置完成。

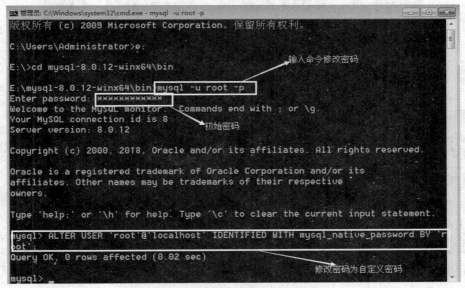

图 2-21　修改密码界面

(7) 执行"show databases;"命令，可以查看默认安装的数据库实例，如图 2-22 所示。

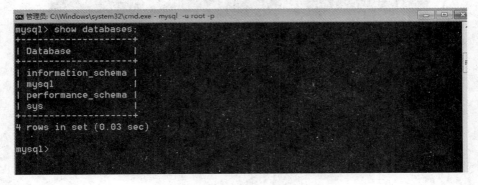

图 2-22　安装成功界面

2.3　在 Linux 平台下安装与配置 MySQL

2.3.1　安装 MySQL

在 Linux 平台下安装 MySQL 的具体步骤如下所述：

(1) 查看默认 yum 源中对应的安装包，如图 2-23 所示。

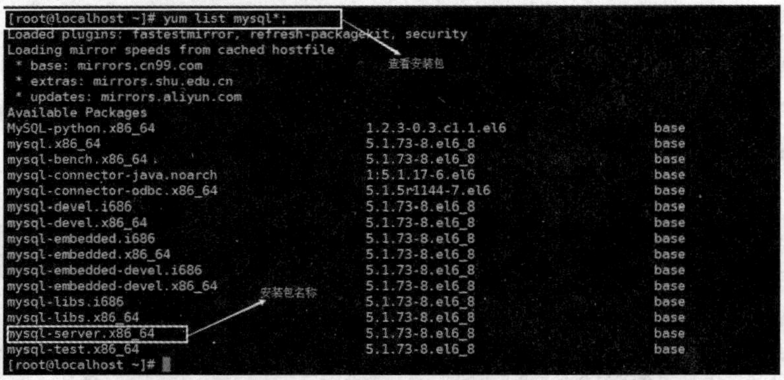

图 2-23　MySQL 默认 yum 源中对应的安装包

> 注意：
> ● 如果已经安装过 MySQL，应先移除已经安装的 MySQL，再执行"yum -y remove mysql*"。
> ● 将"/var/lib/mysql"文件夹下的所有文件都删除干净：
> 　　rm　-rf　/var/lib/mysql
> 　　rm　/etc/my.cnf
> ● 查看是否还有 MySQL 软件，执行"rpm -qa|grep mysql"，如果有的话，继续删除。

(2) 执行"yum install mysql-server.x86_64"，安装 MySQL，如图 2-24 所示。

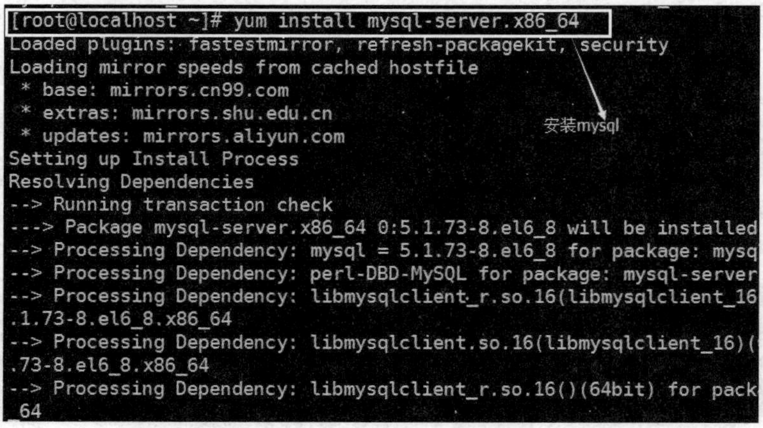

图 2-24　安装 MySQL 界面

在安装成功后，会显示安装成功界面，如图 2-25 所示。

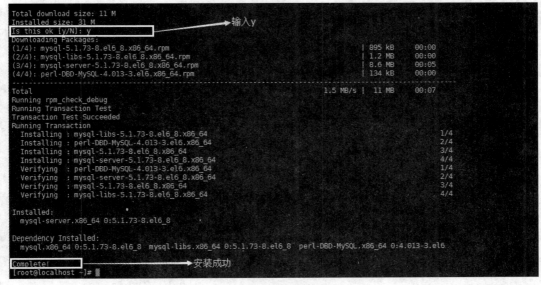

图 2-25 安装成功界面

2.3.2 配置 MySQL

在安装完成后，尝试登录 MySQL 数据库，具体步骤如下所述：

(1) 开启 MySQL 服务。安装完成后，如果直接连接数据库会失败，这是因为 MySQL 服务尚未启动，可使用如下命令查看 MySQL 服务状态：

service mysqld status

执行结果如图 2-26 所示，可见显示的状态确实为"stopped(未启动)"。

图 2-26 查看 MySQL 服务状态

执行如下命令启动数据库：

service mysqld start

执行结果如图 2-27 所示。

图 2-27 启动 MySQL 服务状态

(2) 连接数据库。输入如下命令：

mysql -u root -p

其中，"mysql"是登录数据库的命令；"-u"后面的"root"是连接数据库的用户名；"-p"

后面应是设置"root"用户的密码，密码也可以不直接写在"-p"后面，执行以上命令后，会提示输入密码，在此不需要输入(默认的初始密码为空)，直接按回车键即可连接成功，如图 2-28 所示。

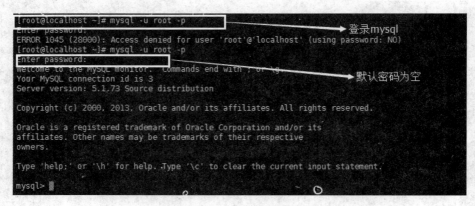

图 2-28　连接数据库

安装完成后，为了保证系统安全，需要修改密码。

一般情况下，安装 MySQL 主要是用于自己学习或者测试，没有必要把密码设置得很复杂，可设置简单一些，命令如下：

```
set password = password('root');
```

执行结果如图 2-29 所示。

图 2-29　修改密码

(3) 授权远程连接。目前只能本地连接，即其他的电脑无法连接此数据库，因此需要授权远程连接。执行如下命令：

```
grant all privileges on *.* to 'root'@'%' identified by 'root' with grant option;
```

(4) 刷新 MySQL 的系统权限相关表。执行如下命令：

```
flush privileges;
```

执行结果如图 2-30 所示。

图 2-30　授权远程连接

注意：如果远程连接不成功，可以试着关闭 Linux 系统的防火墙。

2.4　MySQL 的常用操作

因为 MySQL 分为服务器端和客户端，只有开启服务器端的服务，才能通过客户端来连接到数据库，所以本节主要讲述如何开启和关闭 MySQL 服务、如何登录数据库以及如何更改 MySQL 配置等相关操作。

> **注意**：MySQL 服务指的是一系列关于 MySQL 的后台进程，与 MySQL 数据库不是一个概念，大家千万不要混淆了。MySQL 服务启动后，才能访问 MySQL 数据库。

2.4.1　启动与关闭 MySQL 服务

在不同的平台下，启动与关闭 MySQL 服务的操作不同，下面分别针对 Windows 和 Linux 平台，详细介绍 MySQL 服务的启动与关闭。

1. 在 Windows 平台下启动与关闭 MySQL 服务

对于 Windows 平台，主要有两种方式可以启动与关闭 MySQL 服务：一是通过 DOS 命令，二是通过图形化界面。

1）通过 DOS 命令启动与关闭 MySQL 服务

(1) 首先点开"开始"菜单，在最下面的"搜索程序和文件"搜索框中输入 cmd，按回车键即可进入 DOS 窗口，如图 2-31 所示。

图 2-31　开始菜单搜索框

> **注意**：通过快捷键"Win + r"打开运行窗口，然后在"打开"文本框中输入 cmd，点击"确定"按钮或者按回车键也可进入 DOS 窗口。

(2) 在 DOS 窗口中输入命令"net start"，按回车键后即可查看 Windows 系统目前已经启动的服务，如图 2-32 所示。

图 2-32　查看 Windows 系统已经开启的服务

如果列表中有"MySQL8012"这一项，说明该服务已经启动；如果没有，则说明还尚未启动，使用命令"net start Mysql8012"来启动服务，如图 2-33 所示，可以看到，MySQL 服务已经启动成功。

图 2-33　DOS 命令启动 MySQL 服务

(3) 关闭 MySQL 服务。在 DOS 窗口中输入命令"net stop MySQL8012",执行该命令后,即可看到如图 2-34 所示的界面。

图 2-34　DOS 命令关闭 MySQL 服务

2) 通过图形化界面启动与关闭 MySQL 服务

除了使用 DOS 命令来启动、关闭 MySQL 服务外,还可以使用简便的图形化界面来更加直观地操作。

(1) 打开服务列表窗口,依次点击"开始"菜单→"控制面板"→"管理工具"→"服务",进入服务列表窗口,如图 2-35 所示。在图中可以看到名称为"MySQL8012"的服务,启动类型为"手动"。选中 MySQL8012 服务,点击左侧的"启动"按钮,或者右键选择"启动"选项,则可以启动该服务,此时服务状态会更改为"已启动"。

图 2-35　服务窗口启动 MySQL 服务

(2) 启动 MySQL 服务后,可以使用同样的方法来关闭该服务,即点击左侧的"停止"按钮或者右键选择"停止"选项,如图 2-36 所示。

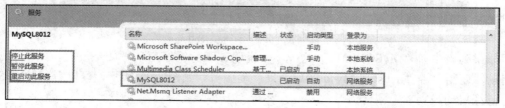

图 2-36　服务窗口关闭 MySQL 服务

注意：

● 可以通过快捷键"Win+r"打开运行窗口，然后在"打开"文本框中输入"services.msc"，点击"确定"或者回车进入服务列表窗口。

● 服务的启动类型分为手动、自动和禁用。如果该服务需要频繁使用，建议将其设置为自动(开机自启)；如果只是偶尔使用，建议设置为手动，以免长期占用系统资源；而禁用状态的服务是不能启动的。

2. 在 Linux 平台下启动与关闭 MySQL 服务

(1) 查看 MySQL 服务的状态。命令如下：

```
service mysqld status
```

(2) 停止 MySQL 服务。命令如下：

```
service mysqld stop
```

(3) 启动 MySQL 服务。命令如下：

```
service mysqld start
```

2.4.2　登录与退出 MySQL 数据库

在启动 MySQL 服务后，就可以通过 MySQL 客户端来登录数据库了。下面针对 Windows 和 Linux 两种平台分别进行操作。

1. 在 Windows 平台下登录与退出 MySQL 数据库

在 Windows 平台下，可以通过两种方式来登录数据库：一是通过 MySQL Command Line Client，二是通过 DOS 命令。

1) 通过 MySQL Command Line Client 登录与退出数据库

(1) 在安装 MySQL 时，同时安装了客户端，即 MySQL Command Line Client，在"开始"菜单中按照如下顺序操作："所有程序"→"MySQL"→"MySQL Server 8.0"→"MySQL 8.0 Command Line Client"，便可打开 MySQL 客户端。该客户端是一种简单的命令行窗口，如图 2-37 所示。

图 2-37　MySQL 客户端窗口

大家可以看到，打开客户端命令行窗口后，就会提示用户输入密码，这个密码是安装时设置的密码，即"bjsxt"。输入正确的密码，然后按回车键即可登录成功，如图 2-38 所示。登录成功后，会在客户端窗口中显示 MySQL 版本的相关信息。

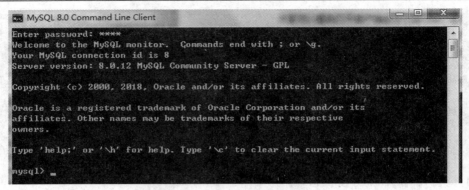

图 2-38　MySQL 客户端登录成功窗口

(2) 登录成功后，可以使用 "quit" 或者 "exit" 命令退出登录。

2) 通过 DOS 命令登录与退出数据库

(1) Windows 用户还可以直接使用 DOS 窗口来执行相应的命令以登录数据库。打开
DOS 窗口，输入如下命令：

```
mysql -h 127.0.0.1 -u root -p
```

其中，"mysql" 是登录数据库的命令；"-h" 后面需要加上服务器的 IP 地址(由于 MySQL
服务器安装在本地计算机中，所以 IP 地址为 127.0.0.1)；"-u" 后面填写的是连接数据库的
用户名，在此为 root 用户；"-p" 后面应设置 root 用户的密码，密码可以不直接写在 "-p"
后面。

接下来，在 DOS 窗口中输入上述命令，令人遗憾的是，执行结果提示："'mysql' 不是
内部或外部命令，也不是可运行的程序或批处理文件。"，如图 2-39 所示。

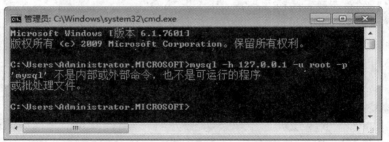

图 2-39　DOS 命令登录 MySQL 失败界面

以上结果是因为缺少一项配置，即环境变量 Path 的配置，需要将 MySQL 的安装路径
加入到系统 Path 中。

(2) 配置环境变量 Path：右击桌面的 "计算机" 图标→"属性"→点击左侧的 "高级
系统设置"，之后就会看到系统属性界面。

点击 "高级"→"环境变量" 后，就可以进入环境变量界面；在系统变量中选中 Path
变量后点击 "编辑" 按钮，如图 2-40 所示。

在弹出编辑系统变量的界面中将 MySQL 的安装路径 "E:\soft\MySQL\MySQLServer
8.0\bin" 添加进去，并用分号与之前的路径分开，如图 2-41 所示。然后，一直点击 "确定"
按钮即可配置成功。

图 2-40 配置环境变量 Path

图 2-41 添加 MySQL 安装路径到 Path 中

> 注意:
> ● 由于在安装 MySQL 过程中,没有指定安装路径,因此 MySQL 是按照默认路径进行安装的,该默认安装路径为 "E:\soft\MySQL\MySQLServer 8.0\bin"。
> ● DOS 命令在执行 mysql 命令时,用到的执行文件是 "mysql.exe",该文件在 "E:\soft\MySQL\MySQLServer 8.0\bin" 文件夹中,所以实际上是把 "mysql.exe" 所在的路径添加到 Path 中。
> ● Path 中原有的路径不要删除,只需要在其后边加上 ";E:\soft\MySQL\MySQLServer 8.0\bin" 即可。其中,";" 是用来与之前的路径进行分隔的,并且该分号必须为英文格式。

(3) 重新打开 DOS 窗口,输入 "mysql -h 127.0.0.1 -u root -p" 命令后,便会要求输入密码,输入正确的密码 "bjsxt",执行结果如图 2-42 所示。

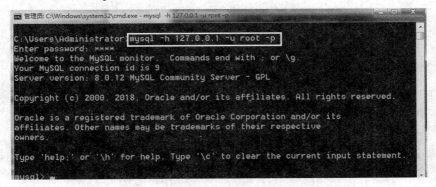

图 2-42 DOS 命令登录 MySQL 成功界面

(4) 退出 MySQL 的命令是"exit"或"quit"，其效果分别如图 2-43 和图 2-44 所示。

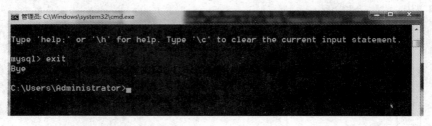

图 2-43　　DOS 命令"exit"退出 MySQL 界面

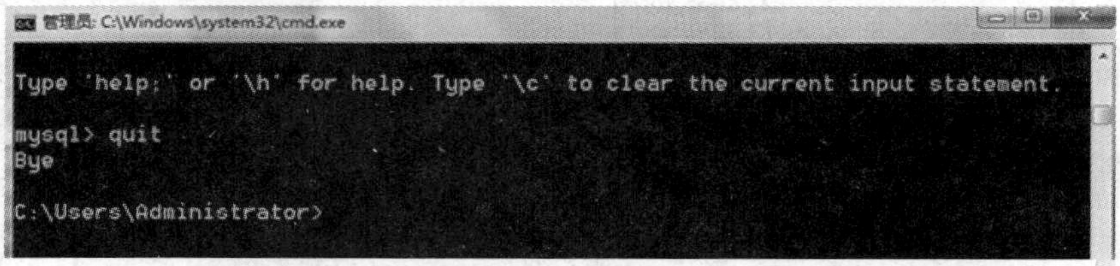

图 2-44　　DOS 命令"quit"退出 MySQL 界面

2. 在 Linux 平台下登录与退出 MySQL 数据库

(1) 配置 MySQL，使用 root 用户进行登录操作，登录命令如下：

```
mysql -u root -p
```

在提示输入密码后，需要输入新的密码，如"bjsxt123"。

(2) 退出 MySQL 的命令与在 Windows 平台下使用的命令相同，即"exit"或"quit"，其效果分别如图 2-45 和图 2-46 所示。

图 2-45　　Linux 平台中"exit"命令退出 MySQL 界面

图 2-46　　Linux 平台中"quit"命令退出 MySQL 界面

2.4.3　修改 MySQL 配置

MySQL 数据库安装与配置成功后，有可能需要根据实际需求更改某些配置，如更改默认字符集、存储引擎、端口号等信息。

1. 在 Windows 平台下修改 MySQL 配置

在 Windows 平台下常用两种方式来修改 MySQL 的配置：一是使用配置向导修改配置，二是使用"my.ini"文件修改配置。

1) 使用配置向导修改配置

打开配置向导："开始"菜单→"所有程序"→"MySQL"→"MySQL Installer - Community"，如图 2-47 所示。

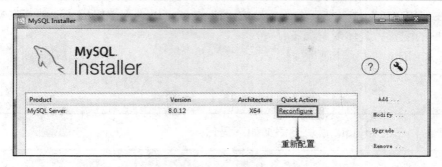

图 2-47　Windows 平台配置向导界面

按照图 2-47 所示，选择"Reconfigure"按钮，重新进行配置。

2) 使用"my.ini"文件修改配置

除了使用配置向导修改配置外，还有一种更方便、更灵活的方式，即使用"my.ini"文件修改配置。打开"my.ini"文件，即可看到 MySQL 的配置信息，图 2-48 所示为文件的部分配置内容，如果要修改某一项参数，可以直接在该文件中进行修改，然后重新启动 MySQL 服务，新的配置即可生效。

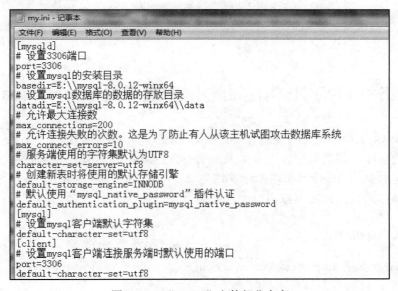

图 2-48　"my.ini"文件部分内容

2. 在 Linux 平台下修改 MySQL 配置

在 Linux 平台下，通过直接修改"my.cnf"配置文件来更改 MySQL 的配置，修改端口号(默认配置的端口号为 3306)。

> **注意**：在修改配置之前，建议先关闭 MySQL 服务。

(1) 首先按照"/etc/my.cnf"路径找到配置文件，然后执行"vi"命令打开该文件。命令如下：

```
vi /etc/my.cnf
```

(2) 在使用"vi"命令打开文件后,按"I"键就可以进入编辑模式,然后在文件中添加修改端口的配置。具体配置如下:

① 添加 client 模块端口配置:

```
[client]
port=9761
```

② 在已存在的 mysqld 模块下添加如下语句:

```
port=9761
```

(3) 编辑完成后,按"Esc"键退出编辑模式,此时输入":wq"就可以保存并退出 vi 编辑器。具体操作如图 2-49 所示。

图 2-49　修改端口号配置

(4) 测试修改效果。重新启动 MySQL 服务,如果启动服务并登录成功,则说明修改配置已生效。

2.5　MySQL 常用图形化管理工具——Navicat

在 Windows 系统中,不管是使用 MySQL 数据库自带的客户端工具,还是使用 DOS 窗口来操作数据库,都需要记住很多复杂的命令,这就导致了学习上的不便。所以本节要介绍一种方便的 MySQL 数据库图形化管理工具——Navicat。在 Navicat 管理工具中,通过简单的鼠标操作即可代替命令行窗口中的复杂命令。

2.5.1　下载 Navicat

打开 Navicat 官网"https://www.navicat.com/en/download/navicat-for-mysql"下载 Navicat,如图 2-50 所示,根据系统类型选择版本。

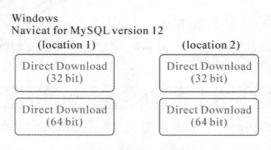

图 2-50　Navicat 下载界面

下载完成后，找到如下文件：

navicat120_mysql_en_x64.exe

2.5.2　安装 Navicat

Navicat 软件的安装过程非常简单，步骤如下：

(1) 双击 "navicat120_mysql_en_x64.exe" 文件，就可以进入 Navicat 软件的欢迎界面，如图 2-51 所示。在图中点击 "Next" 按钮，进入许可协议界面。

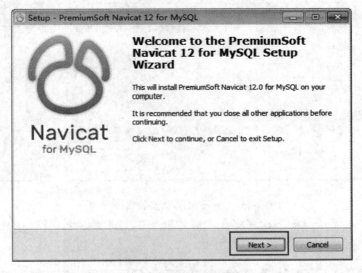

图 2-51　Navicat 软件的欢迎界面

(2) 在许可协议界面中，如图 2-52 所示，选中 "I accept the agreement"，然后继续点击 "Next" 按钮，进入选择安装路径界面。

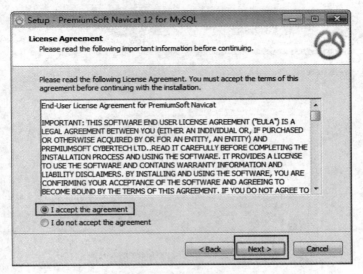

图 2-52　Navicat 软件的许可协议界面

(3) 根据实际情况选择 Navicat 软件的安装路径，如图 2-53 所示，点击"Next"按钮。

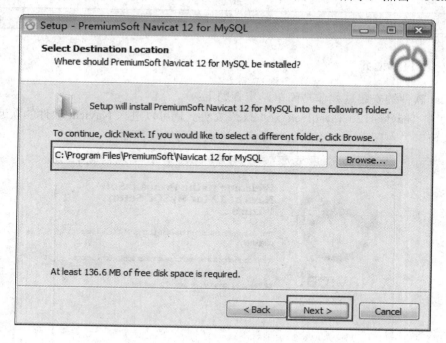

图 2-53　Navicat 选择安装路径界面

(4) 如图 2-54 所示，安装程序将在"开始"菜单文件夹中创建程序的快捷方式，点击"Next"按钮。

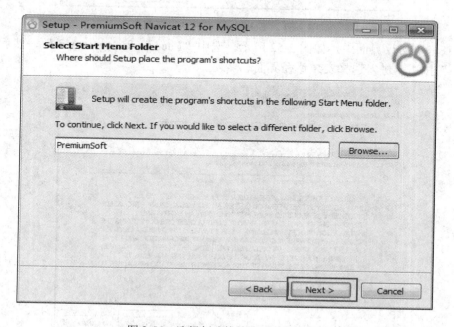

图 2-54　选择创建快捷方式路径界面

(5) 如图 2-55 所示，选中"Create a desktop icon"选项(该选项是在询问用户是否在桌面创建图标，这个不影响后续的操作，可以根据自己的需求选择)，点击"Next"按钮。

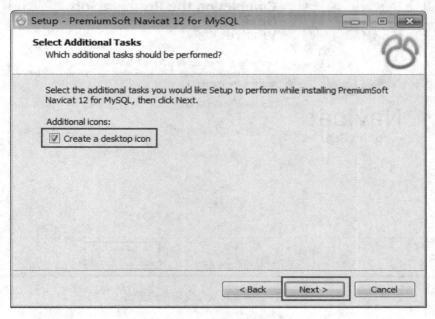

图 2-55　选择是否创建桌面图标界面

(6) 如图 2-56 所示，点击"Install"按钮，开始进行安装。此时会显示安装进度，等安装完成后会出现如图 2-57 所示的界面，点击"Finish"按钮后即安装完成。

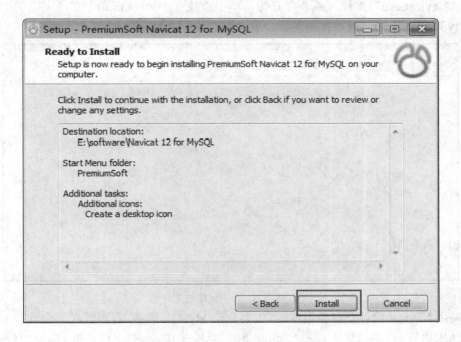

图 2-56　Navicat 软件的准备安装界面

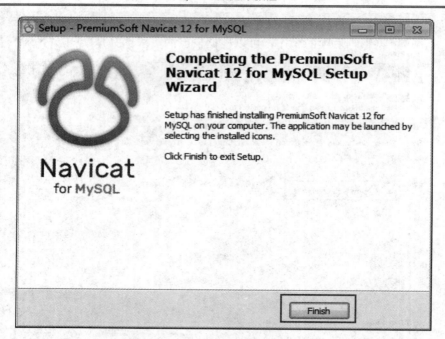

图 2-57　　Navicat 软件安装完成界面

2.5.3　通过 Navicat 登录 MySQL 数据库

安装 Navicat 软件的过程中设置了桌面图标(如果没有设置桌面图标，可以到安装目录下查找"Navicat.exe"文件，或者在开始菜单中查找"PremiumSoft"文件夹中的"Navicat 12 for MySQL"程序)，双击程序图标，就会看到如图 2-58 所示的界面。

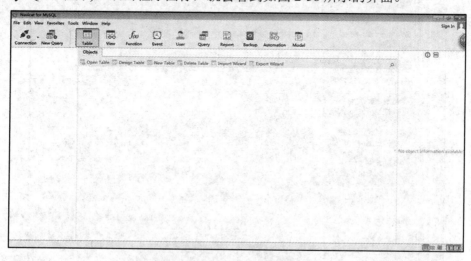

图 2-58　　Navicat 软件的主界面

在使用 Navicat 软件登录数据库时，先要启动 MySQL 服务，否则数据库会连接不成功。服务启动成功后，在菜单栏中点击"Connection"功能模块，会弹出选择框，选择"MySQL"，如图 2-59 所示。

在弹出的"New Collection"界面中，填入正确的 Host Name / IP Address(主机名/IP 地址)、Port(端口号)、User Name(用户名)、Password(密码)等信息，然后点击"Test Connection"按钮，在测试连接成功后，点击"OK"按钮即可，如图 2-60 所示。

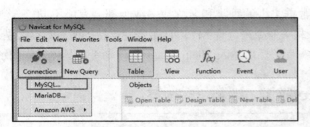

图 2-59　使用 Navicat 软件连接 MySQL　　　　　图 2-60　设置连接参数

本 章 小 结

本章介绍了在 Windows 平台和 Linux 平台下 MySQL 的下载、安装与配置，MySQL 常用图形化管理工具 Navicat 的下载与安装。重点介绍了在 Windows 平台下 MySQL 的安装与配置及 MySQL 的基本操作，如查看服务状态、开启和关闭服务等。本章要求掌握在 Windows 平台下 MySQL 的安装与配置，能熟练使用 MySQL 常用图形化管理工具 Navicat 软件连接 MySQL 数据库。

练 习 题

1. 在 Windows 平台下安装与配置 MySQL 数据库。
2. 在 Linux 平台下安装与配置 MySQL 数据库。
3. 在 Windows 平台下安装 Navicat 软件。
4. 分别使用 DOS 窗口、MySQL 自带客户端、Navicat 软件登录与退出 MySQL 数据库。

第三章   MySQL 支持的数据类型

　　数据类型作为数据的一种属性，能够表示数据的信息以及存储方式的类型。由于不同数据类型的存储方式不同，因此数据库中字段的数据类型对于数据库的优化非常重要。几乎所有的数据库(如 Oracle、MySQL、SQL Server 等)都定义了适用于自己的数据类型。但是，不同的数据库具有不同的特点，其定义的数据类型的种类和名称或多或少都会有所不同。

　　我们可以通过在 MySQL 客户端输入相关命令来查看 MySQL 数据库支持的所有数据类型。首先我们需要启动 MySQL 服务并登录数据库，然后输入"help data types"命令。具体操作如示例 3-1 所示。

　　【示例 3-1】查看 MySQL 数据库支持的数据类型。代码如下：

```
mysql> help data types
You asked for help about help category: "Data Types"
For more information, type 'help <item>', where <item> is one of the following
topics:
    AUTO_INCREMENT
    BIGINT
    BINARY
    BIT
    BLOB
    BLOB DATA TYPE
    BOOLEAN
    CHAR
    CHAR BYTE
    DATE
    DATETIME
    DEC
    DECIMAL
    DOUBLE
    DOUBLE PRECISION
    ENUM
    FLOAT
    INT
    INTEGER
    LONGBLOB
```

LONGTEXT

MEDIUMBLOB

MEDIUMINT

MEDIUMTEXT

SET DATA TYPE

SMALLINT

TEXT

TIME

TIMESTAMP

TINYBLOB

TINYINT

TINYTEXT

VARBINARY

VARCHAR

YEAR DATA TYPE

　　通过示例 3-1 我们可以看到，MySQL 支持多种数据类型，主要包括数值类型、日期和时间类型以及字符串类型三种。需要注意的是，从 MySQL 5.7 开始，该数据库已经支持 JSON 数据的存储了。下面将详细讲解各种数据类型。

3.1　数 值 类 型

　　不同的数据库对 SQL 标准做了不同的拓展。MySQL 除了支持 SQL 标准中的数值类型，如严格数值类型以及近似数值类型，还拓展了新的数值类型，如 BIT 类型等。

3.1.1　整数类型

　　整数类型，顾名思义是用来存储整数的。MySQL 支持的整数类型有 SQL 标准中的整数类型 INTEGER 和 SMALLINT，并在此基础上拓展了新的整数类型，如 TINYINT、MEDIUMINT、BIGINT。

　　由于不同整数类型所占用存储空间的大小不同，因此表示的数据范围也不同。每种整数类型所占空间大小及取值范围如表 3-1 所示。

表 3-1　整数类型特性一览表

整数类型	大小	取值范围(有符号)	取值范围(无符号)	作用
TINYINT	1 个字节	(−128，127)	(0，255)	小整数值
SMALLINT	2 个字节	(−32 768，32 767)	(0，65 535)	大整数值
MEDIUMINT	3 个字节	(−8 388 608，8 388 607)	(0，16 777 215)	大整数值
INT/INTEGER	4 个字节	(−2 147 483 648，2 147 483 647)	(0，4 294 967 295)	大整数值
BIGINT	8 个字节	(−9 233 372 036 854 775 808，9 223 372 036 854 775 807)	(0，18 446 744 073 709 551 615)	极大整数值

从表 3-1 中可以看出，MySQL 主要支持的五种整数类型分别是 TINYINT、SMALLINT、MEDIUMINT、INT/INTEGER 和 BIGINT。这些类型除了存储空间大小和取值范围不同外，其他在很大程度上是相同的。

> **注意：**
> ● INT 与 INTEGER 是同一种数据类型。
> ● 每种数据类型的取值范围可以根据所占字节数计算得出。

在选择数据类型时，我们可根据实际需求确定数值的范围，从而确定最合适的数据类型。如果选择不当，则可能会出现"Out of range"的错误。

下面使用命令"help int"来查看 MySQL 中对于 INT 类型的描述，如示例 3-2 所示。

【示例 3-2】查看 INT 类型。

```
mysql> help int
Name: 'INT'
Description:
INT[(M)] [UNSIGNED] [ZEROFILL]


A normal-size integer. The signed range is -2147483648 to 2147483647.
The unsigned range is 0 to 4294967295.
```

在示例 3-2 中可以看到，对 INT 数据类型的描述中有以下三个可选属性：

(1) (M)：M 指定了 INT 型数据显示的宽度。MySQL 是以一个可选的显示宽度的形式对 SQL 标准进行扩展的。为了方便理解，举个例子，如果某个字段的数据类型为 INT(4)，则当存储的数据是 10 时(此处配合 ZEROFILL 使用)，则会在左边填补两个 0 凑足 4 位数；当存储的数据是 100 时，只需要在左边填补一个 0 即可；而当存储的数据是 100000 时，由于已经超过 4 位数，所以按照原样输出，即宽度会自动扩充。

(2) UNSIGNED：UNSIGNED(无符号)修饰符规定字段的值只能保存正数。由于不需要保存数字的正、负符号，因此在存储时可以节约一个"位"的空间，从而增大这个字段可以存储数值的范围。

(3) ZEROFILL：ZEROFILL(零填充)修饰符规定可以用 0 (不是空格)来填补输出的值。使用这个修饰符可以阻止 MySQL 数据库存储负值。

> **注意：**
> ● M 只是指定了预期的显示宽度，并不影响该字段所选取的数据类型的存储空间大小以及取值范围。
> ● 如果要存储的数据长度不足以显示宽度(M)，需要配合使用 ZEROFILL 修饰符才会填补 0。
> ● 如果某个字段使用了 ZEROFILL 修饰，则该字段会默认添加 UNSIGNED 修饰符。
> ● 在示例 3-1 中，查看 MySQL 支持的数据类型中有一种被称为 AUTO_INCREMENT 的类型。该类型可以看做是整数类型的一种属性，用于需要产生唯一标识符或者顺序值的情况。AUTO_INCREMENT 的值一般从 1 开始，每行自动递增 1。

3.1.2　浮点数和定点数类型

如果想要在数据库中存储小数类型，则需要学习下面两种 MySQL 支持的数据类型：浮点数类型和定点数类型。浮点数类型在数据库中存放的是近似值，因此也称为近似值类型，而定点数类型在数据库中存放的是精确值。

浮点数类型包括 FLOAT(单精度)和 DOUBLE(双精度)两种，定点数类型只包括 DEC/DECIMAL/NUMERIC 一种(DEC/DECIMAL 与 NUMERIC 表示的是同一种数据类型，习惯上使用 DEC 或 DECIMAL 来表示)。

1. 浮点数类型

浮点数类型所占空间大小及取值范围如表 3-2 所示。

表 3-2　浮点数类型特性一览表

浮点数类型	大小	取值范围(有符号)	取值范围(无符号)	作用
FLOAT	4 个字节	(−3.402 823 466E+38, −1.175 494 351E−38), 0, (1.175 494 351E−38, 3.402 823 466 351E+38)	0, (1.175 494 351E−38, 3.402 823 466E+38)	单精度浮点数值
DOUBLE	8 个字节	(−1.797 693 134 862 315 7E+308, −2.225 073 858 507 201 4E−308), 0, (2.225 073 858 507 201 4E−308, 1.797 693 134 862 315 7E+308)	0, (2.225 073 858 507 201 4E−308, 1.797 693 134 862 315 7E+308)	双精度浮点数值

从表 3-2 中可以看出，DOUBLE 类型的精度要比 FLOAT 类型高。同样可以使用命令"help double"来查看 MySQL 中对于 DOUBLE 类型的描述，如示例 3-3 所示。

【示例 3-3】查看 DOUBLE 类型。

```
mysql> help double
Name: 'DOUBLE'
Description:
DOUBLE[(M,D)] [UNSIGNED] [ZEROFILL]
A normal-size (double-precision) floating-point number. Permissible
values are -1.7976931348623157E+308 to -2.2250738585072014E-308, 0, and
2.2250738585072014E-308 to 1.7976931348623157E+308. These are the
theoretical limits, based on the IEEE standard. The actual range might
be slightly smaller depending on your hardware or operating system.
M is the total number of digits and D is the number of digits following
the decimal point. If M and D are omitted, values are stored to the
limits permitted by the hardware. A double-precision floating-point
number is accurate to approximately 15 decimal places.
UNSIGNED, if specified, disallows negative values.
```

从示例 3-3 中可以看到，浮点数类型与整数类型类似，均有三个可选属性：(M,D)、UNSIGNED、ZEROFILL。

"(M,D)"中的 M 表示浮点数据类型中数字的总个数，D 表示小数点后数字的个数。如果某字段定义为 DOUBLE(6,3)，存储的数据是 314.15926，由于该数据小数点后位数超过 3，因此在保存数据时会四舍五入，从而使数据库中实际存放的是 314.15926 的近似值 314.159；如果要存放的数据是 3.1415926，则实际存放的是 3.142；但是当要存放的数据为 3141.5926 时，则会出现"Out of range"的错误。需要注意，浮点数类型的宽度不会自动扩充。

FLOAT 类型和 DOUBLE 类型中的 M 和 D 如果没有指定值，则默认取值都为 0，在不超过数据类型取值范围的情况下，并不会限制数字的总个数及小数点后数字的个数，即按照实际精度来显示。

如果要指定 M 和 D 值，也需要注意，M 和 D 是有取值范围的：

(1) M 的取值范围为 0～255。但由于 FLOAT 类型只能保证 6 位有效数字的准确性，所以在 FLOAT(M,D)中，当 M≤6 时，数字通常是准确的；而 DOUBLE 类型只能保证 16 位有效数字的准确性，所以在 DOUBLE(M,D)中，当 M≤16 时，数字也通常是准确的。

(2) D 的取值范围为 0～30，同时必须满足 D≤M，否则会报错。

> **注意**：浮点数类型(M,D)的用法为非标准用法，如果需要数据库迁移，则不要这么使用。

2. 定点数类型

定点数类型在数据库中是以字符串形式存储的，因此是精确值。定点数只有一种数据类型，即 DECIMAL，该数据类型用于精度要求非常高的计算中，如涉及货币类型操作的领域。定点数所占空间大小及取值范围如表 3-3 所示。

表 3-3　定点数类型特性一览表

定点数类型	大小	取值范围	作用
DECIMAL(M,D)	M+2	最小最大取值范围与 DOUBLE 相同； 当指定 M 和 D 时，有效取值范围由 M 和 D 的大小决定	精度较高的 小数值

DECIMAL(M,D)的用法基本与浮点数类型(M,D)的用法相似，但是在一些细节上仍有以下不同：

(1) DECIMAL 类型的 M 默认值为 10，D 默认值为 0。如果在创建表时，定义某字段为 DECIMAL 类型而没有带任何参数，则等同于 DECIMAL(10,0)。例如，要存储的数据是 1.23，则保存到数据库中的实际是 1，而不是 1.23。如果只带一个参数，则该参数为 M 值，D 则取默认值 0。

(2) M 的取值范围为 1～65，取 0 时会被设为默认值 10，超出范围则会报错。

(3) D 的取值范围为 0～30，同时必须满足 D≤M，否则会报错。

3.1.3　BIT 类型

MySQL 5.0 以前，BIT 类型与 TINYINT 类型表示同一种数据类型。但是在 MySQL 5.0

以及之后的版本中，BIT 类型是一个完全不同的数据类型。我们可以使用 BIT 类型保存位字段的值，即 BIT 类型可以方便地存储二进制数据。BIT 类型所占内存大小及取值范围如表 3-4 所示。

表 3-4 BIT 类型特性一览表

BIT 类型	大小	取值范围	作用
BIT(M)	1~8 个字节	BIT(1)~BIT(64)	位字段值

从表 3-4 中可以看出，BIT 类型的取值范围与 M 有关，使用命令"help bit"可查看 MySQL 中对于 BIT 类型的描述，如示例 3-4 所示。

【示例 3-4】查看 BIT 数据类型。

```
mysql> help bit
Name: 'BIT'
Description:
BIT[(M)]
A bit-value type. M indicates the number of bits per value, from 1 to
64. The default is 1 if M is omitted.
```

从示例 3-4 中可以知道，M 指的是位数，其取值范围为 1~64，如果没有指定 M 的值，则默认 M 为 1。如 BIT(1)的取值范围只有 0 和 1；BIT(4)的取值范围为 0~15；BIT(64)的取值范围为 $0 \sim 2^{64}-1$。

BIT 类型使用 b'value' 的形式存储二进制数据，其中，value 指的是一个由 0 和 1 组成的二进制数据。如 b'111' 和 b'10000000' 分别表示十进制的 7 和 128。

如果 value 值的位数小于指定的 M，则会在 value 值的左侧补 0。若指定字段的数据类型为 BIT(6)，而存储的数据为 b'111'，则存入数据库中的数据实际为 b'000111'。

3.2 日期和时间类型

为了在数据库中方便地处理日期和时间类型的数据，MySQL 提供了 5 种不同的数据类型可供选择：TIME、DATE、YEAR、DATETIME 和 TIMESTAMP。这 5 种日期和时间类型的取值范围及相应的"0"值如表 3-5 所示。

表 3-5 日期和时间类型特性一览表

类型	格式	取值范围	0 值
TIME	'HH:MM:SS'	('-838:59:59', '838:59:59')	'00:00:00'
DATE	'YYYY-MM-DD'	('1000-01-01', '9999-12-31')	'0000-00-00'
YEAR	YYYY	(1901, 2155), 0000	0000
DATETIME	'YYYY-MM-DD HH:MM:SS'	('1000-01-01 00:00:00', '9999-12-31 23:59:59')	'0000-00-00 00:00:00'
TIMESTAMP	'YYYY-MM-DD HH:MM:SS'	('1970-01-01 00:00:01' UTC, '2038-01-19 03:14:07' UTC)	'0000-00-00 00:00:00'

　　每种日期和时间类型都有一个取值范围和一个"0"值。在非严格模式下，当存储的数据格式不合法时，系统会给出警告，并将"0"值插入到数据库中；当插入的数据格式合法，但是超出数据类型的范围时，该数据将被裁剪为最接近的端点(最大值或最小值)的值。但是在严格模式下，非法或合法且超出范围的数据是不允许存入数据库的，系统会提示错误。下面将在严格模式下讲解各种日期和时间类型。

> **注意：**
> ● 严格模式：STRICT_TRANS_TABLES。该模式下如果插入的数据不合法或者超出范围均会提示错误，插入数据不会成功。
> ● 非严格模式：该模式下如果插入的数据不合法或者合法但超出范围，只会给出警告，但会插入成功，插入的数据为"0"值或者边界值。
> ● MySQL 8 中默认为严格模式，如果想要修改，可以在"my.ini"配置文件中去掉 STRICT_TRANS_TABLES，并重新启动 MySQL 服务即可。
> ● 为了防止数据库迁移时出现问题，建议使用严格模式。

3.2.1　TIME 类型

　　TIME 类型专门用来存储时间数据，如果不需要记录日期而只需要记录时间的话，选择 TIME 类型是最合适的。

　　MySQL 中使用 'HH:MM:SS' (如果所要表示的时间值较大，也可以使用 'HHH:MM:SS')的形式来检索和显示 TIME 数据类型。其中，HH 表示小时，取值范围为-838～838(因为 TIME 类型不仅可以表示一天中的某个时间，此时小时取值为 0～23；TIME 还可以表示两个事件的时间间隔，此时小时的取值可能会比 23 大，甚至是负数)；MM 表示分，取值范围为 0～59；SS 表示秒，取值范围为 0～59。可以使用下面这 4 种方式来指定 TIME 的值：

　　(1) 'D HH:MM:SS[.fraction]' 有分隔符格式的字符串。其中，D 表示天数，取值范围为 0～34；fraction 表示小数部分。例如，指定数据类型为 TIME，要存储的值为 '1 14:13:12.8'，则实际存储到数据库中的值为 '38:13:13'，这是因为在保存数据时，小时的值为(D × 24 + HH)；而 SS 后边的小数部分则会四舍五入(这是因为没有指定小数部分的位数，所以默认没有小数部分)。

　　但是，TIME 类型是支持存储小数部分的，这时需要指定数据类型为 TIME(fsp)，其中 fsp(fractional seconds precision)为小数部分的位数，取值范围为 1～6。例如，指定数据类型为 TIME(3)，要存储的数据为 '14:13:12.8888'，则存储到数据库中的数据为 '14:13:12.889'。

　　其实没有必要严格按照上面的格式进行书写，还可以根据自己的需求任意省略其中的某些部分，如 'D HH:MM:SS'、'D HH:MM'、'D HH'、'HH:MM:SS.fraction'、'HH:MM:SS'、'HH:MM' 或 'SS' 这些非严格的语法也是正确的。

　　(2) 'HHMMSS[.fraction]' 无分隔符的字符串。如果是个有意义的时间值，如 '101112'，则会被解析为 '10:11:12'；但如果是个没有意义的时间值，如 '109712'(非法时间值，其分钟部分的数值为 97，没有意义)，则系统将出现"Incorrect time value"的错误。

> **注意：**
> ● HHMMSS[.fraction]格式[]中的内容表示可选部分，以下类同。
> ● 在 MySQL 中，TIME 值 '11:12' 表示的是 '11:12:00'，而不是 '00:11:12'。
> ● TIME 值 '1112' 表示的是 '00:11:12' 而不是 '11:12:00'；类似地，'12' 表示的是 '00:00:12'。
> ● 通过上述两个例子要注意区分有分隔符的 'HH:MM:SS' TIME 格式和无分隔符的 'HHMMSS' TIME 格式。
> ● 如果 TIME 值是 '0' 或者数字 0，则表示的是'00:00:00'。

（3）HHMMSS[.fraction]格式的数字。这种格式是以数字形式表示 TIME 数据的(注意，没有单引号)。如果该数字是个有意义的时间值，如 111213，则会被转换为标准时间格式的 '11:12:13'；如果该数字是个不合法的时间值，如 111267(该数据有不合法的秒数)，则系统会出现"Incorrect time value"的错误；如果直接输入数字 0，则会转化成 TIME 数据类型对应的"0"值，即'00:00:00'。

（4）使用 current_time、now()或 sysdate()这几种方式可以获取系统当前时间。

3.2.2　DATE 类型

DATE 类型是专门用来存储日期数据的，如果只需要存储日期值而不需要时间部分时，则应该选择 DATE 类型。

MySQL 中使用 'YYYY-MM-DD' 的形式来检索和显示 DATE 数据类型。其中，YYYY 表示年，取值范围为 1000～9999；MM 表示月，取值范围为 1～12；DD 表示日，取值范围为 1～31。DATE 数据类型支持的范围是 '1000-01-01' 到 '9999-12-31'。

> **注意：**
> ● 虽然 MySQL 的官方文档上说 DATE 的范围是 '1000-01-01'～'9999-12-31'，但是实际上在 '0000-00-00'～'9999-12-31' 之间的数据均可成功插入数据库(反驳官网说法不太好)。
> ● DD 的取值范围不仅要在 1～31 内，还要根据实际的年份、月份确定具体的范围。如数据 '2017-06-31' 就是非法数据，因为 6 月份没有 31 号这一天。

可以使用以下这 5 种方式来指定 DATE 的值：

（1）'YYYY-MM-DD' 有分隔符格式的字符串。如果数据中月和日的值小于 10，则不需要指定两位数，直接指定一位数即可。例如，DATE 数据 '2017-7-9' 与 '2017-07-09' 表示的含义是相同的。

（2）'YY-MM-DD' 有分隔符格式的字符串。其中，YY 的取值范围如果在 00～69 之间，则年份自动转换为 2000～2069；如果在 70～99 之间，则年份自动转换为 1970～1999。如数据 '17-7-9' 会转换成 '2017-07-09'；数据 '70-7-9' 则会转换成'1970-07-09'。

MySQL 中除了支持 'YYYY-MM-DD' 以及 'YY-MM-DD' 这种标准的分隔符格式外，还可以支持非标准的分隔符格式，即任何标点都可以作为间隔符，如 'YYYY.MM.DD'、'YY.MM.DD'、'YYYY/MM/DD'、'YY/MM/DD'、'YYYY@MM@DD'、'YY@MM@DD' 等表示的含义与 'YYYY-MM-DD' 或 'YY-MM-DD' 相同。这是因为即使用户输入的 DATE 数据

格式不严格，但是 MySQL 会将其转换成标准格式的数据然后保存到数据库中，如数据 '2017@7@9' 或者 '17@7@9' 均会被转换成 '2017-07-09'。

(3) 'YYYYMMDD' 或者 'YYMMDD' 无分隔符格式的字符串。如果 DATE 数据是个有意义的日期值，如 '20170711' 和 '170711' 均会被转换为 '2017-07-11'；如果 DATE 数据是个不合法的日期值，如'171332'(其中的月和日部分无意义)，则系统会出现 "Incorrect date value" 的错误。

(4) YYYYMMDD 或者 YYMMDD 格式的数字。这种格式是以数字形式表示 DATE 数据的(注意，没有单引号)。如果该数字是个有意义的日期值，如 20170711 和 170711 均会被转换为标准日期格式的 '2017-07-11'；如果该数字是个不合法的日期值，如 171332，则系统会出现 "Incorrect date value" 的错误；如果直接输入数字 0，则会转化成 DATE 数据类型对应的 0 值，即'0000-00-00'。

(5) 使用 current_date、now( )或 sysdate( )这几种方式可以获取系统当前日期。

3.2.3　YEAR 类型

YEAR 类型只是用来表示年份的数据类型。MySQL 中使用 YYYY 来检索和显示 YEAR 类型的数据，其取值范围为 1901～2155 以及 0000。YEAR 类型的使用较为简单，主要有以下 4 种方式：

(1) YYYY 或者 'YYYY' 格式的 4 位数字或字符串。使用该形式表示的年份范围在 1901～2155 之间，具体写法如 2017、'2017'；但如果数据超出该范围，则会出现"Out of range"的错误，如数据 2250 或 '2250'。

(2) Y、YY、'Y'、'YY' 格式的 1～2 位数字。如果取值范围在 1～69 之间，则将年份自动转换为 2001～2069；如果取值范围在 70～99 之间，则将年份自动转换为 1970～1999；如果取值为 0，则年份会转换成 YEAR 类型对应的 "0" 值，即 0000。

(3) 'Y'、'YY' 格式的 1～2 位字符串。如果取值范围在 '0'～'69' 之间，则将年份自动转换为 2000～2069；如果取值范围在 '70'～'99' 之间，则将年份自动转换为 1970～1999。

> **注意：** 数字表示的 0 与字符串表示的 '0' 或者 '00' 所表示的年份是不一样的：数字 0 表示的是 0000，而字符串 '0' 或者 '00' 表示的是 2000。

(4) 使用 now()或者 sysdate()这两种方式可以获取系统当前年份。

3.2.4　DATETIME 类型

DATETIME 类型适用于需要同时存储日期与时间的场合。MySQL 中使用 'YYYY-MM-DD HH:MM:SS' 的形式来检索和显示 DATETIME 类型的数据，其支持的取值范围为 '1000-01-01 00:00:00'～'9999-12-31 23:59:59'。

从 DATETIME 类型的形式上可以看出，DATETIME 可以看成是 DATE 类型和 TIME 类型的组合，其用法也基本与 DATE 类型和 TIME 类型相同。下面介绍一下指定 DATETIME 值的 5 种方式：

(1) 'YYYY-MM-DD HH:MM:SS[.fraction]' 有分隔符格式的字符串。在这种表示方式下，DATETIME 类型的取值范围为 '1000-01-01 00:00:00'～'9999-12-31 23:59:59'。

与 TIME 类型相似，DATETIME 类型也可以存储小数部分。如果将数据类型直接定义为 DATETIME，默认是不存储小数部分的；而如果将数据类型定义为 DATETIME(fsp)，其中，fsp 的取值范围为 1～6，则可以存储小数部分。例如，数据类型为 DATETIME(2)，要存储的数据为 '2017-7-11 15:33:56.345'，那么实际存入到数据库中的日期与时间值为 '2017-7-11 15:33:56.35'。

与 DATE 类型相似，分隔符的形式可以是任意符号，如 'YYYY.MM.DD HH.MM.SS'、'YYYY/MM/DD HH/MM/SS'、'YYYY@MM@DD HH@MM@SS' 等。

> **注意：** 对于 TIME 类型而言，分隔符只能是 " : "，而 DATETIME 类型中时间部分的分隔符可以是任意符号。

(2) 'YY-MM-DD HH:MM:SS[.fraction]' 有分隔符格式的字符串。其中，YY 的取值范围与 DATE 类型中的 YY 相同：如果 YY 的取值范围在 00～69 之间，则年份会自动转换为 2000～2069；如果 YY 的取值范围在 70～99 之间，则年份会自动转换为 1970～1999。

同样，对于包括分隔符的字符串的值，如果月、日、时、分、秒的值小于 10，则不需要指定两位数。例如，'2017-7-9 1:2:3' 与 '2017-07-09 01:02:03' 是相同的。

(3) 'YYYYMMDDHHMMSS[.fraction]' 或者 'YYMMDDHHMMSS[.fraction]' 无分隔符格式的字符串。'YYYYMMDDHHMMSS[.fraction]' 的使用方式同 'YYYY-MM-DD HH:MM:SS[.fraction]' 一样；'YYMMDDHHMMSS[.fraction]' 的使用方式同 'YY-MM-DD HH:MM:SS[.fraction]' 一样。

(4) YYYYMMDDHHMMSS[.fraction] 或者 YYMMDDHHMMSS[.fraction] 格式的数字。如果要存储的数字是个有意义的日期与时间值，如 20170711160645 和 170711160645 均会被转换为标准日期格式的 '2017-07-11 16:06:45'；如果要存储的数字是个不合法的日期与时间值，如 171332160645，则系统会提示 "Incorrect datetime value" 错误；如果直接输入数字 0，则会转化成 DATETIME 数据类型对应的 "0" 值，即 '0000-00-00 00:00:00'。

(5) 使用 now()或者 sysdate()这两种方式可获取系统当前日期。

3.2.5　TIMESTAMP 类型

TIMESTAMP 类型与 DATETIME 类型相似，都是存储日期与时间的。其检索与显示形式同样是 'YYYY-MM-DD HH:MM:SS'，但是取值范围要比 DATETIME 类型小，为 '1970-01-01 00:00:01' UTC～'2038-01-19 03:14:07' UTC。

> **注意：**
> ● UTC(Universal Time Coordinated)为通用协调时间，又称为世界统一时间。中国位于东八区，领先 UTC 时间 8 个小时。
> ● MySQL 在存储 TIMESTAMP 类型的数据时，会转换成 UTC 时间存储，显示数据时再转换成当地时区的时间。

TIMESTAMP 类型的数据指定方式与 DATETIME 类型基本相同，两者的不同之处在于以下几点：

(1) TIMESTAMP 类型的取值范围更小。

(2) 如果对 TIMESTAMP 类型的字段没有明确赋值，或是被赋予了空值，MySQL 会自动将该字段赋值为系统当前的日期与时间。

(3) TIMESTAMP 类型还可以使用 current_timestamp 来获取系统当前时间。

(4) TIMESTAMP 类型有一个很大的特点，那就是时间是根据时区来显示的。例如，在东八区插入的数据为"2017-07-11 16:43:25"，在东七区显示时，时间部分就变成了 15:43:25，在东九区显示时，时间部分就变成了 17:43:25。

3.3　字符串类型

字符串类型是在数据库中存储字符串的数据类型。MySQL 中提供了多种字符串类型，分别为 CHAR、VARCHAR、BINARY、VARBINARY、TEXT、BLOB、ENUM 和 SET 等。使用不同的字符串类型可以实现从一个简单的字符到巨大的文本块或二进制字符串数据的存储。各种字符串类型所占空间大小及特点如表 3-6 所示。

表 3-6　字符串类型特性一览表

字符串类型	大　　小	描　　述
CHAR(M)	0～255 个字节	允许长度为 0～M 个字节的定长字符串
VARCHAR(M)	0～65 535 个字节	允许长度为 0～M 个字节的变长字符串
BINARY(M)	0～255 个字节	允许长度为 0～M 个字节的定长二进制字符串
VARBINARY(M)	0～65 535 个字节	允许长度为 0～M 个字节的变长二进制字符串
TINYBLOB	0～255 个字节	二进制形式的短文本数据(长度为不超过 255 个字节)
TINYTEXT	0～255 个字节	短文本数据
BLOB	0～65 535 个字节	二进制形式的长文本数据
TEXT	0～65 535 个字节	长文本数据
MEDIUMBLOB	0～16 777 215 个字节	二进制形式的中等长度文本数据
MEDIUMTEXT	0～16 777 215 个字节	中等长度文本数据
LONGBLOB	0～4 294 967 295 个字节	二进制形式的极大文本数据
LONGTEXT	0～4 294 967 295 个字节	极大文本数据

下面将对各种字符串类型进行详细讲解。

3.3.1　CHAR 类型和 VARCHAR 类型

CHAR 类型和 VARCHAR 类型相似，均用于存储较短的字符串，主要不同之处在于存储方式。CHAR 类型的长度固定，VARCHAR 类型的长度可变。

CHAR 类型用于存储定长的字符串，该长度在创建表时便以 CHAR(M)的形式指定。其中，M 为指定的字符串长度，取值范围为 0～255。例如，定义某字段数据类型为 CHAR(4)，则规定了该数据所占的空间大小为 4 个字节，而允许存储的字符串的长度小于等于 4 个字节；但是当长度小于 4 个字节时，会在字符串右侧补充空格以达到长度为 4 的要求，如要

存储的字符串为 'ab'，长度不足 4 个字节，则在其右侧补充两个空格后再存储到数据库中；如果要存储的字符串长度超过 4 个字节，则会出现"Data too long for column"的错误。

VARCHAR 类型用于存储不定长的字符串，即 VARCHAR 类型的长度是可变的。同样是以 VARCHAR(M)的形式指定长度，其中，M 指的是最大长度，取值范围为 0～65 535，而存储的数据所占空间大小为字符串的实际长度加 1 个字节。例如，定义某字段数据类型为 VARCHAR(4)，要存储的数据是字符串 'ab'，那么存储到数据库中的就是 'ab'，而该数据所占空间大小为 3 个字节。当 VARCHAR 类型的数据小于指定的最大长度 M 时，不会再填充空格，而长度大于 M 的数据则会出现"Data too long for column"的错误。

为了更方便大家观察两者在数据存储方面的不同之处，下面列举几个具体的数据来对比一下，如表 3-7 所示。

表 3-7　CHAR(4)与 VARCHAR(4)对比

存储值	CHAR(4)	大小	VARCHAR(4)	大小
''	'　　　'	4 个字节	''	1 个字节
'ab'	'ab　'	4 个字节	'ab'	3 个字节
'abcd'	'abcd'	4 个字节	'abcd'	5 个字节
'abcdefgh'	错误	—	错误	—

因为 VARCHAR 类型能够根据字符串的实际长度来动态改变所占字节的大小，所以在不能明确该字段具体需要多少字符时，推荐使用 VARCHAR 类型，这样可以大大地节约磁盘空间，提高存储效率。

> **注意：** 如果定义数据类型为 VARCHAR(6)，那么该字段最多可以容纳 6 个汉字。这点不要与 Oracle 数据库的 VARCHAR2 类型混淆了。Oracle 中的字符串类型 2 个字节表示 1 个汉字。

3.3.2　BINARY 类型和 VARBINARY 类型

BINARY 类型、VARBINARY 类型与 CHAR 类型、VARCHAR 类型类似，只不过前者用来存储二进制字符串，而非字符型字符串。也就是说，BINARY 类型和 VARBINARY 类型中并没有字符集的概念，所以对其进行的排序和比较都是按照二进制值进行计算的。其中 BINARY 类型长度固定，VARBINARY 类型长度可变。

BINARY 类型用来存储长度固定的二进制字符串。指定数据类型的方式为 BINARY(M)，其中，M 为字节长度，取值范围为 0～255。如果要存储的数据长度不足 M，则在数据右边填补 \0 以达到指定的字节长度 M。例如，定义数据类型为 BINARY(4)，要存储的数据为'ab'，则在其右侧补充两个 \0 转化为 'ab\0\0' 后再存储到数据库中。

VARBINARY 类型用来存储长度可变的二进制字符串。指定数据类型的方式同样为 VARBINARY(M)，其中，M 为最大字节长度，取值范围为 0～65535。存储数据所占的空间为数据的实际占用空间加 1 个字节，这样能够有效地利用系统空间，提高存储效率。

> 注意：BINARY 类型、VARBINARY 类型与 CHAR 类型、VARCHAR 类型虽然相似，但仍有一些不同之处，其主要的差别在于以下几点：
> - BINARY(M)和 VARBINARY(M)中的 M 值代表的是字节数，而非字符长度。
> - CHAR 类型和 VARCHAR 类型在进行字符比较时，比较的只是本身存储的字符(忽略字符后的填充字符)，而对于 BINARY 类型和 VARBINARY 类型来说，由于是按照二进制值来进行比较的，因此结果会不同。
> - 对于 BINARY 类型的字符串，其填充字符是'\0'，而 CHAR 类型的填充字符为空格。

3.3.3　TEXT 类型和 BLOB 类型

TEXT 类型用来存储数据量比较大的文本数据。MySQL 中提供了 4 种 TEXT 的子类型：TINYTEXT、TEXT、MEDIUMTEXT 以及 LONGTEXT。这 4 种 TEXT 子类型的区别在于能够保存的数据的最大长度不同，其中，TINYTEXT 的长度最小，LONGTEXT 的长度最大，具体长度如表 3-6 中所示。

BLOB 类型用来存储数据量比较大的二进制数据。BLOB 类型包括 4 种子类型：TINYBLOB、BLOB、MEDIUMBLOB 和 LONGBLOB。这 4 种 BLOB 类型最大的区别也是最大长度不同，其中，TINYBLOB 的长度最小，LONGBLOB 的长度最大，具体长度如表 3-6 中所示。

BLOB 类型与 TEXT 类型很类似，不同点在于 BLOB 类型用于存储二进制数据。BLOB 类型是基于数据的二进制编码进行排序和比较的，而 TEXT 类型是根据文本中字符对应的字符集进行排序和比较的，这一点类似于 BINARY 类型与 CHAR 类型的区别。

在实际开发中，如果存储的是文本格式的数据(如新闻内容等)，则推荐使用 TEXT 类型，而如果要存储的是二进制格式的数据(如音乐、图片、视频、PDF 文档等)，则需要选择 BLOB 类型。在选定类型后，再根据数据的大小选取合适的子类型。

3.3.4　ENUM 类型

ENUM 类型的中文名称为"枚举类型"。ENUM 类型是一个字符串对象，其值通常选自一个允许值列表，该列表在创建表时会被明确地设定，设定的格式为："ENUM('value1', 'value2', 'value3', 'value4', 'value5', …)"。在设定列表时，理论上最多可定义 65 535 个不同的字符串成员(但实际上是小于 3000 个)，每一个字符串成员都会对应一个索引值，依次为 1、2、3、4、5、…，存储在数据库中的就是字符串成员所对应的索引值，而并非字符串本身。

在使用 ENUM 类型时，主要有以下几个注意事项：

(1) 从允许值列表中选择值时，可以使用字符串对象所对应的索引，也可以使用字符串对象本身。

(2) 在严格模式下，如果选取了一个无效值(即不在允许值列表中的字符串对象)，则会出现"Data truncated for column"的错误。

(3) 在非严格模式下，如果选取了一个无效值，那么空字符串将作为一个特殊的错误值被插入。为了区分无效值导致的空字符串和普通的空字符串，MySQL 中规定前者的索引为 0。

(4) 如果在定义某 ENUM 字段时标明值为非空，则无法插入 Null 值；但如果定义时并没有标明该值为非空，则可以将 Null 值插入数据中，该 Null 值对应的索引值也为 Null 值。

3.3.5　SET 类型

SET 类型是一个字符串对象，与 ENUM 类型类似但不完全相同。SET 类型可以从允许值列表中选择多个字符串成员，其列表的设定方式与 ENUM 类型相似，格式为："SET('value1', 'value2', 'value3', 'value4', 'value5', …)"，但 SET 列表中字符串成员的个数范围为 0～64。SET 列表中的每一个字符串成员同样都对应一个索引值，依次为 1、2、3、4、5、…，存入数据库中的依然是该索引值，而非字符串对象。

在使用 SET 类型时，主要有以下几个注意事项：

(1) 在非严格模式下，SET 类型同样可以使用空字符串代替无效值插入数据库中，而在严格模式下插入无效值会提示错误。

(2) 在非严格模式下，如果插入一个既有有效值又有无效值的记录，那么 MySQL 会自动过滤掉无效值，只插入有效值，而在严格模式下则会提示错误。

(3) 如果选择的多个字符串对象中包含有重复元素，则 MySQL 会自动去除重复的元素，如选择的成员为('a, b, a')，但存入数据库的是('a, b')。

3.4　JSON 类型

从 MySQL 5.7.8 开始，MySQL 便可以支持原生 JSON(JavaScript Object Notation)数据类型了，这样能够更加快速有效地访问 JSON 文件中的数据。

那么什么是 JSON 数据呢？其实 JSON 数据是一种轻量级的数据交换格式，采用了独立于语言的文本格式，类似 XML 但是比 XML 简单，更易读、易编写。对计算机来说，易于解析和生成。

在 MySQL 中支持两种 JSON 数据格式，即 JSON 数组和 JSON 对象。

(1) JSON 数组。JSON 数组中可以存储多种数据类型，其格式为："[值 1, 值 2, 值 3, …]"，以"["开始，以"]"结束，两个数据之间使用","隔开，如["abc", 10, null, true, false]。

(2) JSON 对象。JSON 对象是以"键/值"对形式存储的，其格式为：{"键 1": 值 1, "键 2": 值 2, …}，以"{"开始，以"}"结束，每个"键"后跟一个":"；多个"键/值"对之间使用","(逗号)分隔，如{"k1": "value", "k2": 10}。

> 注意:
> ● JSON 数组中的元素可以是 JSON 数组或 JSON 对象,如[99, {"id": "HK500", "cost": 75.99}, ["hot", "cold"]]。
> ● JSON 对象中的值可以是 JSON 数组，如{"k1": "value", "k2": [10, 20]}。
> ● MySQL 中是将 JSON 数据作为字符串存入数据库的。

本 章 小 结

　　本章主要介绍了 MySQL 支持的数据类型，包括数值类型、日期和时间类型、字符串类型和 JSON 类型。其中，数值类型包括整数类型、浮点数类型、定点数类型和 BIT 类型；日期和时间类型主要包括 TIME、DATE、YEAR、DATETIME、TIMESTAMP 类型；字符串类型主要包括 CHAR、VARCHAR、BINARY、VARBINARY、TEXT、BLOB、ENUM、SET 类型。要重点掌握整数类型、浮点类型、日期时间类型、字符串类型的使用，学完本章后应可以根据开发需求熟练选择合适的数据类型来存储数据。

练 习 题

　　1. 列举浮点数与定点数的异同之处。
　　2. 如果想要数据库中存储的时间显示为用户所在时区的时间，应该选取哪种日期和时间类型？
　　3. 列举 CHAR 类型与 VARCHAR 类型的异同之处。
　　4. 列举 ENUM 类型与 SET 类型的异同之处。

第四章　　数据库的基本操作

通过前三章的学习，相信大家对数据库的基本知识有了一定的了解，从本章开始就要实际操作数据库了。数据库的基本操作主要有创建数据库、查看数据库、修改数据库和删除数据库，下面将对各种操作依次进行详细的讲解。

4.1　创建数据库

启动 MySQL 服务后，使用 MySQL 自带的客户端软件输入正确密码或者使用第三方数据库管理软件 Navicat 均可连接到数据库服务器端，但是想要使用数据库来存储数据，就必须先要创建一个数据库(相当于为想要存储的数据开辟一块存储空间)。下面将介绍两种创建数据库的方法：使用 SQL 语句创建数据库、使用图形界面创建数据库。

4.1.1　使用 SQL 语句创建数据库

不管是在 MySQL 自带的客户端软件"MySQL 8.0 Command Line Client"中还是在 Navicat 软件中都可以输入 SQL 语句并执行，这里选择后者进行演示。

(1) 连接数据库。按照 2.5.3 节中的步骤，连接数据库，成功之后会在窗口左侧显示自己设置的 Connection Name 图标，此处为"bjsxt"，双击图标后，会出现如图 4-1 所示的目录结构。

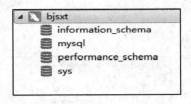

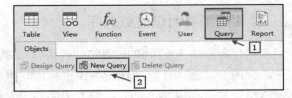

图 4-1　无数据库的目录结构图　　　　　　　图 4-2　创建 SQL 语句执行窗口

(2) 新建一个 SQL 语句执行窗口，如图 4-2 所示。在工具栏中点击"Query"工具，然后点击"New Query"按钮，即可新建一个 SQL 语句执行窗口。

(3) 创建数据库。在 SQL 语句执行窗口中输入创建数据库的 SQL 语句，其语法格式如下：

```
create database db_name;
```

其中，"create database"是创建数据库的固定格式；"db_name"为要创建的数据库名称。接下来创建一个名为"test1"的数据库，如示例 4-1 所示。

【示例 4-1】使用 SQL 语句创建名为"test1"的数据库。

```
create database test1;
```

执行结果如图 4-3 所示。

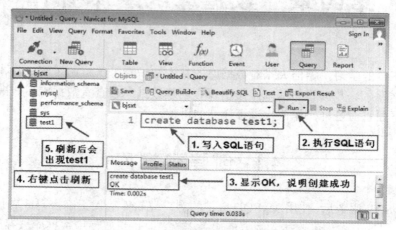

图 4-3　使用 SQL 语句创建数据库

图 4-3 中已经标示出操作的具体步骤，详述如下：

(1) 在窗口中写入创建数据库的 SQL 语句。

(2) 点击"Run"按钮，执行 SQL 语句。

(3) 如果下方的 Message 一栏中显示 OK，则表示创建数据库成功，否则创建失败。

(4) 右击"bjsxt"图标后，选择"Refresh"选项进行刷新操作。

(5) 刷新后会在左侧的目录结构中出现 test1 数据库。

> **注意**：如果数据库已经存在，则不能创建成功，系统会提示"1007 - Can't create database 'test1'; database exists"错误。

4.1.2　使用图形界面创建数据库

对于初学者而言，使用 SQL 语句创建数据库时，需要记住相应的 SQL 语句，比在图形界面上操作要困难一些，所以可以直接利用 Navicat 软件的图形界面创建数据库。

(1) 右键单击"bjsxt"，在弹出的列表中选择"New Database…"选项，如图 4-4 所示。

(2) 在弹出的"New Database"窗口的"General"栏中按照要求输入数据库名称、字符集和排序规则。其实只需要指定数据库名称即可，而字符集和排序规则不指定则表示选择默认配置，具体操作如图 4-5 所示。

在"SQL Preview"栏中，可以看到系统自动生成的 SQL 语句，如图 4-6 所示。

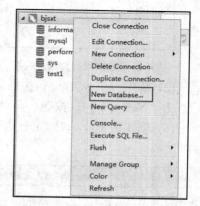

图 4-4　选择"New Database…"选项

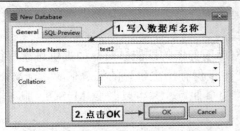
图 4-5　使用图形界面创建数据库

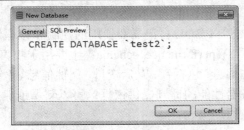
图 4-6　系统自动生成的 SQL 语句

(3) 点击"OK"按钮之后，会在左侧的目录结构中看到名为 test2 的数据库。

4.2　查 看 数 据 库

因为在创建数据库时，有可能出现"1007 - Can't create database 'test1'; database exists"(数据库已存在)错误，所以希望在创建新的数据库之前先查看一下目前已有的数据库有哪些。同样介绍两种方法：使用 SQL 语句查看数据库和使用图形界面查看数据库。

4.2.1　使用 SQL 语句查看数据库

1. 查看所有的数据库

如果要查看所有的数据库，需要在 SQL 语句执行窗口中输入如示例 4-2 所示的 SQL 语句。

【示例 4-2】使用 SQL 语句查看所有数据库。

```
show databases;
```

执行结果如图 4-7 所示。

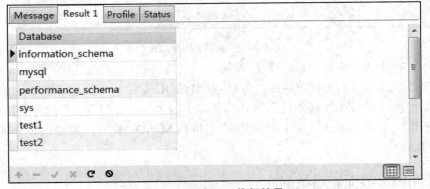
图 4-7　示例 4-2 执行结果

从图 4-7 中可以看到除了在上一小节中创建的 test1 和 test2 两个数据库外，还有 4 个 MySQL 自带的数据库。

(1) information_schema：提供了访问数据库元数据的方式。其中保存着关于 MySQL 服务器所维护的所有其他数据库的信息，如数据库名、表名、列的数据类型、访问权限等。

(2) mysql：是 MySQL 的核心数据库。主要负责存储数据库的用户、权限设置、关键字以及 MySQL 自己需要使用的控制和管理信息等。

(3) performance_schema：主要用于收集数据库服务器的性能参数，如提供进程等待的详细信息，包括锁、互斥变量、文件信息等；还可用于保存历史事件的汇总信息，为 MySQL 服务器性能的评判提供依据；可以新增或删除监控事件点，并可以改变 MySQL 服务器的监控周期等。

(4) sys：是 MySQL 5.7 新增的系统数据库，其在 MySQL 5.7 中是默认存在的，在 MySQL 5.7 以前的版本中可以手动导入。这个库通过视图的形式把 information_schema 和 performance_schema 结合起来，可以查询出更加令人容易理解的数据。

2. 查看指定的数据库

如果想要查看某个已经存在的数据库的创建信息，则需要使用 SQL 语句，其语法格式如下：

```
show create database db_name;
```

其中，"show create database" 为查看指定数据库的固定格式；"db_name" 为指定数据库的名称。接下来可以查看一下数据库 test1 的创建信息，如示例 4-3 所示。

【示例 4-3】使用 SQL 语句查看指定数据库。代码如下：

```
show create database test1;
```

执行结果如图 4-8 所示。

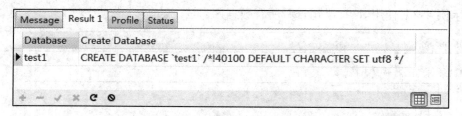

图 4-8　示例 4-3 执行结果

从图 4-8 中可以看到关于 test1 数据库的一些创建信息，如默认字符集为 utf8。图中，"40100" 表示版本号 4.1.00；"/*注释内容*/" 为 MySQL 支持的一种注释格式，并且 MySQL 对其进行了扩展，即当在注释中使用 "！" 并加上版本号时，只要 MySQL 的当前版本号等于或大于该版本号，则该注释中的 SQL 语句将被 MySQL 执行。但是这种方式只适用于 MySQL 数据库。

4.2.2　使用图形界面查看数据库

1. 查看所有的数据库

使用 Navicat 软件查看所有的数据库非常简单，所有的数据库直接显示在左侧视图中，如图 4-9 所示(在查看之前可以先刷新列表)。

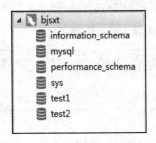
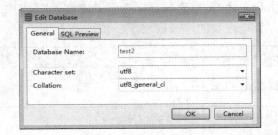

図 4-9　图形界面查看所有数据库　　　　　　　图 4-10　图形界面查看指定数据库

2. 查看指定的数据库

在图 4-9 中，右键选中要查看的数据库 test2，在弹出的列表中选择"Edit Database"选项，就会出现如图 4-10 所示的界面。

从图 4-10 中可以清楚地看到关于数据库 test2 的创建信息：数据库名称为 test2，字符集为 utf8，排序规则为 utf8_general_ci。

> 注意：由于在创建数据库时并没有指定字符集和排序规则，所以 utf8 和 utf8_general_ci 为 MySQL 默认的字符集和排序规则。

4.3　修改数据库

如果在数据库创建成功后发现数据库的字符集选择错误，则需要手动更改数据库的字符集，那到底怎么修改呢？

4.3.1　使用 SQL 语句修改数据库

在 SQL 语句执行窗口中输入修改数据库字符集的 SQL 语句，其语法格式如下：

```
alter database db_name character set new_charset;
```

其中，"alter database"为修改数据库的固定语法格式；"db_name"为要修改的数据库名称；"character set"表示修改的是数据库的字符集；"new_charset"为新的字符集名称。

假设要将 test1 数据库的字符集由 utf8(默认字符集)修改为 gbk，具体操作如示例 4-4 所示。

【示例 4-4】使用 SQL 语句修改所有数据库字符集。

```
alter database test1 character set gbk;
```

执行结果如图 4-11 所示。

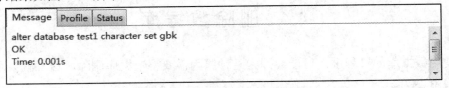

图 4-11　示例 4-4 执行结果

在执行上述 SQL 语句后，显示 OK 则说明 SQL 语句执行成功。接下来查看一下 test1 数据库，看是否真的修改成功了。执行如下 SQL 语句以查看 test1 数据库：

```
show create database test1;
```

执行结果如图 4-12 所示。

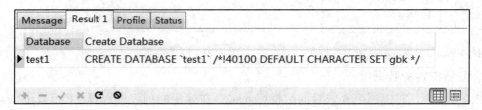

图 4-12　查看 test1 字符集

从图 4-12 中可以清楚地看到，test1 数据库的字符集已经被修改为 gbk。实际上，虽然只是将字符集修改为 gbk，但其排序规则也会被自动修改为相应的 gbk_chinese_ci。

4.3.2　使用图形界面修改数据库

使用 Navicat 软件来修改数据库的字符集是比较方便的，首先选中要修改的数据库，然后右键选择"Edit Database"选项就可以进入修改数据库的窗口，点击"OK"按钮即可。下面以 test2 为例，将其字符集修改为 gbk，如图 4-13 所示。

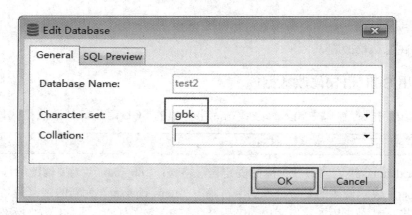

图 4-13　图形界面修改数据库字符集

只需要选择要修改的字符集，排序规则不用做任何操作，系统会根据选择的字符集自动进行匹配。

4.4　删 除 数 据 库

在使用数据库的过程中，可能会因为某种原因需要将数据库删除，这时就会用到本节要讲解的内容。

但是，需要特别注意的是，数据库一旦被删除，会将数据库中所有的表和数据一同删除，所以在做删除数据库的操作时需要非常慎重。

4.4.1　使用 SQL 语句删除数据库

使用 SQL 语句来删除数据库时，只需在 SQL 语句执行窗口中输入删除数据的 SQL 语句，其语法格式如下：

```
drop database db_name;
```

其中，"drop database"为删除数据库的固定语法格式；"db_name"为要删除的数据库名称。以删除 test1 数据库为例，具体操作如示例 4-5 所示。

【示例 4-5】使用 SQL 语句删除数据库。

```
drop database test1;
```

为了证实 test1 数据库是否已被成功删除，执行查看所有数据库的 SQL 语句，如下所示：

```
show databases;
```

执行结果如图 4-14 所示。

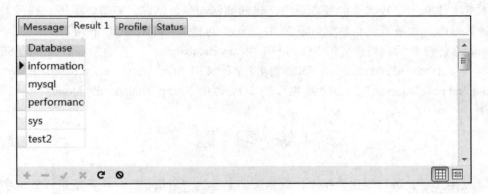

图 4-14　查看 test1 是否被删除成功

图 4-14 中显示的数据库列表中并没有名为 test1 的数据库，证明示例 4-5 中的 SQL 语句执行成功。

4.4.2　使用图形界面删除数据库

使用 Navicat 软件删除数据库时，只需要选中要删除的数据库，单击右键，然后在弹出的功能列表中选择"Delete Database"选项即可。下面以删除 test2 数据库为例，具体操作如图 4-15 所示。

点击"Delete Database"选项后，会出现如图 4-16 所示的确认删除的弹窗，如果确定要删除就选择"Delete"按钮，否则选择"Cancel"按钮。

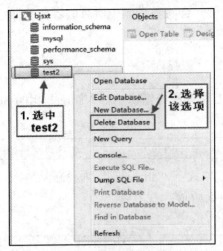

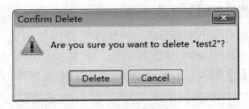

图 4-15　图形界面删除数据库　　　　　　　图 4-16　确认删除弹窗

本 章 小 结

本章主要介绍了数据库的基本操作，包括如何创建数据库、查看数据库、修改数据库和删除数据库。本章需重点掌握以下 SQL 语句：创建数据库的 SQL 语句"create database db_name;"；查看所有数据库的 SQL 语句"show databases;"；查看指定数据库的 SQL 语句"show database db_name;"；修改数据库字符集的 SQL 语句"alter database db_name character set new_charset;"；删除数据库的 SQL 语句"drop database db_name;"。

练 习 题

1. 使用 SQL 语句创建数据库，数据库的名称为"School"，字符集选择默认字符集 utf8。
2. 使用 SQL 语句查看"School"数据库是否创建成功，并查看其创建信息。
3. 使用 SQL 语句将"School"数据库的字符集修改为 gbk。
4. 使用 SQL 语句删除"School"数据库。
5. 使用 Navicat 软件的图形界面重复上述题 1 至题 4 的操作。

第五章　表的基本操作

表(Table)是数据库中数据存储最常见和最简单的一种形式，数据库可以将复杂的数据结构用较为简单的二维表来表示。二维表是由行和列组成的，分别都包含着数据。学生信息表如表5-1所示。

表 5-1　学生信息表

学　号	姓　名	性　别	年　龄
17071401	张三	男	20
17071402	李四	女	18
17071403	王五	男	21
17071404	赵六	女	19

每个表都是由若干行和列组成的，在数据库中，表中的行被称为记录，表中的列被称为这些记录的字段。

记录也被称为一行数据，是表中的一行。在关系型数据库的表中，一行数据是指一条完整的记录。

字段是表中的一列，用于保存每条记录的特定信息。在表5-1中，字段包括"学号"、"姓名"、"性别"和"年龄"。数据表的一列包含了某个特定字段的全部信息。

表的基本操作主要包括创建表、查看表、修改表以及删除表等，这些操作虽然基本但是非常重要，希望大家好好学习本章的内容。

5.1　创　建　表

在创建表之前，首先要选择将表创建在哪个数据库中。在 MySQL 自带的客户端软件中，可以使用如下 SQL 语句来选择数据库：

```
use db_name;
```

其中，"db_name"为选择的数据库名称。如果没有选择数据库而是直接创建表格，则会出现"No database selected"的错误；如果选择数据库成功，则会出现"Database changed"的提示，之后就可以在选择的数据库中创建新表了。

如果使用 Navicat 软件，则操作可以大大简化，直接双击要选择的数据库即可切换数据库(如果是第一次选中该数据库，那么数据库图标会由灰色变为绿色，下次再选择该数据库时只需要单击即可)。

　　本小节内容将分别讲解在 Navicat 软件中如何使用 SQL 语句创建表以及如何使用图形界面创建表。

5.1.1　使用 SQL 语句创建表

　　在 Navicat 软件中，要使用 SQL 语句创建表，必须在选中的数据库中打开一个 SQL 语句执行窗口(在此之前新建一个名为"chapter05"的数据库)，具体操作如图 5-1 所示。

图 5-1　在"chapter05"数据库中创建 SQL 语句执行窗口

　　按照图 5-1 所示的操作完成后，会看到如图 5-2 所示的界面。如果界面中数据库一栏中显示的为"chapter05"，则表示操作成功(此处点击下拉按钮"▼"可以切换数据库)。

图 5-2　选择数据库成功界面

　　接下来就可以在 SQL 语句执行窗口中输入创建表的 SQL 语句，其语法格式如下：

```
create table table_name(
    字段名 1    数据类型 1    [完整性约束条件],
    字段名 2    数据类型 2    [完整性约束条件],
    字段名 3    数据类型 3    [完整性约束条件],
    …
    字段名 n    数据类型 n    [完整性约束条件]
);
```

　　其中，"create table"为创建表的固定语法格式；"table_name"为要创建的表的名称，"字段名"为二维表中每一列的列名;"数据类型"为该字段所存储的数据的类型;"完整性约束条件"为可选项,指的是对字段的某些特殊约束。

> **注意:**
> ● 不同字段之间的定义使用","隔开,但最后一个字段没有","。
> ● table_name 不能与数据库的关键字同名,如 create、database、table 等。

下面以创建名为"student"的表为例进行演示,该表用来存储学生信息。具体信息及数据类型的选择如表 5-2 所示。创建 student 表的 SQL 语句如示例 5-1 所示。

表 5-2　student 表相关信息

字段名	数据类型	描　述
id	INT(8)	id 表示学生编号
name	VARCHAR(20)	name 表示学生姓名
gender	VARCHAR(1)	gender 表示学生性别
age	INT(2)	age 表示学生年龄

【示例 5-1】使用 SQL 语句创建 student 表。

```
create table student(
    id INT(8),
    name VARCHAR(20),
    gender VARCHAR(1),
    age INT(2)
);
```

执行结果如图 5-3 所示。

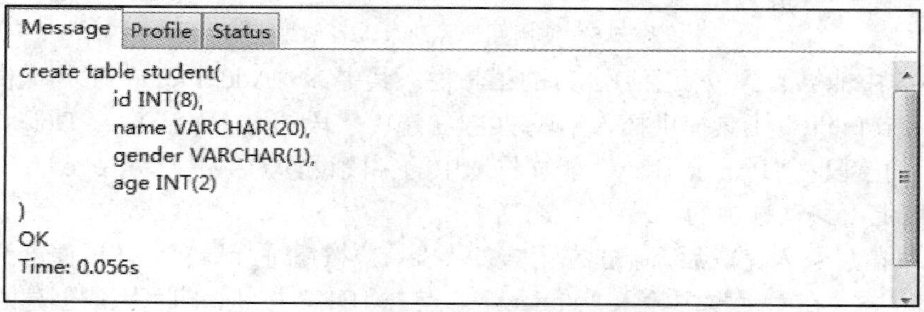

```
Message  Profile  Status
create table student(
        id INT(8),
        name VARCHAR(20),
        gender VARCHAR(1),
        age INT(2)
)
OK
Time: 0.056s
```

图 5-3　使用 SQL 语句创建 student 表

从图 5-3 中可以看到"OK"字样,说明表已经创建成功。图中的"Time:0.056s"表示的是执行该 SQL 语句所耗费的时间。

5.1.2　使用图形界面创建表

除了使用 SQL 语句创建表外,还可以在图形界面中创建表,这种操作对于初学者而言更为简单,同样以创建 student 表为例:

(1) 展开 chapter05 数据库的目录结构,其中有一个名为"Tables"的选项,右键单击"Tables"选项,在弹出的下拉列表中选择"New Table"选项,如图 5-4 所示。

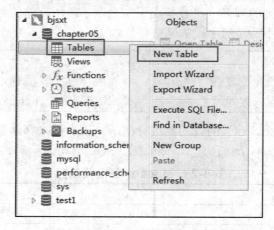

图 5-4　　chapter05 数据库的目录结构

（2）在打开的创建表格窗口中按照要求录入字段名(Name)、数据类型(Type)、数据长度(Length)等信息，其中，数据类型可在下拉列表中根据需求选择。录入完成后的表信息如图 5-5 所示。

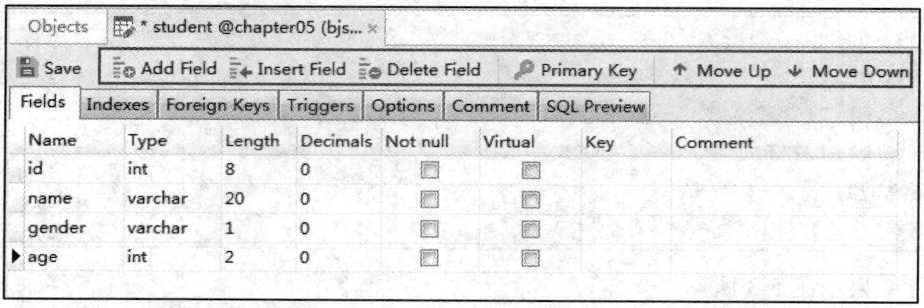

图 5-5　使用图形界面录入表信息

从图 5-5 中能够看到位于窗口上方的工具栏，其中，"Add Field" 工具提供增加字段功能；"Insert Field" 工具提供插入字段功能(在选中字段的上方插入)；"Delete Field" 则是删除选中的字段；"Primary Key" 能够将选中的字段设置为主键；"Move Up" 和 "Move Down" 可以上下移动选中的字段。

（3）在表信息录入完成后，点击左上方的 "Save" 按钮进行保存，之后便会弹出要求输入表名的对话框，在对话框中输入 "student"，点击 "OK" 按钮，即可完成创建表的操作。具体操作如图 5-6 所示。

图 5-6　保存创建的表

(4) 右键刷新“Tables”选项，则会在该节点下显示创建的 student 表。

5.2 查　看　表

在表创建完成后，很多情况下都要查看表的信息，如在插入数据之前查看一下数据的类型和长度，或者查看一下主外键的设置等。本节内容将会讲述如何使用 SQL 语句来查看表的基本结构和详细结构(使用图形界面查看表结构非常简单，大家可以自行研究一下)。

5.2.1　查看表的基本结构

查看表的基本结构是通过执行 SQL 语句“describe”来实现的，其具体的语法格式如下：

```
describe table_name;
```

或者可以使用简写的格式，如下：

```
desc table_name;
```

其中，“describe”为查看表基本结构的固定语法格式，可以简写为“desc”；“table_name”为要查看的表的名称。下面以查看上一节中创建的 student 表为例进行讲解，其 SQL 语句如示例 5-2 所示。

【示例 5-2】使用“describe”语句查看表的基本结构。

```
describe student;
```

或者如下所示：

```
desc student;
```

执行结果如图 5-7 所示。

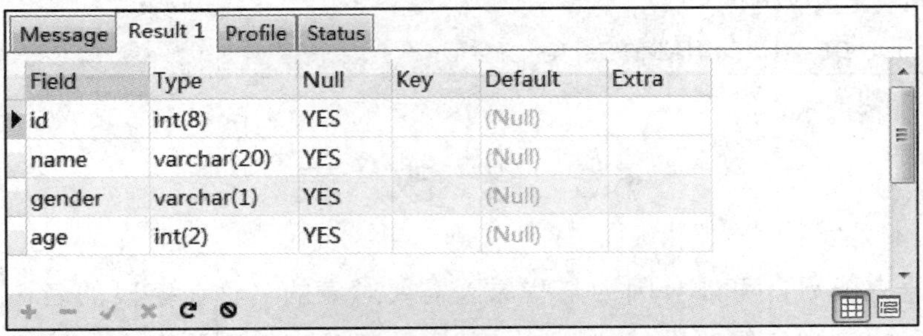

Field	Type	Null	Key	Default	Extra
id	int(8)	YES		(Null)	
name	varchar(20)	YES		(Null)	
gender	varchar(1)	YES		(Null)	
age	int(2)	YES		(Null)	

图 5-7　示例 5-2 运行效果图

通过“describe”语句能够看到表的字段(Field)、数据类型及长度(Type)、是否允许空值(Null)、键的设置信息(Key)、默认值(Default)以及附加信息(Extra)。但是如果想查看关于表更详细的信息，这种方式就不可行了，需要使用 SQL 语句：“show create table”。

5.2.2　查看表的详细结构

使用"show create table"语句不仅可以查看表的字段、数据类型及长度、是否允许空值、键的设置信息、默认值等，还可以查看数据库的存储引擎以及字符集等信息。其语法格式如下：

```
show create table table_name;
```

其中，"show create table"为查看表详细结构的固定语法格式；"table_name"为要查看的表的名称。查看 student 表的详细结构的 SQL 语句如示例 5-3 所示。

【示例 5-3】使用"show create table"语句查看表的详细结构。

```
show create table student;
```

执行结果如图 5-8 所示。

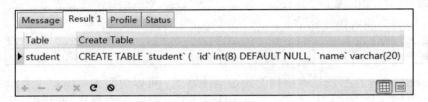

图 5-8　示例 5-3 运行效果图

由于页面显示问题，图中"Create Table"中的表的信息并不能完全展现出来，为了让大家能够清晰地看到表的详细结构，此处将信息复制并整理了一份，如下：

```
CREATE TABLE 'student' (
    'id' int(8) DEFAULT NULL,
    'name' varchar(20) DEFAULT NULL,
    'gender' varchar(1) DEFAULT NULL,
    'age' int(2) DEFAULT NULL
) ENGINE=InnoDB DEFAULT CHARSET=utf8
```

5.3　修　改　表

在表创建完成后，可能会因为某些原因需要对表的名称、字段的名称、字段的数据类型、字段的排列位置等进行修改。一种方法就是直接删除旧表，然后根据新的需求创建新表，但是如果旧表中已经存在大量数据，则会增加额外的工作量；另外一种方法是使用 MySQL 中提供的"alter table"语句来修改表的相关定义，即本节要讲解的内容。

> **注意：**
> ● 在使用 Navicat 软件修改表时，如果要修改表名，只需要右键点击要修改的表，然后在弹出的下拉列表中选择"Rename"选项即可。
> ● 如果要修改字段的相关定义，需右键点击要修改的表，然后在弹出的下拉列表中选择"Design Table"选项进入修改表界面，修改完成后保存即可。
> ● 对于此部分内容在此不再做过多赘述，有兴趣的读者可以自己试验一下。

5.3.1　修改表名

表名是用来区分同一个数据库中不同表的依据，因此在同一个数据库中，表名具有唯一性。通过 SQL 语句"alter table"可以实现表名的修改，其语法格式如下：

```
alter table old_table_name rename [to] new_table_name;
```

其中，"alter table"为修改表的固定语法格式；"old_table_name"为修改前的表名；"new_table_name"为修改后的表名；"to"为可选项，可有可无。下面将 student 表的名称修改为"sxt_student"，其对应的 SQL 语句如示例 5-4 所示。

【示例 5-4】使用"alter table"语句修改表名。

```
alter table student rename to sxt_student;
```

或者如下所示：

```
alter table student rename sxt_student;
```

执行结果如图 5-9 所示。

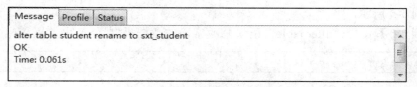

图 5-9　示例 5-4 运行效果图

从图 5-9 中看到，SQL 语句执行成功，通过 SQL 语句查看数库 chapter05 中已有的表，如下所示：

```
show tables;
```

执行结果如图 5-10 所示。

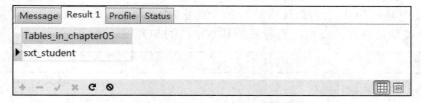

图 5-10　查看数据库 chapter05 中已有的表

通过图 5-10 中显示的结果可以确认，之前名为"student"的表已经不存在了，只有名为"sxt_student"的表。为了更好地说明表名修改成功，可以查看 sxt_student 表的结构，并与之前的 student 表对比，看是否完全相同，其 SQL 语句如下：

```
show create table sxt_student;
```

执行后，表的结构信息与之前的 student 表的完全一致，如下所示：

```
CREATE TABLE 'sxt_student' (
  'id' int(8) DEFAULT NULL,
  'name' varchar(20) DEFAULT NULL,
  'gender' varchar(1) DEFAULT NULL,
  'age' int(2) DEFAULT NULL
) ENGINE=InnoDB DEFAULT CHARSET=utf8
```

5.3.2 修改字段的数据类型

1. 修改一个字段

在修改字段的数据类型时，需要明确指出要修改的是哪张表的哪个字段，要修改成哪种数据类型。修改字段的 SQL 语句是"alter table"，其语法格式如下：

```
alter table table_name modify column_name new_data_type;
```

其中，"table_name"为要修改的表的名称；"modify"为修改字段数据类型用到的关键字；"column_name"为要修改的字段的名称；"new_data_type"为修改后的数据类型。下面将 sxt_student 表中的 id 字段的数据类型由"INT(8)"修改为"INT(10)"，其对应的 SQL 语句如示例 5-5 所示。

【示例 5-5】使用"alter table"语句修改字段的数据类型。

```
alter table sxt_student modify id int(10);
```

执行结果如图 5-11 所示。

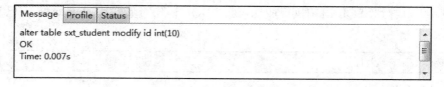

图 5-11   示例 5-5 运行效果图

图 5-11 中显示 SQL 语句执行成功。下面使用"desc"语句查看表的基本结构，验证 id 字段的数据类型是否修改成功，查看表的基本结构的 SQL 语句如下：

```
desc sxt_student;
```

执行结果如图 5-12 所示。

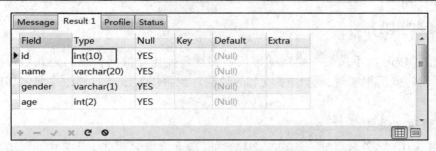

图 5-12　查看 sxt_student 表的基本结构

从图 5-12 中可以清楚地看到，id 字段的数据类型已经修改为"int(10)"。

2. 同时修改多个字段

由于有时需要对表中的多个字段的数据类型进行修改，因此使用上面的方法太过繁琐。可以使用如下 SQL 语句对多个字段的数据类型同时进行修改：

```
alter table table_name modify column1_name new_data_type1, modify column2_name new_data_type2, …,
modify columnn_name new_data_typen;
```

每个字段前边都需要"modify"关键字，不同字段之间使用"，"隔开，最后一个字段没有"，"。将 sxt_student 表中的 id 字段的数据类型修改为"int(20)"，将 name 字段的数据类型修改为"varchar(10)"。其 SQL 语句如示例 5-6 所示。

【示例 5-6】使用"alter table"语句同时修改多个字段的数据类型。

```
alter table sxt_student modify id int(20), modify name varchar(10);
```

执行结果如图 5-13 所示。

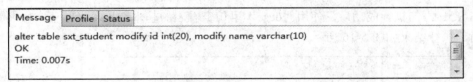

图 5-13　示例 5-6 运行效果图

同时修改多个字段数据类型的 SQL 语句执行成功后，同样使用"desc"语句查看 sxt_student 表的基本结构，执行结果如图 5-14 所示。

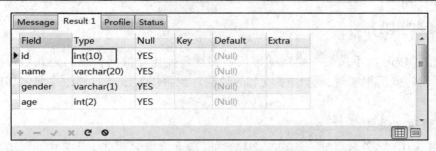

图 5-14　查看修改 id 和 name 字段数据类型后的 sxt_student 表的基本结构

从图 5-14 中可以看出，我们已经成功修改了 id 和 name 字段的数据类型。

5.3.3　修改字段名

在修改字段时，不仅要指定新的字段名称，还要指定数据类型。因此通过修改字段名的 SQL 语句既可以实现只修改字段名的功能，也可以实现同时修改字段名和数据类型的功能。

1. 只修改字段名

在一张表中，字段名是唯一标识某个属性的，因此字段名在同一张表中也具有唯一性。修改字段名与修改表名类似，其语法结构如下：

```
alter table table_name change old_column_name new_column_name old_data_type;
```

其中，"change"为修改字段名需要使用的关键字；"old_column_name"为修改前的字段名；"new_column_name"为修改后的字段名；"old_data_type"为字段原有的数据类型。将 sxt_student 表中"gender"的字段名修改为"sex"，其对应的 SQL 语句如示例 5-7 所示。

【示例 5-7】使用"alter table"语句修改字段名。

```
alter table sxt_student change gender sex varchar(1);
```

执行结果如图 5-15 所示。

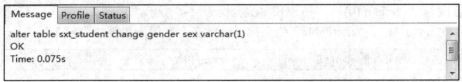

图 5-15　示例 5-7 运行效果图

在 SQL 语句执行成功后，使用"desc"语句查看表的基本结构，以验证字段名是否修改成功，执行结果如图 5-16 所示。

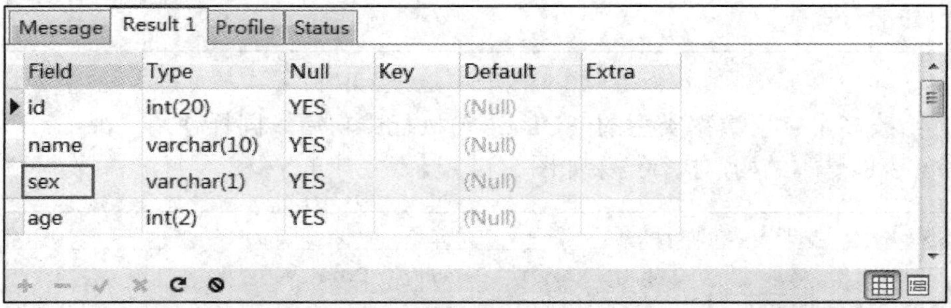

Field	Type	Null	Key	Default	Extra
id	int(20)	YES		(Null)	
name	varchar(10)	YES		(Null)	
sex	varchar(1)	YES		(Null)	
age	int(2)	YES		(Null)	

图 5-16　查看修改字段名后的 sxt_student 表的基本结构

从图 5-16 中可以看到，之前的 gender 字段已经不存在了，取而代之的是名为"sex"的字段，字段的数据类型仍为"varchar(1)"。

2. 同时修改字段名和数据类型

如果想要在修改字段名的同时修改数据类型，只需要将指定的数据类型修改为新的数据类型即可，其语法格式如下：

alter table table_name change old_column_name new_column_name new_data_type;

其中，"new_data_type"为修改后的数据类型。将 sxt_student 表中"sex"的字段名修改为"gender"，并将数据类型修改为"varchar(2)"，其对应的 SQL 语句如示例 5-8 所示。

【示例 5-8】使用"alter table"语句修改字段名和数据类型。

alter table sxt_student change sex gender varchar(2);

执行结果如图 5-17 所示。

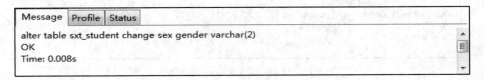

图 5-17　示例 5-8 运行效果图

执行"desc"语句查看表的基本结构，执行结果如图 5-18 所示。

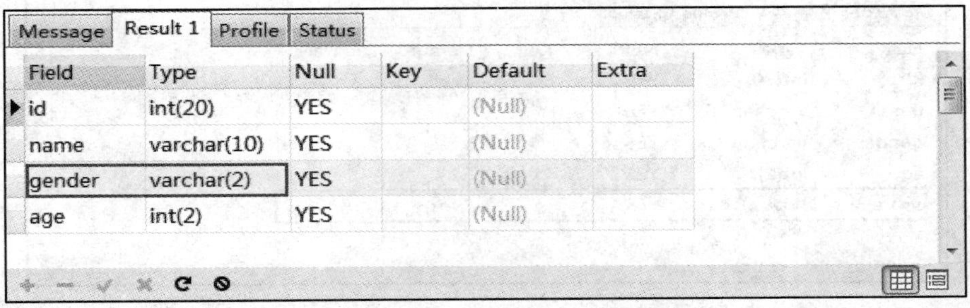

Field	Type	Null	Key	Default	Extra
id	int(20)	YES		(Null)	
name	varchar(10)	YES		(Null)	
gender	varchar(2)	YES		(Null)	
age	int(2)	YES		(Null)	

图 5-18　查看修改字段名和数据类型后的 sxt_student 表的基本结构

从图 5-18 中可以看到，不仅字段名由"sex"修改为"gender"，而且数据类型由之前的"varchar(1)"修改为"varchar(2)"。

5.3.4　增加字段

对于一个已经存在的表，有时会需要增加一个新的字段。从修改字段的 SQL 语句中不难发现，一个字段包括两个基本部分：字段名和字段的数据类型。增加字段需要指定字段名和字段的数据类型，也可以指定要添加字段的约束条件、添加的位置。其语法格式如下：

alter table table_name add column_name1 data_type [完整性约束条件] [first|after column_name2];

其中，"alter table"为修改表的固定语法格式；"table_name"为要修改的表的名称，"add"为增加字段用到的关键字；"column_name1"为要添加的字段的名称；"data_type"为要添加的字段的数据类型；"[完整性约束条件]"为可选项；"[first|after column_name2]"也为可选项，该项的取值决定了字段添加的位置，如果没有该项则默认添加到表的最后，如果为"first"则添加到表的第一个位置，如果为"after column_name2"则添加到名为"column_name2"的字段后面。

1. 在表的最后位置增加字段

在 sxt_student 表的最后位置添加一个名为"score"的字段，数据类型为"float"，如示例 5-9 所示。

【示例 5-9】使用"alter table"语句在最后位置增加字段。代码如下：

```
alter table sxt_student add score float;
```

执行结果如图 5-19 所示。

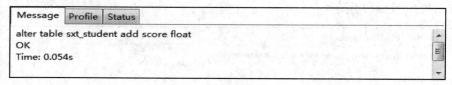

图 5-19　示例 5-9 运行效果图

图 5-19 中显示增加字段的 SQL 语句已经执行成功，为了更清楚地看到字段增加的位置等详情，可以使用"desc"语句来查看表的基本结构，执行结果如图 5-20 所示。

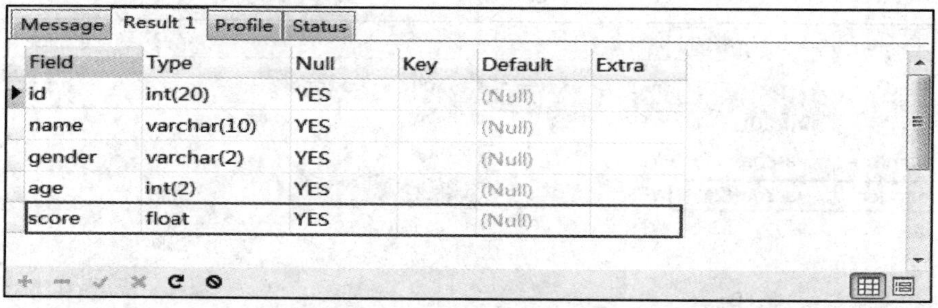

Field	Type	Null	Key	Default	Extra
id	int(20)	YES		(Null)	
name	varchar(10)	YES		(Null)	
gender	varchar(2)	YES		(Null)	
age	int(2)	YES		(Null)	
score	float	YES		(Null)	

图 5-20　查看在最后位置增加字段后的 sxt_student 表的基本结构

从图 5-20 中可以看到，表中确实在最后的位置增加了名为"score"的字段，并且字段的数据类型为"float"。

2. 在表的第一个位置增加字段

如果想要在表的第一个位置增加字段，需要在示例 5-9 中的 SQL 语句的基础上增加一个"first"关键字来表明增加的位置。现在在第一个位置增加一个名为"phone"、数据类型为"varchar(11)"的字段，如示例 5-10 所示。

【示例 5-10】使用"alter table"语句在第一个位置增加字段。

```
alter table sxt_student add phone varchar(11) first;
```

执行结果如图 5-21 所示。

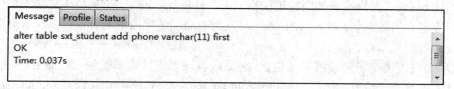

图 5-21　示例 5-10 运行效果图

在 SQL 语句执行成功后，使用"desc"语句查看表的基本结构，以观察新增字段的位置。执行结果如图 5-22 所示。

Field	Type	Null	Key	Default	Extra
phone	varchar(11)	YES		(Null)	
id	int(20)	YES		(Null)	
name	varchar(10)	YES		(Null)	
gender	varchar(2)	YES		(Null)	
age	int(2)	YES		(Null)	
score	float	YES		(Null)	

图 5-22　查看在第一个位置增加字段后的 sxt_student 表的基本结构

从图 5-22 中可以看出，新增的"phone"字段已经成功添加到表的第一个字段的位置，其数据类型为"varchar(11)"。

3. 在表的指定位置增加字段

在有些情况下，只在表的第一和最后的位置添加字段是不能满足需求的，如要将新增的字段添加到已存在的某个字段的后面。下面在"age"字段的后面添加一个名为"clazz"、数据类型为"varchar(20)"的字段，如示例 5-11 所示。

【示例 5-11】使用"alter table"语句在指定位置增加字段。

```
alter table sxt_student add clazz varchar(20) after age;
```

执行结果如图 5-23 所示。

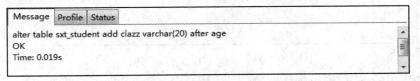

```
alter table sxt_student add clazz varchar(20) after age
OK
Time: 0.019s
```

图 5-23　示例 5-11 运行效果图

在 SQL 语句执行成功后，我们同样使用"desc"语句来查看表的基本结构，以观察新增字段是否添加到了指定的位置。执行结果如图 5-24 所示。

Field	Type	Null	Key	Default	Extra
phone	varchar(11)	YES		(Null)	
id	int(20)	YES		(Null)	
name	varchar(10)	YES		(Null)	
gender	varchar(2)	YES		(Null)	
age	int(2)	YES		(Null)	
clazz	varchar(20)	YES		(Null)	
score	float	YES		(Null)	

图 5-24　查看在指定位置增加字段后的 sxt_student 表的基本结构

从图 5-23 中可以看出，新增的名为"clazz"、数据类型为"varchar(20)"的字段已经成功添加到 age 字段后面。

5.3.5　修改字段的排列位置

字段的排列位置虽然不会影响表中数据的存储，但是对于表的创建者而言是有一定意义的。表一旦被成功创建，字段的位置也已经确定，如果要修改字段的位置，就需要使用下面所示格式的 SQL 语句：

```
alter table table_name modify column_name1 data_type first|after column_name2;
```

其中，"alter table"为修改表的固定语法格式；"table_name"为要修改的表的名称；"modify"为修改字段用到的关键字；"column_name1"为要移动的字段的名称；"data_type"为要移动的字段的数据类型；"first"表示将字段移动到表的第一个位置；"after column_name2"表示将字段移动到名为"column_name2"的字段后面。

1. 将字段移动到第一个位置

下面将"id"字段移动到表的第一个位置，其 SQL 语句如示例 5-12 所示。

【示例 5-12】使用"alter table"语句将字段移动到第一个位置。

```
alter table sxt_student modify id int(20) first;
```

执行结果如图 5-25 所示。

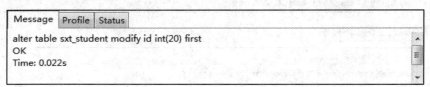

图 5-25　示例 5-12 运行效果图

在移动字段的 SQL 语句执行成功后，使用"desc"语句查看表的基本结构，以确定现在"id"字段所在的位置。执行结果如图 5-26 所示。

Field	Type	Null	Key	Default	Extra
id	int(20)	YES		(Null)	
phone	varchar(11)	YES		(Null)	
name	varchar(10)	YES		(Null)	
gender	varchar(2)	YES		(Null)	
age	int(2)	YES		(Null)	
clazz	varchar(20)	YES		(Null)	
score	float	YES		(Null)	

图 5-26　查看将字段移动到第一个位置后的 sxt_student 表的基本结构

从图 5-26 中可以看到，"id"字段已经成为表中的第一个字段。

2. 将字段移动到指定位置

我们还可以将字段移动到任意位置，如将"phone"字段移动到"clazz"字段的后面，其 SQL 语句如示例 5-13 所示。

【示例 5-13】使用"alter table"语句将字段移动到指定位置。

```
alter table sxt_student modify phone varchar(11) after clazz;
```

执行结果如图 5-27 所示。

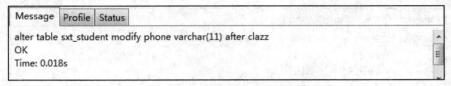

图 5-27 示例 5-13 运行效果图

为了检查"phone"字段目前的位置，使用"desc"语句查看表的基本结构，执行结果如图 5-28 所示。

Field	Type	Null	Key	Default	Extra
id	int(20)	YES		(Null)	
name	varchar(10)	YES		(Null)	
gender	varchar(2)	YES		(Null)	
age	int(2)	YES		(Null)	
clazz	varchar(20)	YES		(Null)	
phone	varchar(11)	YES		(Null)	
score	float	YES		(Null)	

图 5-28 查看将字段移动到指定位置后的 sxt_student 表的基本结构

从图 5-28 中可以看出，"phone"字段的位置已经按照预期移动到了"clazz"字段的后面。

5.3.6 删除字段

对于表中的字段，不仅要能够对其进行添加、修改、移动等操作，还应可以将其删除。删除字段时只需要指定表名及要删除的字段名即可，其语法格式如下：

```
alter table table_name drop column_name;
```

其中，"alter table"为修改表的固定语法格式；"table_name"为要修改的表的名称；"drop"为删除字段用到的关键字；"column_name"为要删除的字段的名称。

下面将 sxt_student 表中名为"phone"的字段删除，其 SQL 语句如示例 5-14 所示。

【示例 5-14】使用"alter table"语句删除字段。

```
alter table sxt_student drop phone;
```

执行结果如图 5-29 所示。

图 5-29　示例 5-14 运行效果图

使用"desc"语句查看表的基本结构，以检查"phone"字段是否还在表中，执行结果如图 5-30 所示。

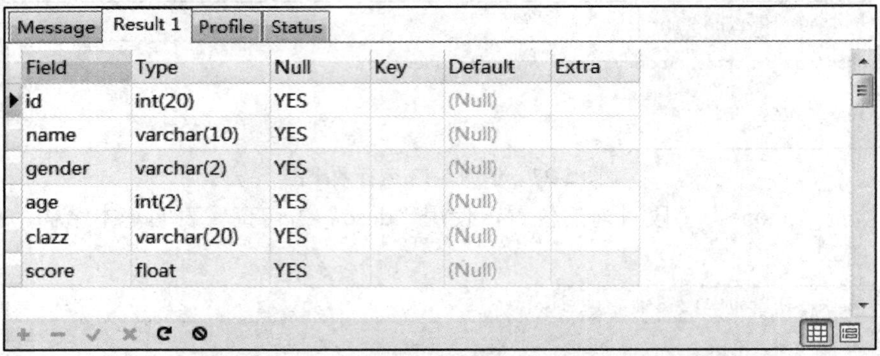

Field	Type	Null	Key	Default	Extra
id	int(20)	YES		(Null)	
name	varchar(10)	YES		(Null)	
gender	varchar(2)	YES		(Null)	
age	int(2)	YES		(Null)	
clazz	varchar(20)	YES		(Null)	
score	float	YES		(Null)	

图 5-30　查看删除字段后的 sxt_student 表的基本结构

在图 5-30 中，已经找不到名为"phone"的字段，说明已经成功将其删除。

对于表的修改，还可以使用 Navicat 软件的图形界面来操作，这种操作非常简单，只要选中要修改的表，点击右键，在弹出的下拉列表中选择"Design Table"选项，即可进入表的设计界面(如图 5-5 所示)。在该界面中选择合适的功能选项(如"Add Field"、"Delete Filed"等)即可完成字段的修改。在此就不做过多的赘述，读者可以亲自尝试一下。

5.4　删　除　表

表的删除操作会将表中的数据一并删除，所以在进行删除操作时需要慎重。在删除表时需要注意的是，要删除的表是否与其他表存在关联，如果存在，那么被关联的表的删除操作比较复杂，会在后续章节中讲解；如果不存在，也就是说，要删除的是一张独立的表，那么操作比较简单。本节主要介绍的就是如何删除一张独立的、没有与其他表存在关联的表。

5.4.1　使用 SQL 语句删除表

在删除表之前，先创建一张名为"test"的表用于测试删除操作。创建表的 SQL 语句如下所示：

```
create table test(
    id int(2)
);
```

在表创建成功后，使用"show tables"语句查看数据库 chapter05 中所有的表，如示例

5-15 所示。

【示例 5-15】使用"show tables"语句查看数据库中所有的表。

```
show tables;
```

执行结果如图 5-31 所示。

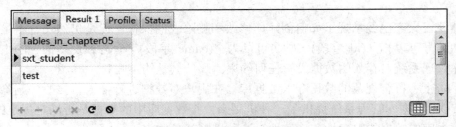

图 5-31　示例 5-15 运行效果图

从图 5-31 中可以看到，数据库 chapter05 中已经存在 test 表，说明创建成功。之后执行删除表的 SQL 语句，其语法格式如下：

```
drop table table_name;
```

其中，"drop table"为删除表的固定语法格式；"table_name"为要删除的表的名称。

下面对名为"test"的表进行删除操作，具体的 SQL 语句如示例 5-16 所示。

【示例 5-16】使用"drop table"语句删除表。

```
drop table test;
```

执行结果如图 5-32 所示。

图 5-32　示例 5-16 运行效果图

在执行成功后，使用"show tables"语句查看数据库 chapter05 中的所有表，执行结果如图 5-33 所示。

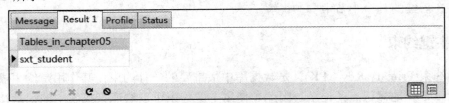

图 5-33　查看数据库 chapter05 中的所有表格

由图 5-33 与图 5-31 对比可知，名为"test"的表已经被删除成功了。

5.4.2　使用图形界面删除表

使用 Navicat 软件的图形界面删除表的操作非常简单，只需要选中要删除的表，点击右键,在弹出的下拉列表中选择"Delete Table"选项,然后在弹出的确认对话框中点击"Delete"按钮,即可将表成功删除。由于操作简单,此处不再演示。

5.5　表的约束

虽然现在大家已经掌握了如何创建、修改和删除表的操作,但是仍然还有不足之处,如学生的编号可以相同(id 字段)、姓名可以为空(name 字段)等。导致这些问题的主要原因是数据库管理系统对存入的数据没有任何约束。那么什么是约束呢?

为了防止不符合规范的数据存入数据库,在用户对数据进行插入、修改、删除等操作时,MySQL 数据库管理系统提供了一种机制来检查数据库中的数据是否满足规定的条件,以保证数据库中数据的准确性和一致性,这种机制就是约束。

5.5.1　完整性约束

MySQL 中主要支持 6 种完整性约束,如表 5-3 所示。

表 5-3　　MySQL 支持的完整性约束一览表

约束条件	约束描述
Primary Key	主键约束,约束字段的值可以唯一地标识对应的记录
Unique Key	唯一约束,约束字段的值是唯一的
Notnull Key	非空约束,约束字段的值不能为空
Default	默认值约束,约束字段的默认值
Auto_Increment	自动增加约束,约束字段的值自动递增
Foreign Key	外键约束,约束表与表之间的关系

约束从作用上可以分为两类:

(1) 表级约束:可以约束表中任意一个或多个字段。

(2) 列级约束:只能约束其所在的某一个字段。

大家是否还记得,在创建表的 SQL 语句中有一个名为"完整性约束条件"的可选项,也就是说,完整性约束可以在创建表的同时来设置,当然还可以在建表后设置。具体如何设置,将在后续的几个小节中一一讲解。

5.5.2　主键约束

主键约束(Primary Key,PK),是数据库中最重要的一种约束,其作用是约束表中的某个字段,以唯一地标识一条记录。因此,使用主键约束可以快速查找表中的记录,就如人的身份证、学生的学号一样,设置为主键的字段取值不能重复,也不能为空,否则无法唯一标识一条记录。下面主要讲解主键约束的添加和删除操作。

1. 创建表时添加主键约束

主键可以是单个字段,也可以是多个字段的组合。对于单个字段,主键的添加可以使用表级约束,也可以使用列级约束;而对于多个字段,主键的添加只能使用表级约束。

1) 为单个字段添加主键约束

(1) 首先在创建表的同时使用列级约束为单个字段添加约束，其语法格式如下：

```
create table table_name(
    column_name1 date_type primary key,
    column_name2 date_type,
    ......
);
```

其中，"table_name" 为新创建的表的名称；"column_name1" 为添加主键的字段名；"date_type" 为字段的数据类型；"primary key" 为设置主键所用的 SQL 语句。

创建一个名为 "student1" 的表，并将表中的 stu_id 字段设置为主键。其具体的 SQL 语句如示例 5-17 所示。

【示例 5-17】使用列级约束设置单字段主键约束。

```
create table student1 (
    stu_id int(10) primary key,
    stu_name varchar(3),
    stu_sex varchar (1)
);
```

执行结果如图 5-34 所示。

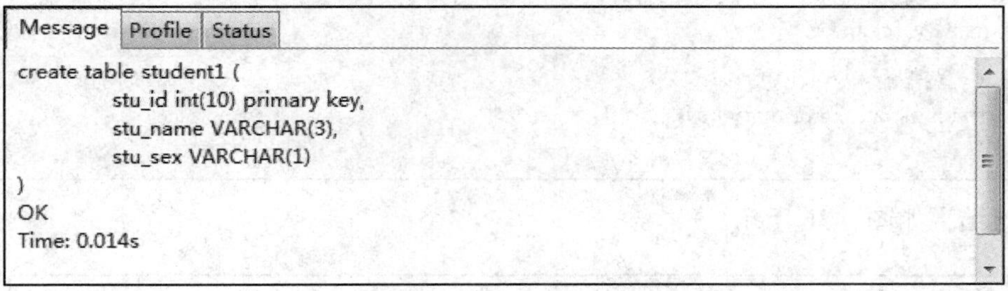

| Message | Profile | Status |

```
create table student1 (
        stu_id int(10) primary key,
        stu_name VARCHAR(3),
        stu_sex VARCHAR(1)
)
OK
Time: 0.014s
```

图 5-34 示例 5-17 运行效果图

在表创建成功后，通过 "desc" 语句查看表的基本结构来验证一下主键的设置情况，执行结果如图 5-35 所示。

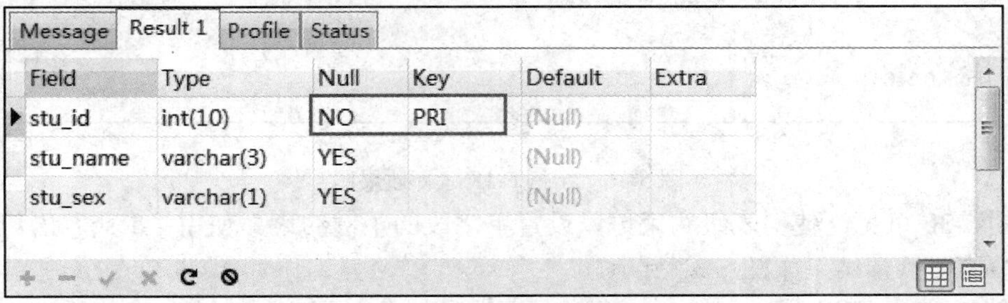

| Message | Result 1 | Profile | Status |

Field	Type	Null	Key	Default	Extra
stu_id	int(10)	NO	PRI	(Null)	
stu_name	varchar(3)	YES		(Null)	
stu_sex	varchar(1)	YES		(Null)	

图 5-35 查看 student1 表的基本结构

从图 5-35 中可以看到，stu_id 字段已经被设置为表的主键，并且在是否允许为空选项中显示为"NO"，说明主键的值默认是不能为空的。

(2) 单字段主键的添加还可以使用表级约束，其 SQL 语句的语法格式如下：

```
create table table_name(
    column_name1 date_type,
    column_name2 date_type,
    ......,
    [constraint pk_name] primary key(column_name)
);
```

其中，"constraint pk_name"为可选项，"constraint"为设置主键约束标识符所用到的关键字，"pk_name"为主键标识符；"column_name"为添加主键的字段名。

> 注意："pk_name"为主键标识符，也就是主键的别名，在一般情况下，使用"约束英文缩写_字段名"的格式，如"pk_stu_id"。

创建一个名为"student2"的表，并将表中的"stu_id"字段使用表级约束设置为主键。其具体的 SQL 语句如示例 5-18 所示。

【示例 5-18】 使用表级约束设置单字段主键约束。

```
create table student2 (
    stu_id int(10),
    stu_name varchar(3),
    stu_sex varchar (1),
    constraint pk_stu_id primary key(stu_id)
);
```

执行结果如图 5-36 所示。

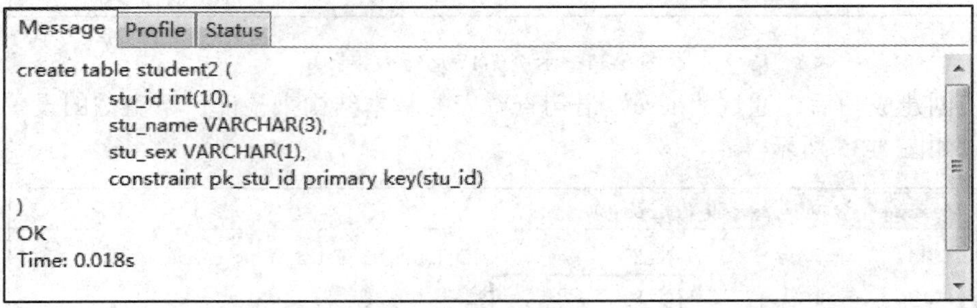

图 5-36　示例 5-18 运行效果图

由图 5-36 可见，使用表级约束可以设置单字段的主键约束。使用"desc"语句查看表的基本结构，执行结果如图 5-37 所示。

从图 5-37 中可以看到，"stu_id"字段已经成功添加了主键约束。表级约束除了可以为主键设置标识符外，与列级约束添加主键的效果基本相同。

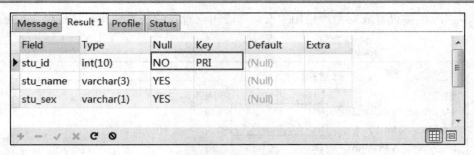

图 5-37　查看 student2 表的基本结构

2) 为多个字段添加主键约束

多字段主键的含义是：主键是由多个字段组合而成的。为多个字段添加主键约束只能使用表级约束，其 SQL 语句格式与使用表级约束为单个字段添加主键约束十分类似，具体如下所示：

```
create table table_name(
    column_name1 date_type,
    column_name2 date_type,
    ......,
    [constraint pk_name] primary key(column_name1, column_name2, …)
);
```

将要设置为主键的多个字段使用"，"隔开，然后写入"primary key"语句后面的"（）"内，这样便可设置多字段主键约束。

创建一个名为"student3"的表，并将其中的"stu_school"和"stu_id"字段设置为主键，其 SQL 语句如示例 5-19 所示。

【示例 5-19】使用表级约束设置多字段主键约束。

```
create table student3 (
    stu_school varchar(20),
    stu_id int(10),
    stu_name varchar (3),
    primary key(stu_school, stu_id)
);
```

执行结果如图 5-38 所示。

```
Message  Profile  Status
create table student3 (
        stu_school varchar(20),
        stu_id int(10),
        stu_name VARCHAR(3),
        primary key(stu_school, stu_id)
)
OK
Time: 0.015s
```

图 5-38　示例 5-19 运行效果图

在多字段主键设置成功后，使用"desc"语句查看表的基本结构，执行结果如图 5-39 所示。

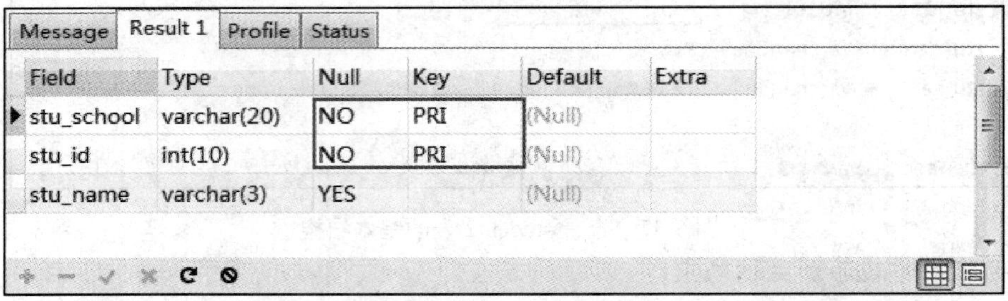

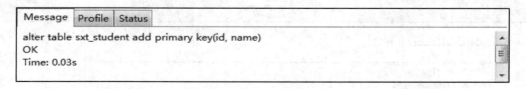

图 5-39　查看 student3 表的基本结构

从图 5-39 中可以看到，stu_school 和 stu_id 字段已经被设置为主键约束，这就意味着 stu_school 和 stu_id 字段的组合能够唯一标识一条记录。

2. 在已存在的表中添加主键约束

在开发中有时会遇到这种情况：表已经创建完成，并且存入了大量的数据，但是表中缺少主键约束。此时就可以使用在已存在的表中添加主键约束的 SQL 语句了，其语法格式如下：

```
alter table table_name add [constraint pk_name] primary key(column_name1, column_name2, …);
```

其中，"alter table"为修改表的固定语法格式；"table_name"为要修改的表名；"add"和"primary key"为添加主键时用到的 SQL 语法；"constraint pk_name"为可选项，表示可以为主键设置标识符，"column_name1, column_name2, …"为要设置为主键的字段名(可以只设置一个字段，也可以设置多个字段)。

在之前创建的 sxt_student 表中，为 id 和 name 字段添加主键约束，其 SQL 语句如示例 5-20 所示。

【示例 5-20】使用"alter table"语句在已存在的表中添加主键约束。

```
alter table sxt_student add primary key(id, name);
```

执行结果如图 5-40 所示。

```
Message  Profile  Status
alter table sxt_student add primary key(id, name)
OK
Time: 0.03s
```

图 5-40　示例 5-20 运行效果图

由图 5-40 可以看到，通过修改表的"alter table"语句可以在已存在的表中添加主键约束，但需要注意的是，在添加主键约束之前，表中不能存在主键，否则会出现"Multiple primary key defined"的错误。

接下来，就可以使用“desc”语句查看表的基本结构，执行结果如图 5-41 所示。

Message
Result 1
Profile
Status

Field	Type	Null	Key	Default	Extra
id	int(20)	NO	PRI	(Null)	
name	varchar(10)	NO	PRI	(Null)	
gender	varchar(2)	YES		(Null)	
age	int(2)	YES		(Null)	
clazz	varchar(20)	YES		(Null)	
score	float	YES		(Null)	

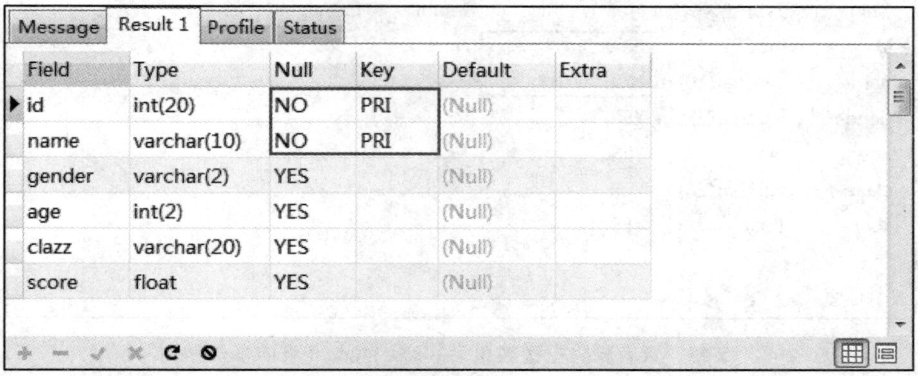

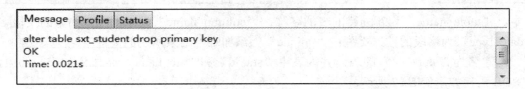

图 5-41　查看添加主键约束后的 sxt_student 表的基本结构

从图 5-41 中可以看到，id 和 name 字段已经被成功添加为主键约束。

3. 删除主键约束

如果想要删除表中已经存在的主键约束，也要用到“alter table”语句，其语法格式如下：

```
alter table table_name drop primary key;
```

其中，“drop primary key”为删除主键时用到的 SQL 语句。此处要明白一点：一个表中的主键只能有一个(多字段情况下，是将多字段的组合作为主键的)，因此不需要指定被设为主键的字段名。

下面演示如何将示例 5-19 中设置的主键约束删除。其 SQL 语句如示例 5-21 所示。

【示例 5-21】使用“alter table”语句在已存在的表中删除主键约束。

```
alter table sxt_student drop primary key;
```

执行结果如图 5-42 所示。

Message
Profile
Status
alter table sxt_student drop primary key
OK
Time: 0.021s

图 5-42　示例 5-21 运行效果图

图 5-42 中显示删除主键成功，使用“desc”语句查看表的基本结构，执行结果如图 5-43 所示。

由图 5-43 可见，“id”和“name”字段的主键约束已经被成功删除，但是其仍然保留了非空的特性。在插入数据时，如果插入的 id 和 name 字段为空，则会提示错误。如果不想保留非空设置，需要自己手动设置。

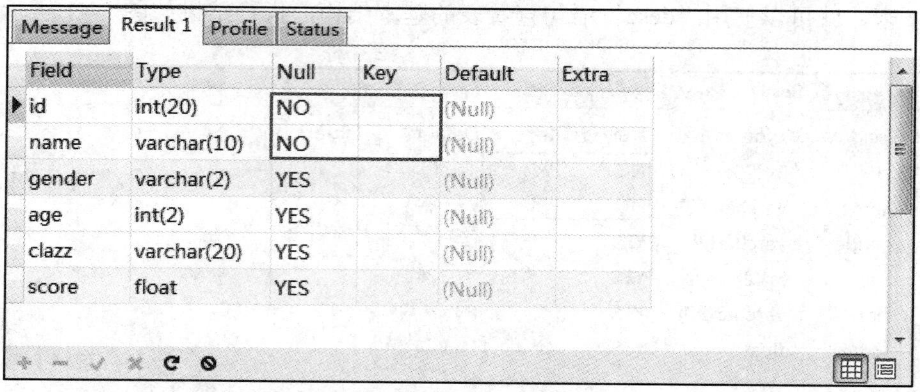

Field	Type	Null	Key	Default	Extra
id	int(20)	NO		(Null)	
name	varchar(10)	NO		(Null)	
gender	varchar(2)	YES		(Null)	
age	int(2)	YES		(Null)	
clazz	varchar(20)	YES		(Null)	
score	float	YES		(Null)	

图 5-43　查看删除主键约束后的 sxt_student 表的基本结构

5.5.3　唯一约束

唯一约束(Unique Key，UK)比较简单，它规定了一张表中指定的某个字段的值不能重复，即这一字段的每个值都是唯一的。如果想要某个字段的值不重复，那么就可以为该字段添加为唯一约束。

无论是单个字段还是多个字段，唯一约束的添加均可以使用列级约束和表级约束，但是表示的含义略有不同，本节将会讲述使用这两种方式添加和删除唯一约束。

1. 创建表时添加唯一约束

1) 使用列级约束添加唯一约束

使用列级约束添加唯一约束时，可以使用“unique”关键字，同时为一个或多个字段添加唯一约束，其语法格式如下：

```
create table table_name(
    column_name date_type unique,
    ......
);
```

其中，“table_name”为新创建的表的名称；“column_name”为添加唯一约束的字段名；“date_type”为字段的数据类型；“unique”为添加唯一约束所用的关键字。

创建名为“student4”的表，并为表中“stu_id”和“stu_name”字段添加唯一约束，其 SQL 语句如示例 5-22 所示。

【示例 5-22】使用列级约束添加唯一约束。

```
create table student4 (
    stu_id int(10) unique,
    stu_name varchar(3) unique,
    stu_sex varchar (1)
);
```

执行结果如图 5-44 所示。

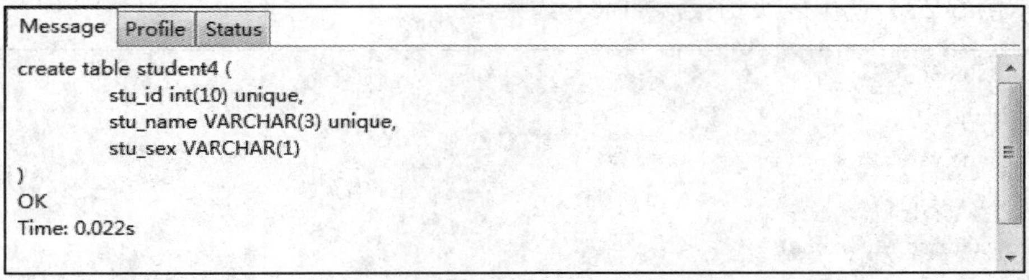

图 5-44　示例 5-22 运行效果图

由图 5-44 可知，使用列级约束添加唯一约束的 SQL 语句执行成功，之后使用“desc”语句查看表的基本结构，执行结果如图 5-45 所示。

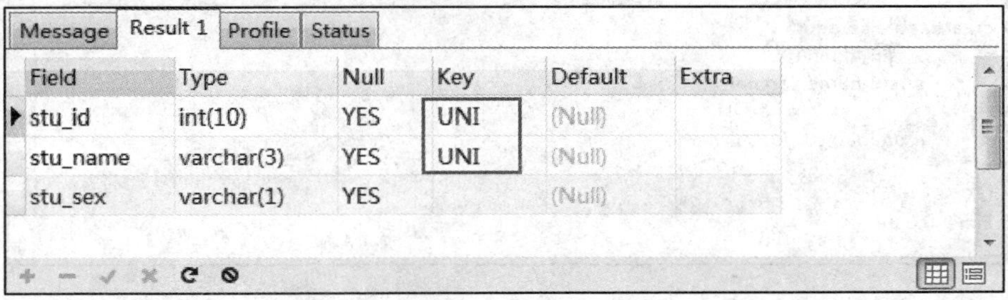

Field	Type	Null	Key	Default	Extra
stu_id	int(10)	YES	UNI	(Null)	
stu_name	varchar(3)	YES	UNI	(Null)	
stu_sex	varchar(1)	YES		(Null)	

图 5-45　查看 student4 表的基本结构

从图 5-45 中可以看到，“stu_id”和“stu_name”字段均已经成功添加了唯一约束，即图中显示的“UNI”字样。

注意：在使用列级约束为多个字段添加唯一约束后，每个字段的值都不能重复，例如：在 student4 表中第一次成功插入的三个字段数据分别为(1, '小红', '女')，如果再次插入的数据为(1, '小明', '男')或者(2, '小红', '女')或者(1, '小红', '男')均会提示错误，插入不成功。也就是说，被唯一约束的字段中(不管是哪个字段)只要有重复的值，那么就会插入失败。

2) 使用表级约束添加唯一约束

使用表级约束添加唯一约束的语法格式与添加主键约束比较相似，如下所示：

```
create table table_name(
    column_name1 date_type,
    column_name2 date_type,
    ......,
    [constraint uk_name] unique(column_name1, column_name2, …)
);
```

其中，“constraint uk_name”为可选项，“constraint”为添加唯一约束标识符所用到的关键字，“uk_name”为唯一约束标识符(即约束别名)。将要添加唯一约束的多个字段使用“,”隔开，然后写入“unique”语句后面的“( )”内，这样便可以为多个字段的组合添加唯一约束。

创建名为“student5”的表，并使用表级约束为表中“stu_id”和“stu_name”字段添加唯一约束，其 SQL 语句如示例 5-23 所示。

【示例 5-23】使用表级约束添加唯一约束。

```
create table student5 (
    stu_id int(10),
    stu_name varchar(3),
    stu_sex varchar (1),
    unique(stu_id, stu_name)
);
```

执行结果如图 5-46 所示。

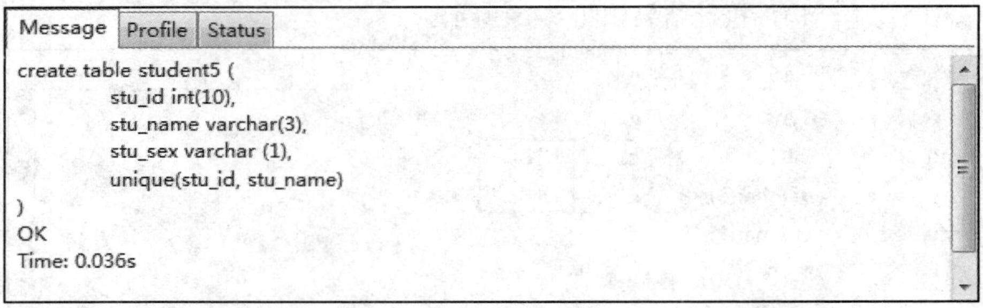

图 5-46　示例 5-23 运行效果图

在使用表级约束添加唯一约束成功后，使用"desc"语句查看表的基本结构，执行结果如图 5-47 所示。

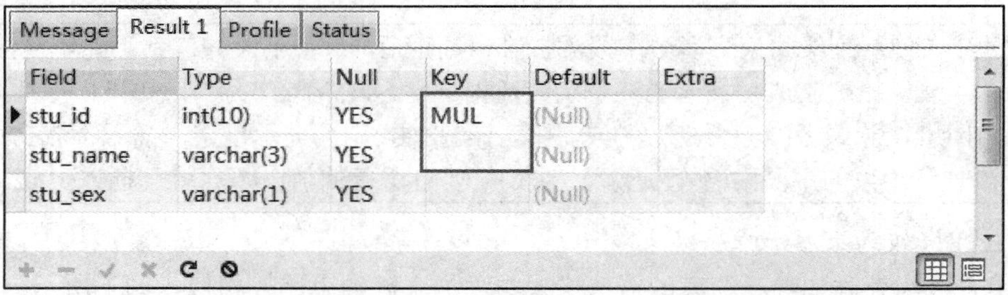

图 5-47　查看 student5 表的基本结构

从图 5-47 中可以看到，与图 5-45 中的内容有所不同，这是怎么回事呢？原来使用表级约束为多个字段添加唯一约束后，实际上是将被约束的多个字段看成是一个组合，只有当组合字段中的值全部重复时，才会提示插入数据失败。

例如，在 student5 表中第一次成功插入的三个字段数据分别为(1, '小红', '女')，如果再次插入的数据为(1, '小明', '男')或者(2, '小红', '女')则数据会成功插入，如果再次插入的数据为(1, '小红', '女')则会提示错误，插入不成功。也就是说，被唯一约束的字段组合中的值都重复时，才会提示错误。

2. 在已存在的表中添加唯一约束

如果表已经创建完成，同样可以为表中的字段添加唯一约束，SQL 语句的语法格式如下：

```
alter table table_name add [constraint uk_name] unique(column_name1, column_name2, …);
```

其中，"alter table"为修改表的固定语法格式；"table_name"为要修改的表名；"add"和"unique"为添加唯一约束时用到的 SQL 语法；"constraint uk_name"为可选项，表示可以为唯一约束设置标识符；"column_name1, column_name2, ..."为要添加唯一约束的字段名(括号内可以只设置一个字段，也可以同时设置多个字段；但是同时设置多个字段时，表示这些字段的组合为唯一约束)。

1) 使用多条 SQL 语句分别为单个字段添加唯一约束

创建一个名为"student6"的表，表中设置三个字段：stu_id、stu_name 和 stu_sex，并且字段没有约束，使用的 SQL 语句如下：

```
create table student6 (
    stu_id int(10),
    stu_name varchar(3),
    stu_sex varchar (1)
);
```

创建成功后分别使用两条 SQL 语句，分别为表中的 stu_id 和 stu_name 字段添加唯一约束，如示例 5-24 所示。

【示例 5-24】使用"alter table"语句为单个字段添加唯一约束。

```
alter table student6 add unique(stu_id);
alter table student6 add unique(stu_name);
```

执行结果如图 5-48 所示。

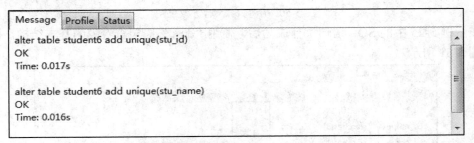

图 5-48　示例 5-24 运行效果图

在两条添加唯一约束的 SQL 语句都执行成功后，使用"desc"语句查看表的基本结构，执行结果如图 5-49 所示。

Field	Type	Null	Key	Default	Extra
stu_id	int(10)	YES	UNI	(Null)	
stu_name	varchar(3)	YES	UNI	(Null)	
stu_sex	varchar(1)	YES		(Null)	

图 5-49　查看 student6 表的基本结构

从图 5-49 中可以看到，"stu_id"和"stu_name"字段已经分别被成功添加为唯一约束。效果与创建表时使用列级约束添加唯一约束相同。

2) 使用单条 SQL 语句为多个字段的组合添加唯一约束

首先需要创建一个表，表名为"student7"，表中字段同 student6 表，同样没有任何约束，SQL 语句如下：

```
create table student7 (
    stu_id int(10),
    stu_name varchar(3),
    stu_sex varchar (1)
);
```

在创建成功后，使用一条 SQL 语句为表中"stu_id"和"stu_name"字段的组合添加唯一约束，其 SQL 语句如示例 5-25 所示。

【示例 5-25】使用"alter table"语句为多个字段的组合添加唯一约束。

```
alter table student7 add unique(stu_id, stu_name);
```

执行结果如图 5-50 所示。

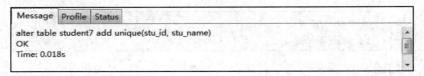

图 5-50　示例 5-25 运行效果图

在示例 5-25 中的 SQL 语句执行成功后，使用"desc"语句查看表的基本结构，执行结果如图 5-51 所示。

Field	Type	Null	Key	Default	Extra
stu_id	int(10)	YES	MUL	(Null)	
stu_name	varchar(3)	YES		(Null)	
stu_sex	varchar(1)	YES		(Null)	

图 5-51　查看添加唯一约束后的 student7 表的基本结构

从图 5-51 中，可以明显地观察到与使用表级约束为多字段添加唯一约束相同的效果，即表的唯一约束为两个字段的组合。

3. 删除唯一约束

删除唯一约束是使用修改表的"alter table"语句来实现的，其语法格式如下：

```
alter table table_name drop index uk_name;
```

其中，"drop index"为删除主键时用到的 SQL 语法；"uk_name"为唯一约束的标识符(即唯一约束的名称)。

注意：

● 单字段为唯一约束时，如果没有指定 uk_name，那么默认 uk_name 是字段名。

● 多字段组合为唯一约束时，如果没有指定 uk_name，那么默认 uk_name 是组合中第一个字段的名称。

● 如果指定了 uk_name，那么删除时必须使用指定的 uk_name。

下面删除示例 5-25 中的约束，其 SQL 语句如示例 5-26 所示。

【示例 5-26】使用"alter table"语句删除唯一约束。

```
alter table student7 drop index stu_id;
```

执行结果如图 5-52 所示。

图 5-52　示例 5-26 运行效果图

删除唯一约束的 SQL 语句执行成功，这是因为在添加唯一约束时并没有指定 uk_name，那么其默认为组合中的第一个字段，即"stu_id"，所以在 SQL 语句中将"stu_id"作为 uk_name 对唯一约束进行删除即可成功；此处若是修改为"stu_name"，则会出现"Can't drop 'stu_name'; check that column/key exists"的错误。

为了验证唯一约束是否真的已经被成功删除，使用"desc"语句查看表的基本结构，执行结果如图 5-53 所示。

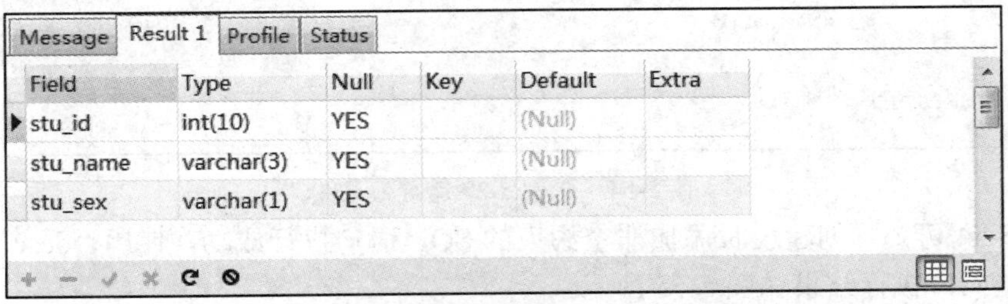

Field	Type	Null	Key	Default	Extra
stu_id	int(10)	YES		(Null)	
stu_name	varchar(3)	YES		(Null)	
stu_sex	varchar(1)	YES		(Null)	

图 5-53　查看删除唯一约束后的 student7 表的基本结构

从图 5-53 中可以看出，唯一约束已经被成功删除。

5.5.4　非空约束

非空约束(Notnull Key，NK)规定了一张表中指定的某个字段的值不能为空(Null)。设置了非空约束的字段，在插入的数据为空时，数据库会提示错误，导致数据无法插入。

无论是单个字段还是多个字段，非空约束的添加只能使用列级约束(非空约束无表级约束)。本节将会详细讲解非空约束的添加和删除操作。

注意：空字符串""不是 Null；0 也不是 Null。

1. 创建表时添加非空约束

在创建表时，通过使用“Not Null”关键字来为一个或多个字段添加非空约束，其语法格式如下：

```
create table table_name(
    column_name date_type not null,
    ......
);
```

其中，“table_name”为新创建的表的名称；“column_name”为添加非空约束的字段名；“date_type”为字段的数据类型；“not null”为添加唯一约束所用的关键字。

创建名为“student8”的表，并为表中 stu_id 和 stu_name 字段添加非空约束，其 SQL 语句如示例 5-27 所示。

【示例 5-27】创建表时为字段添加非空约束。

```
create table student8 (
    stu_id int(10) not null,
    stu_name varchar(3) not null,
    stu_sex varchar (1)
);
```

执行结果如图 5-54 所示。

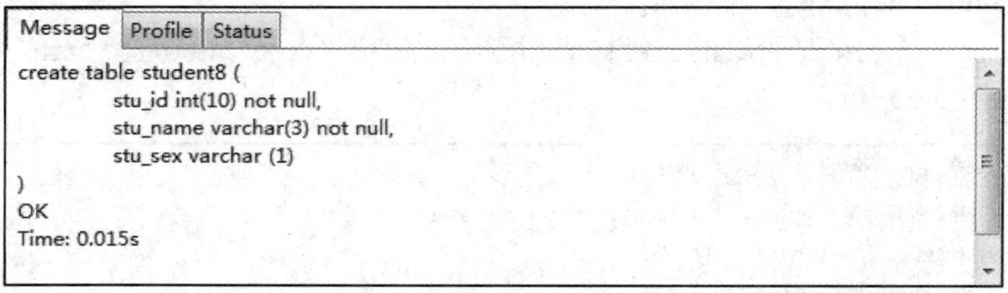

图 5-54　示例 5-27 运行效果图

由图 5-54 可知，创建表时添加非空约束的 SQL 语句执行成功，使用“desc”语句查看表的基本结构，执行结果如图 5-55 所示。

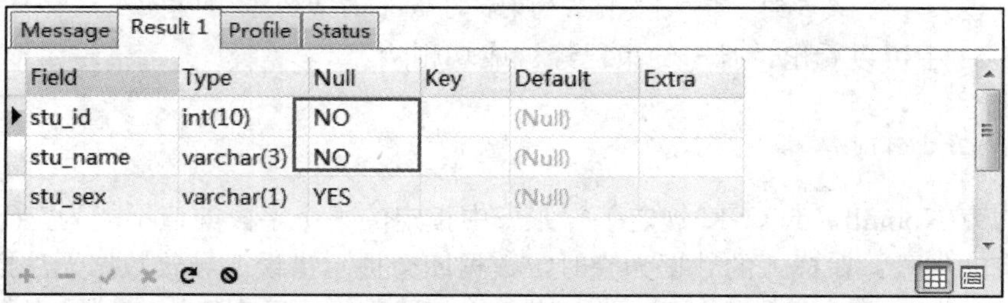

Field	Type	Null	Key	Default	Extra
stu_id	int(10)	NO		(Null)	
stu_name	varchar(3)	NO		(Null)	
stu_sex	varchar(1)	YES		(Null)	

图 5-55　查看 student8 表的基本结构

从图 5-55 中可以看到，stu_id 和 stu_name 字段在“Null”一栏中显示为“NO”，说明添加非空约束成功。此时如果向表中的 stu_id 字段或 stu_name 字段插入的值为空，则会出现"Column 'stu_id'/'stu_id' cannot be null"的错误。

2. 在已存在的表中添加非空约束

如果想修改已存在的表中的一个或多个字段的约束为非空约束，则可以通过修改表的"alter table"语句来实现，其语法格式如下：

```
alter table table_name modify column_name date_type not null;
```

其中，"alter table"为修改表的固定语法格式；"table_name"为要修改的表名；"modify"为修改字段使用的关键字；"column_name"为要添加非空约束的字段名；"date_type"为该字段的数据类型。

下面使用上述 SQL 语法为 student8 表中的"stu_sex"字段添加非空约束，其使用的 SQL 语句如示例 5-28 所示。

【示例 5-28】为已存在的表中的字段添加非空约束。

```
alter table student8 modify stu_sex varchar(1) not null;
```

执行结果如图 5-56 所示。

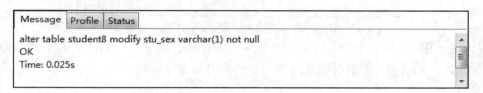

图 5-56　示例 5-28 运行效果图

由图 5-56 可知，通过修改字段的语法来添加非空约束的 SQL 语句已经执行成功，使用"desc"语句查看表的基本结构，从而验证"stu_sex"字段的非空约束是否添加成功，执行结果如图 5-57 所示。

Field	Type	Null	Key	Default	Extra
stu_id	int(10)	NO		(Null)	
stu_name	varchar(3)	NO		(Null)	
stu_sex	varchar(1)	NO		(Null)	

图 5-57　查看修改字段约束后的 student8 表的基本结构

从图 5-57 中可以看到，已经成功地为 stu_sex 字段添加了非空约束。

3. 删除非空约束

删除非空约束是使用"alter table"语句来实现的，其语法格式如下：

```
alter table table_name modify column_name date_type [null];
```

其中，"null"为可选项，可写可不写。下面来删除 student8 表中 stu_sex 字段的非空约束，其 SQL 语句如示例 5-29 所示。

【示例 5-29】使用"alter table"语句删除非空约束。

```
alter table student8 modify stu_sex varchar(1) null;
```

执行结果如图 5-58 所示。

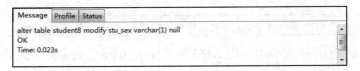

图 5-58　示例 5-29 运行效果图

在删除非空约束的 SQL 语句执行成功后，为了验证非空约束是否已经被成功删除，使用"desc"语句查看表的基本结构，执行结果如图 5-59 所示。

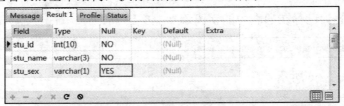

图 5-59　查看删除非空约束后的 student8 表的基本结构

对比一下图 5-59 和图 5-57 可知，图 5-59 中 stu_sex 字段的"Null"一栏的值由原来的"NO"变为"YES"，这说明该字段的非空约束已经删除成功。

5.5.5　默认值约束

默认值约束(Default)用来规定字段的默认值。如果某个被设置为默认值约束的字段没有插入具体的值，那么该字段的值将会被默认值填充。

默认值约束的设置与非空约束一样，也只能使用列级约束。本节将详细讲述默认值约束的添加和删除操作。

> 注意：对于使用默认值约束的字段，如果插入的数据是"Null"，则不会使用默认值填充，只有不插入数据时，才会使用默认值填充。

1. 创建表时添加默认值约束

在创建表时，通过使用"default"关键字来为一个或多个字段添加默认值约束，其语法格式如下：

```
create table table_name(
    column_name date_type default value,
    ......
);
```

其中，"table_name"为新创建的表的名称；"column_name"为添加默认值约束的字段名；"date_type"为字段的数据类型；"default"为添加默认值约束所用的关键字；"value"为该字段的默认值。

　　　创建名为"student9"的表，并为表中的 stu_sex 字段添加默认值"男"，其 SQL 语句如示例 5-30 所示。

　　　【示例 5-30】创建表时为字段添加默认值约束。

```
create table student9 (
    stu_id int(10),
    stu_name varchar(3),
    stu_sex varchar (1) default '男'
);
```

　　　执行结果如图 5-60 所示。

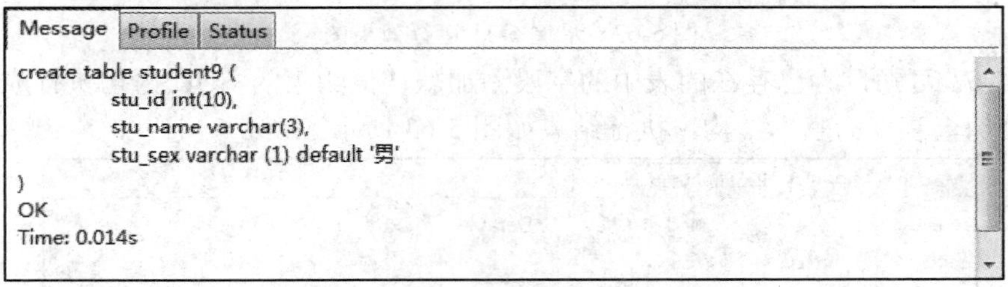

图 5-60　示例 5-30 运行效果图

　　　由图 5-60 可知，在创建表时添加默认值约束的 SQL 语句执行成功，使用"desc"语句查看表的基本结构，执行结果如图 5-61 所示。

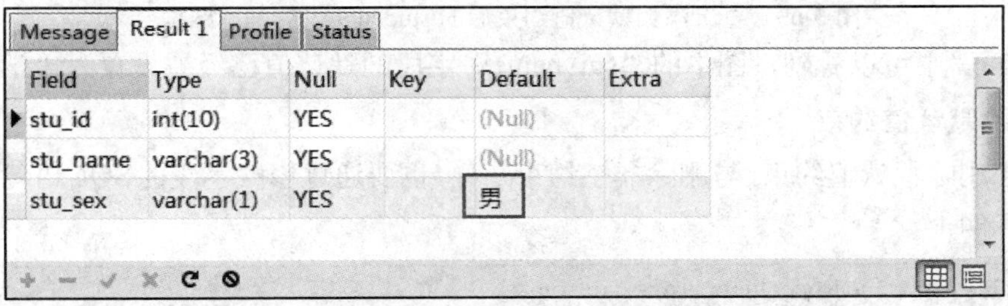

图 5-61　查看 student9 表的基本结构

　　　从图 5-61 中可以看到，字段 stu_sex 在"Default"一栏中显示为"男"，这说明已经成功地为该字段添加了默认值。此时如果插入一条数据，而数据中只有"stu_id"和"stu_name"字段对应的值，那么当查询表中数据时，会发现该条记录中 stu_sex 字段对应的值为"男"。

2. 在已存在的表中添加默认值约束

　　　如果想要为一张已存在的表中的某个字段添加默认值约束，用到的仍然是"alter table"语句，其 SQL 语句的语法格式如下：

```
alter table table_name modify column_name date_type default value;
```

其中，"alter table"为修改表的固定语法格式；"table_name"为要修改的表名；"modify"为修改字段使用的关键字；"column_name"为要添加默认值约束的字段名；"date_type"为该字段的数据类型；"default"为添加默认值约束用到的关键字；"value"为该字段的默认值。

下面为 student9 表中的 "stu_name" 字段属性添加默认值约束，默认值为 "学生"，其 SQL 语句如示例 5-31 所示。

【示例 5-31】 为已存在的表中的字段添加默认值约束。

```
alter table student9 modify stu_name varchar(3) default '学生';
```

执行结果如图 5-62 所示。

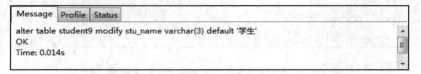

图 5-62　示例 5-31 运行效果图

由图 5-62 可知，为已存在的表中的字段添加默认值约束的 SQL 语句执行成功，使用 "desc" 语句查看表的基本结构，执行结果如图 5-63 所示。

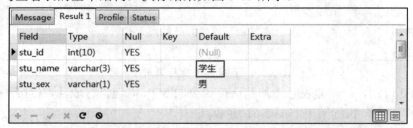

图 5-63　查看添加默认值约束后的 student9 表的基本结构

从图 5-63 中可以看到，图中的 "stu_name" 字段的默认值已经被设置为 "学生"。

3. 删除默认值约束

如果想删除默认值约束，与删除非空约束一样，也要通过修改字段的 SQL 语句来实现，其语法格式如下：

```
alter table table_name modify column_name date_type;
```

下面使用上述 SQL 语法来删除 student9 表中 "stu_name" 字段的默认值约束，其 SQL 语句如示例 5-32 所示。

【示例 5-32】 使用 "alter table" 语句删除默认值约束。

```
alter table student9 modify stu_name varchar(3);
```

执行结果如图 5-64 所示。

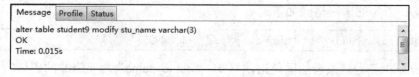

图 5-64　示例 5-32 运行效果图

在删除默认值约束的 SQL 语句执行成功后，为了验证默认值约束是否已经被成功删除，使用 "desc" 语句查看表的基本结构，执行结果如图 5-65 所示。

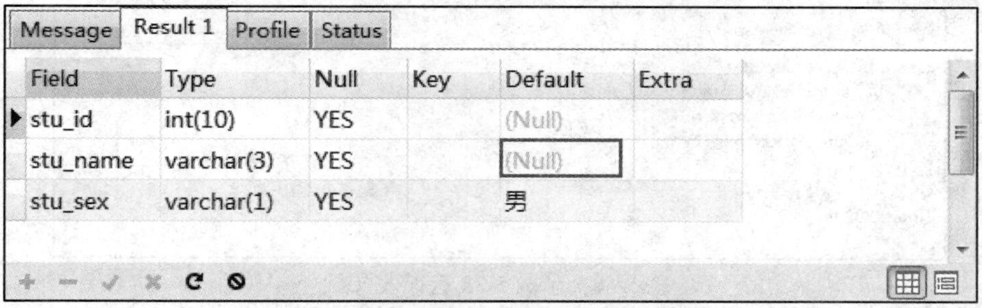

图 5-65　查看删除默认值约束后的 student9 表的基本结构

对比一下图 5-65 和图 5-63 可知，图 5-65 中 stu_name 字段的"Default"一栏中原来的默认值"学生"已经不存在了，这说明该字段的默认值约束已经删除成功。

5.5.6　自增约束

自增约束(Auto_Increment)可以使表中某个字段的值自动增加。一张表中只能有一个自增长字段，并且该字段必须定义了约束(该约束可以是主键约束、唯一约束或外键约束)，如果自增字段没有定义约束，数据库则会出现"Incorrect table definition; there can be only one auto column and it must be defined as a key"的错误。

由于自增约束会自动生成唯一的 id，因此自增约束通常会配合主键使用，并且只适用于整数类型。在一般情况下，设置为自增约束字段的值会从 1 开始，每增加一条记录，该字段的值加 1。下面讲解自增约束的增加和删除操作。

1. 创建表时添加自增约束

在创建表时，通过使用"auto_increment"关键字来为字段添加自增约束，其语法格式如下：

```
create table table_name(
    column_name date_type auto_increment,
    ......
);
```

其中，"table_name"为新创建的表的名称；"column_name"为添加自增约束的字段名；"date_type"为字段的数据类型；"auto_increment"为添加自增约束所用的关键字。

下面创建名为"student10"的表，并为表中的"stu_id"主键字段添加自增约束，其 SQL 语句如示例 5-33 所示。

【示例 5-33】创建表时为字段添加自增约束。

```
create table student10 (
    stu_id int(10) primary key auto_increment,
    stu_name varchar(3),
    stu_sex varchar (1)
);
```

执行结果如图 5-66 所示。

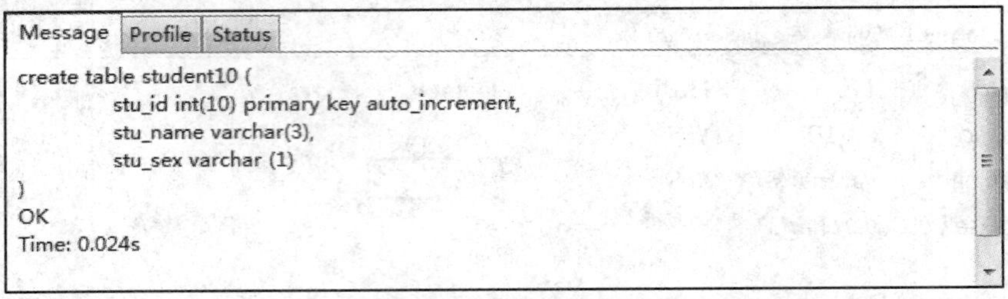

```
Message  Profile  Status
create table student10 (
        stu_id int(10) primary key auto_increment,
        stu_name varchar(3),
        stu_sex varchar (1)
)
OK
Time: 0.024s
```

图 5-66　示例 5-33 运行效果图

在为主键字段添加自增约束的 SQL 语句执行成功后，使用"desc"语句查看表的基本结构，执行结果如图 5-67 所示。

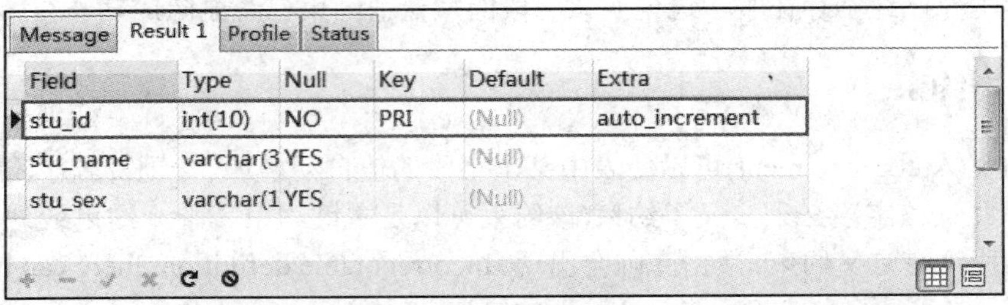

Field	Type	Null	Key	Default	Extra
stu_id	int(10)	NO	PRI	(Null)	auto_increment
stu_name	varchar(3	YES		(Null)	
stu_sex	varchar(1	YES		(Null)	

图 5-67　查看 student10 表的基本结构

从图 5-67 中可以看到，图中的"stu_id"主键字段的"Extra"一栏中的内容为"auto_increment"，说明自增约束已经添加成功。

2. 在已存在的表中添加自增约束

如果想要为一张已存在的表中的字段(该字段必须有主键约束、唯一约束或者外键约束)添加自增约束，需要用到"alter table"语句来修改表的字段，其 SQL 语句的语法格式如下：

```
alter table table_name modify column_name date_type auto_increment;
```

其中，"alter table"为修改表的固定语法格式；"table_name"为要修改的表名；"modify"为修改字段使用的关键字；"column_name"为要添加自增约束的字段名；"date_type"为该字段的数据类型；"auto_increment"为添加自增约束用到的关键字。

先创建一个名为"student11"的表，并且表中有"stu_id"主键字段，使用上述 SQL 语法为该字段添加自增约束的 SQL 语句，如示例 5-34 所示。

【示例 5-34】为已存在的表中的字段添加自增约束。

```
/*创建表 student11*/
create table student11 (
    stu_id int(10) primary key,
    stu_name varchar(3),
    stu_sex varchar (1)
);
/*为 student11 表中的主键字段添加自增约束*/
    alter table student11 modify stu_id int(10) auto_increment;
```

执行结果如图 5-68 所示。

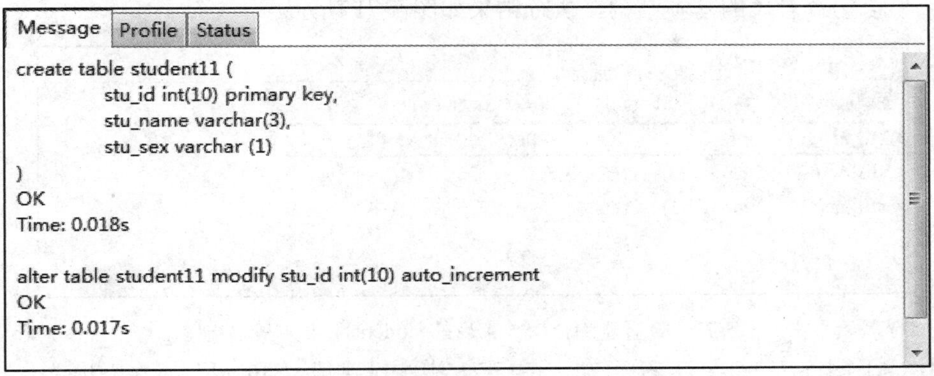

```
Message  Profile  Status

create table student11 (
         stu_id int(10) primary key,
         stu_name varchar(3),
         stu_sex varchar (1)
)
OK
Time: 0.018s

alter table student11 modify stu_id int(10) auto_increment
OK
Time: 0.017s
```

图 5-68　示例 5-34 运行效果图

在创建表以及为字段添加自增约束的 SQL 语句执行成功后，使用"desc"语句查看表的基本结构，执行结果如图 5-69 所示。

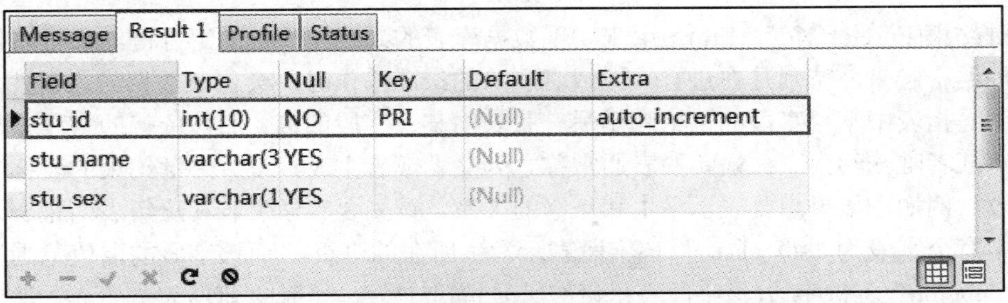

Field	Type	Null	Key	Default	Extra
stu_id	int(10)	NO	PRI	(Null)	auto_increment
stu_name	varchar(3	YES		(Null)	
stu_sex	varchar(1	YES		(Null)	

（Message Result 1 Profile Status）

图 5-69　查看添加自增约束后的 student11 表的基本结构

从图 5-69 中可以看到，表中的 stu_id 主键字段已经添加了自增约束。

3. 删除自增约束

删除自增约束的 SQL 语句与删除默认值约束和非空约束一样，都是通过修改字段的属性来实现的，其语法格式如下：

```
alter table table_name modify column_name date_type;
```

下面使用上述 SQL 语法来删除 student11 表中 stu_id 主键字段的自增约束，其 SQL 语句如示例 5-35 所示。

【示例 5-35】使用"alter table"语句删除自增约束。

```
alter table student11 modify stu_id int(10);
```

执行结果如图 5-70 所示。

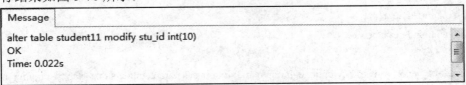

```
Message

alter table student11 modify stu_id int(10)
OK
Time: 0.022s
```

图 5-70　示例 5-35 运行效果图

在删除自增约束的 SQL 语句执行成功后，为了验证自增约束是否已经被成功删除，使用"desc"语句查看表的基本结构，执行结果如图 5-71 所示。

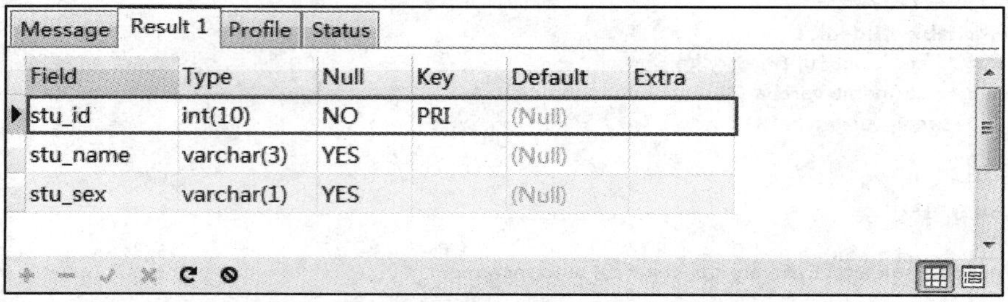

图 5-71　查看删除自增约束后的 student11 表的基本结构

对比一下图 5-71 和图 5-69 可知，图 5-71 中主键字段"stu_id"的"Extra"一栏中的"auto_increment"已经消失，说明自增约束已经被成功删除。

5.5.7　外键约束

外键约束(Foreign Key，FK)是用来实现数据库表的参照完整性的。外键约束可以使两张表紧密地结合起来，特别是在进行修改或者删除的级联操作时，会保证数据的完整性。

外键是指表中某个字段的值依赖于另一张表中某个字段的值，而被依赖的字段必须具有主键约束或者唯一约束。被依赖的表通常称之为父表或者主表，设置外键约束的表称为子表或者从表。例如，如果想要表示学生和班级的关系，首先要有学生表和班级表两张表，然后学生表中有个字段为"stu_clazz"(该字段表示学生所在的班级)，而该字段的取值范围由班级表中的"cla_no"主键字段(该字段表示班级编号)的取值决定。那么班级表为主表，学生表为从表，并且"stu_clazz"字段是学生表的外键。通过"stu_clazz"字段就建立了学生表和班级表的关系。

下面将详细讲解如何在创建表时添加外键约束，如何在已存在的表中添加外键约束，如何删除外键约束，如何删除主表。

1. 创建表时添加外键约束

虽然 MySQL 支持使用列级约束的语法来添加外键约束，但这种列级的约束语法添加的外键约束不会生效，MySQL 提供这种列级约束语法仅仅是和标准 SQL 保持良好的兼容性。因此，如果需要使 MySQL 中的外键约束生效，应使用表级约束。

在添加外键约束时，需要使用"foreign key"关键字来指定本表的外键字段，并使用"references"关键字来指定该字段参照的是哪个表以及参照主表的哪一个字段，其语法格式如下：

```
create table child_table_name(
    column_name1 date_type,
    column_name2 date_type,
    ……
    [constraint fk_name] foreign key(child_column_name) references parent_table_name (parent_column_name)
);
```

其中，"child_table_name"为新建表的名称(该表为从表)；"constraint fk_name"为可选项，"fk_name"为外键约束名，用来标识外键约束；"foreign key"用来指定表的外键字段；"child_column_name"为外键字段；"references"用来指定外键字段参照的表；"parent_table_name"为被参照的主表名称；"parent_column_name"为主表中被参照的字段。

下面用一个实例来演示如何在创建表时添加外键约束。首先创建两张表：班级表clazz(主表)和学生表 student12(从表)。其 SQL 语句如示例 5-36 所示。

【示例 5-36】创建表时为字段添加外键约束。

```
create table clazz(
    cla_no int(3) primary key,
    cla_name varchar(20),
    cla_loc varchar(30)
);

create table student12(
    stu_id int(10) primary key,
    stu_name varchar(3),
    stu_clazz int(3),
    constraint fk_stu_clazz foreign key(stu_clazz) references clazz(cla_no)
);
```

执行结果如图 5-72 所示。

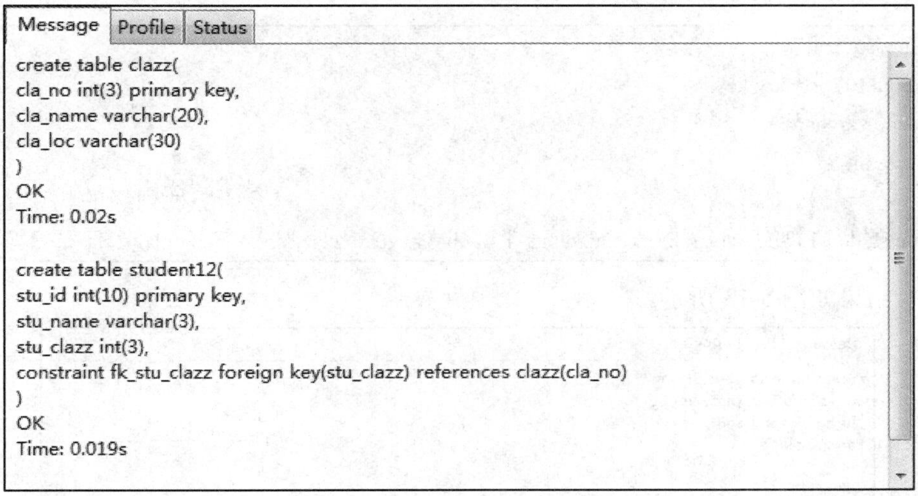

图 5-72　示例 5-36 运行效果图

在添加外键约束的 SQL 语句执行成功后，可以使用"show create table"语句查看表的详细结构(由于版面不能完全显示，故在此将表的详细结构复制了一份)。执行结果如下所示：

```
CREATE TABLE 'student12' (
    'stu_id' int(10) NOT NULL,
    'stu_name' varchar(3) DEFAULT NULL,
    'stu_clazz' int(3) DEFAULT NULL,
    PRIMARY KEY ('stu_id'),
    KEY 'fk_stu_clazz' ('stu_clazz'),
    CONSTRAINT 'fk_stu_clazz' FOREIGN KEY ('stu_clazz') REFERENCES 'clazz' ('cla_no')
) ENGINE=InnoDB DEFAULT CHARSET=utf8
```

在表的详细结构中，可以看到这样的一句话："CONSTRAINT 'fk_stu_clazz' FOREIGN KEY ('stu_clazz') REFERENCES 'clazz' ('cla_no')"，这说明 student12 表中的"stu_clazz"字段已经成功添加了外键约束，此时如果为该字段插入的值不在主表 clazz 的"cla_no"字段的取值范围内，则会出现"Cannot add or update a child row: a foreign key constraint fails"的错误。

2. 在已存在的表中添加外键约束

在已存在的表中为某字段添加外键约束时，需要使用修改表的"alter table"语句，其语法格式如下：

```
alter table child_table_name add [constraint fk_name] foreign key(child_column_name) references parent_table_name (parent_column_name);
```

其中，"alter table"为修改表的固定语法格式；"add"为添加约束使用的关键字。下面创建一个没有外键约束的表，名为 student13，然后使用上述 SQL 语法为表中的"stu_clazz"字段添加外键约束，其 SQL 语句如示例 5-37 所示。

【示例 5-37】 为已存在的表中的字段添加外键约束。

```
create table student13(
    stu_id int(10) primary key,
    stu_name varchar(3),
    stu_clazz int(3)
);
alter table student13 add constraint fk_stu_clazz_1 foreign key(stu_clazz) references clazz(cla_no);
```

执行结果如图 5-73 所示。

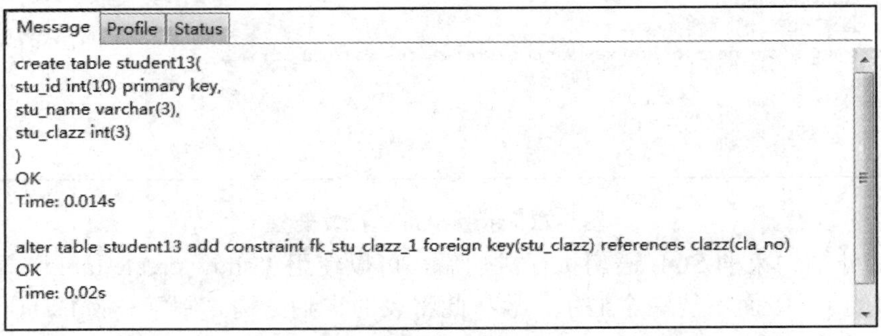

图 5-73　示例 5-37 运行效果图

在添加外键的 SQL 语句执行成功后，使用"show create table"语句查看表的详细结构。执行结果如下所示：

```
CREATE TABLE 'student13' (
  'stu_id' int(10) NOT NULL,
  'stu_name' varchar(3) DEFAULT NULL,
  'stu_clazz' int(3) DEFAULT NULL,
  PRIMARY KEY ('stu_id'),
  KEY 'fk_stu_clazz_1' ('stu_clazz'),
  CONSTRAINT 'fk_stu_clazz_1' FOREIGN KEY ('stu_clazz') REFERENCES 'clazz' ('cla_no')
) ENGINE=InnoDB DEFAULT CHARSET=utf8
```

由 student13 表的详细结构可知，student13 表中的"stu_clazz"字段已经成功添加了外键约束，从而建立了 student13 表与 clazz 表的关系。

注意：
● 外键约束名不能重复。如果示例 5-37 中外键约束名与示例 5-36 中相同，均为"fk_stu_clazz"，则会出现"Can't write; duplicate key in table..."的错误。
● 如果创建外键约束时没有指定外键约束名，则 MySQL 会为该外键约束命名为 table_name_ibfk_n，其中，table_name 是从表的表名，而 n 是从 1 开始的整数。
● 建议在创建外键约束时指定外键约束名。

3. 删除外键约束

删除外键约束是使用"alter table"语句来实现的，删除时需要指定外键约束名，其 SQL 语句的语法格式如下：

```
alter table child_table_name drop foreign key fk_name;
```

其中，"alter table"为修改表的固定语法格式；"child_table_name"为要删除外键约束的从表名；"drop"为删除约束使用的关键字；"fk_name"为外键约束名。

以删除表 student13 中的外键约束为例，其 SQL 语句如示例 5-38 所示。

【示例 5-38】使用"alter table"语句删除外键约束。

```
alter table student13 drop foreign key fk_stu_clazz_1;
```

执行结果如图 5-74 所示。

图 5-74　示例 5-38 运行效果图

　　在上述 SQL 语句执行成功后，使用"show create table"语句查看表的详细结构。执行结果如下所示：

```
CREATE TABLE 'student13' (
  'stu_id' int(10) NOT NULL,
  'stu_name' varchar(3) DEFAULT NULL,
  'stu_clazz' int(3) DEFAULT NULL,
  PRIMARY KEY ('stu_id'),
  KEY 'fk_stu_clazz_1' ('stu_clazz')
) ENGINE=InnoDB DEFAULT CHARSET=utf8
```

　　与删除外键之前的详细结构对比可知，student13 表中 stu_clazz 字段的外键约束已经被成功删除，这意味着两个表的关系已经被解除。

4. 主表的删除

　　在 5.4 节讲解过如何删除表，但当时的表指的是没有被其他表关联的单表。当要删除的表被其他表关联着(即删除的是一张主表)时，如果还是像之前一样删除表，那么则会提示错误。

　　下面以删除 clazz 表(clazz 表被 student12 表关联着，即 clazz 是主表)为例，直接使用删除表的 SQL 语句来删除 clazz 表：

```
drop table clazz;
```

　　执行结果如图 5-75 所示。

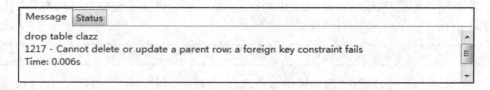

图 5-75　直接删除主表的运行效果图

　　执行结果显示由于有外键依赖于该表，因此删除失败。如果想要删除成功，可有两种方式：① 先删除从表 student12，再删除主表 clazz；② 先删除从表 student12 的外键约束，然后再删除主表 clazz。前者会影响从表或者其他表中已经存储的数据，而后者则可以保证数据的安全性，所以选择后者。

　　首先，删除从表 student12 的外键约束(如果大家不记得外键约束名，可以使用"show create table"语句查看表的详细结构，其中包含外键约束名)，然后再删除主表 clazz。其 SQL 语句如示例 5-39 所示。

　　【示例 5-39】删除主表。

```
alter table student12 drop foreign key fk_stu_clazz;
drop table clazz;
```

　　执行结果如图 5-76 所示。

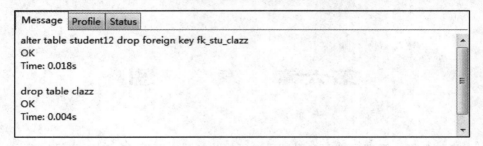

图 5-76 示例 5-39 运行效果图

从图 5-76 中可以看到，clazz 表已经被成功删除。

本 章 小 结

本章主要介绍如何创建表、查看表、修改表、删除表及表的完整性约束。重点介绍了表的创建、表结构的修改及表的完整性约束，其中，创建表可以使用 SQL 语句创建，也可以使用图形化界面创建。修改表结构包括修改表名、修改字段的数据类型、修改字段名、增加字段、修改字段的排列位置、删除字段。完整性约束包括主键约束、唯一约束、非空约束、默认值约束、自动增加约束及外键约束。本章需掌握使用"create table table_name(…)"命令创建表的方法以及完整性约束的使用方法。

练 习 题

1. 建立一张用来存储学生信息的 student 表，字段包括：学号、姓名、性别、年龄、入学日期、班级、E-mail。具体要求如下：

(1) 学号为主键且从 1 开始自增；

(2) 姓名不能为空；

(3) 性别默认值为"男"；

(4) E-mail 唯一。

2. 根据自己的喜好修改 student 表中字段的数据类型、排列位置，并删除入学日期字段。

3. 建立一张用来存储班级信息的 clazz 表，字段包括：编号、名称、地址。具体要求如下：

(1) 编号为主键；

(2) student 表的班级字段依赖于 clazz 表的编号；

(3) 名称唯一；

(4) 地址不能为空。

4. 删除第 3 题建立的 clazz 表。

第六章　　索　　引

对于任何数据库管理系统，索引都是进行优化的最主要手段。对于少量的数据，即使没有合适的索引，对数据库性能的影响也并不是很大，但是随着数据量的增加，数据库性能会急剧下降。索引的目的在于提高检索数据的效率，本章将详细介绍索引的相关理论知识以及索引的相关操作，如创建和删除索引等。

6.1　索　引　简　介

6.1.1　索引的概念

在介绍索引的概念之前，大家先思考这样两个问题：如何在字典中查找指定偏旁的汉字？如何在一本书中查找某内容？

对于这两个问题大家都不陌生，在字典中查找指定偏旁的汉字时，首先查询目录中指定的偏旁位置，再查询指定笔画的汉字，最后根据目录中提供的页码找到这个汉字；在书中查找某内容时，首先在目录中查询该内容所属的知识点，然后根据该知识点所对应的页码快速找到要查询的内容。

在数据库中可以建立类似目录的数据库对象，实现数据的快速查询，这就是索引。索引是将表中的一个或者多个字段的值按照特定的结构进行排序然后存储。

6.1.2　使用索引的原因

使用索引到底有什么好处呢？如果没有索引，在查找某条记录时，MySQL 必须从表的第一条记录开始，然后通读整个表直到找到相关的记录。如果表越大，那么查找记录所耗费的时间就越多。如果有索引，那么 MySQL 就可以快速定位目标记录所在的位置，而不必去浏览表中的每一条记录，效率远远超过没有索引时的搜索效率。

索引有自己专门的存储空间，与表独立存放。MySQL 中的索引主要支持以下三种存储结构：

(1) B-Tree 存储结构。这是使用最多的一种存储结构，使用 B-Tree 存储结构索引的所有结点都按照 Balance Tree 的数据结构来存储，索引数据结点都在叶子结点。B-Tree 的基本思想是：所有值(被索引的字段)都是排过序的，每个叶子结点到根结点的距离相等。所以 B-Tree 适合用来查找某一范围内的数据，而且可以直接支持数据排序(order by 子句)。当索引为多字段时，字段的顺序特别重要。图 6-1 为 B-Tree 的存储结构示意图。

(2) R-Tree 存储结构。R-Tree 存储结构主要用于空间索引(设置为空间索引字段的数据类型必须是空间数据类型，如 GEOMETRY、POINT、LINESTRING、POLYGON)。

(3) Hash 存储结构。因为这是基于 Hash 表的一种存储结构，所以这种存储结构的索引只支持精确查找，不支持范围查找，也不支持排序。

不同的存储引擎支持的存储结构不同：

(1) InnoDB 存储引擎(MySQL 5.5 之后默认的存储引擎)支持 B-Tree 和 R-Tree(MySQL 5.7 新增的功能)，但默认使用的是 B-Tree。

(2) MyISAM 存储引擎(MySQL 5.5 之前默认的存储引擎)支持 B-Tree 和 R-Tree，但默认使用的是 B-Tree。

(3) MEMORY 存储引擎支持 B-Tree 和 Hash，但默认使用的是 Hash。

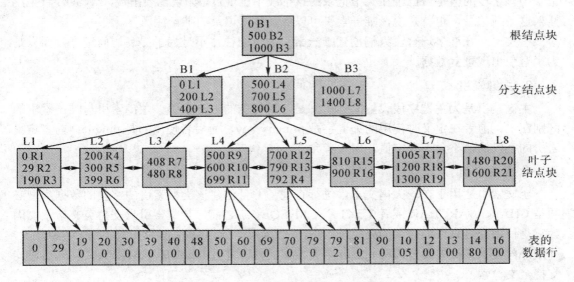

图 6-1　B-Tree 存储结构示意图

虽然索引可以提升数据的查询效率，但在使用索引时要注意以下几点：

(1) 索引数据会占用大量的存储空间。

(2) 索引可以改善检索操作的性能，但会降低数据插入、修改和删除的性能。在执行这些操作时，DBMS 必须动态地更新索引。

(3) 限制表中索引的数目。索引越多，在修改表时对索引做出修改的工作量越大。

(4) 并非所有数据都适合于索引。唯一性不好的数据从索引得到的好处并不多。

(5) 索引用于数据过滤和数据排序。如果你经常以某种特定的顺序排序数据，则该数据可能是索引的备选。

(6) 可以在索引中定义多个字段(如"省+城市")，这样的索引只在以"省+城市"的顺序排序时有用。如果只想按城市排序，则这种索引没有用处。

6.1.3　索引的分类

从逻辑角度分析，可以将索引分为普通索引、唯一索引、主键索引、全文索引、空间索引和复合索引，本小节中将会详细讲述这几种索引的特点。

1. 普通索引

普通索引是最基本的索引，它没有任何限制。创建索引的字段可以是任意数据类型，字段的值可以为空，也可以重复。例如，创建索引的字段为员工的姓名，但是姓名有重名的可能，所以同一个姓名在同一个"员工个人资料"数据表中可能出现两次或更多次。

2. 唯一索引

如果能确定某个字段的值唯一，那么在为这个字段创建索引的时候就可以使用关键字 UNIQUE 把它定义为一个唯一索引。创建唯一索引的好处：简化了 MySQL 对索引的管理工作，唯一索引也因此而变得更有效率；MySQL 会在有新记录插入数据表时，自动检查新记录中该字段的值是否已经在某个记录的该字段中出现过，如果已经出现，MySQL 将拒绝插入这条新记录。也就是说，唯一索引可以保证数据记录的唯一性。

事实上，在许多场合，人们创建唯一索引的目的往往不是为了提高访问速度，而只是为了避免出现重复数据。

3. 主键索引

主键索引是为主键字段设置的索引，是一种特殊的唯一索引。主键索引与唯一索引的区别在于：前者在定义时使用的关键字是 primary key，而后者使用的是 unique；前者定义索引的字段的值不允许有空值，而后者允许。

4. 全文索引

全文索引适用于在一大串文本中进行查找，并且创建该类型索引的字段的数据类型必须是 CHAR、VARCHAR 或者 TEXT。在 MySQL 5.7 之前，全文索引只支持英文检索，因为它是使用空格来作为分词的分隔符，对于中文而言，使用空格是不合适的；从 MySQL 5.7 开始，内置了支持中文分词的 ngram 全文检索插件，并且 InnoDB 和 MyISAM 存储引擎均支持全文检索。

5. 空间索引

设置为空间索引字段的数据类型必须是空间数据类型，如 GEOMETRY、POINT、LINESTRING、POLYGON，并且该字段必须设置为 Not Null。目前 InnoDB 和 MyISAM 存储引擎均支持空间索引。

6. 复合索引

复合索引指在多个字段上创建的索引，这种索引只有在查询条件中使用了创建索引时的第一个字段，该索引才会被触发，这是因为使用复合索引时遵循"最左前缀"的原则。例如，当索引字段为(id, name)时，只有在查询条件中使用了"id"字段，该索引才会被使用；如果查询条件中只有"name"字段是不会使用该索引的。

6.2　创　建　索　引

索引的创建有以下两种方式：

（1）自动创建索引。当在表中定义一个 primary key 或者 unique 约束条件时，MySQL

数据库会自动创建一个对应的主键索引或者唯一索引。

(2) 手动创建索引：用户可以在创建表时创建索引，也可以为已存在的表添加索引。

下面给大家介绍一下 MySQL 自动创建的索引。首先创建一个数据库 chapter06，然后在数据库 chapter06 中创建一张名为"student1"的表，将表中的"stu_id"字段设置为主键约束，"stu_name"字段设置为唯一约束。其 SQL 语句如示例 6-1 所示。

【示例 6-1】创建带主键和唯一约束的表。

```
create table student1(
    stu_id int(10) primary key,
    stu_name varchar(3) unique,
    stu_sex varchar(1)
);
```

执行结果如图 6-2 所示。

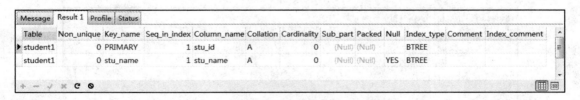

```
Message  Profile  Status
create table student1(
        stu_id int(10) primary key,
        stu_name varchar(3) unique,
        stu_sex varchar(1)
)
OK
Time: 0.015s
```

图 6-2 示例 6-1 运行效果图

在 student1 表创建成功后，可以使用"show index from"语句查看表的索引，如示例 6-2 所示。

【示例 6-2】查看 student1 表的索引。

```
show index from student1;
```

执行结果如图 6-3 所示。

Table	Non_unique	Key_name	Seq_in_index	Column_name	Collation	Cardinality	Sub_part	Packed	Null	Index_type	Comment	Index_comment
student1	0	PRIMARY	1	stu_id	A	0	(Null)	(Null)		BTREE		
student1	0	stu_name	1	stu_name	A	0	(Null)	(Null)	YES	BTREE		

图 6-3 示例 6-2 运行效果图

由图 6-3 可知， student1 表中包含两个索引，索引名(Key_name)分别为"PRIMARY"和"stu_name"，前者为主键索引，后者为唯一索引；被设置为索引的列分别为"stu_id"和"stu_name"。

手动创建索引可以在创建表时使用"create table"语句为指定表中的指定字段创建索引，也可以使用"create index"或"alter table"语句为已存在的表创建索引。在接下来的两个小节中将详细讲解这两种创建索引的方式。

6.2.1　在创建表时创建索引

在创建表时可以直接手动创建不同类型的索引，下面将详细讲解普通索引、唯一索引、主键索引、全文索引、空间索引和复合索引的手动创建。

1．普通索引的创建

普通索引的创建最为简单，其 SQL 语句的语法格式如下：

```
create table table_name(
    column_name1 date_type,
    column_name2 date_type,
    ......,
    index|key [index_name] [index_type] (column_name [(length)] [asc|desc])
);
```

其中，"table_name"为新创建的表的名称；"index"或者"key"为创建索引所用到的关键字；"index_name"为可选项，表示创建索引的名称；"index_type"为可选项，表示索引的类型，其取值为"using btree|hash"；"column_name"为添加索引的字段名；"(length)"为可选项，表示索引的长度；"asc"和"desc"为可选项，分别表示升序和降序排列。

接下来创建一个名为"student2"的数据表，并为表中的"stu_id"字段建立普通索引，如示例 6-3 所示。

【示例 6-3】在创建表时创建普通索引。

```
create table student2(
    stu_id int(10),
    stu_name varchar(3),
    index(stu_id)
);
```

执行结果如图 6-4 所示。

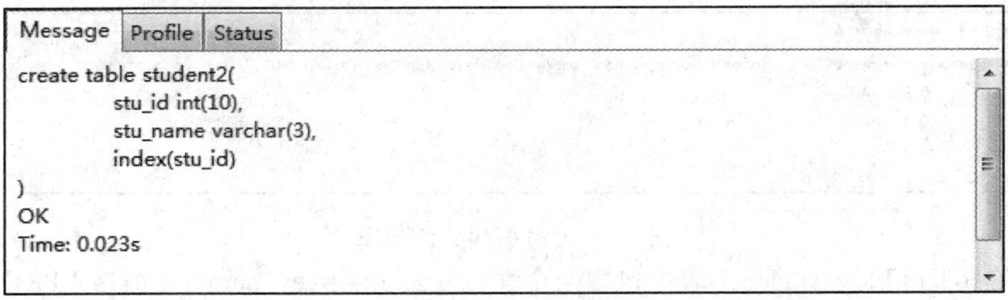

```
Message │ Profile │ Status
create table student2(
        stu_id int(10),
        stu_name varchar(3),
        index(stu_id)
)
OK
Time: 0.023s
```

图 6-4　示例 6-3 运行效果图

在创建普通索引的 SQL 语句执行成功后，使用"show index from"语句查看表的索引，执行结果如图 6-5 所示。

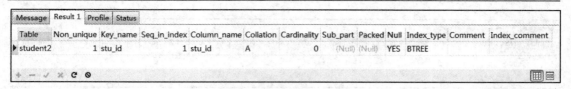

图 6-5　查看 student2 表中的索引

从图 6-5 中可以看到，student2 表中已经创建了索引名为"stu_id"的普通索引，并且默认的索引类型为"BTREE"(表的默认引擎为 InnoDB，该引擎下的索引的默认存储结构为 B-Tree)。

2. 唯一索引的创建

唯一索引的创建需要使用关键字"UNIQUE"，其 SQL 语句的语法格式如下：

```
create table table_name(
    column_name1 date_type,
    column_name2 date_type,
    ......,
    unique [index|key] [index_name] [index_type] (column_name [(length)] [asc|desc])
);
```

其中，"unique"为创建唯一索引所用的关键字；"index|key"为可选项；其他与创建普通索引相同。

接下来创建一个名为"student3"的数据表，并为表中的"stu_id"字段建立唯一索引，如示例 6-4 所示。

【**示例 6-4**】在创建表时创建唯一索引。

```
create table student3(
    stu_id int(10),
    stu_name varchar(3),
    unique index(stu_id)
);
```

执行结果如图 6-6 所示。

```
Message  Profile  Status
create table student3(
        stu_id int(10),
        stu_name varchar(3),
        unique index(stu_id)
)
OK
Time: 0.017s
```

图 6-6　示例 6-4 运行效果图

创建唯一索引的 SQL 语句已经执行成功，下面使用"show index from"语句查看表中的索引，执行结果如图 6-7 所示。

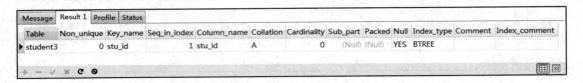

Table	Non_unique	Key_name	Seq_in_index	Column_name	Collation	Cardinality	Sub_part	Packed	Null	Index_type	Comment	Index_comment
student3	0	stu_id	1	stu_id	A	0	(Null)	(Null)	YES	BTREE		

图 6-7　查看 student3 表中的索引

从图 6-7 中可以看到，表 student3 中已经创建了索引名为 "stu_id" 的唯一索引（"Non_unique" 列的值为 "0" 表示唯一，其值为 "1" 则表示可以不唯一）。

3. 主键索引的创建

创建主键索引需要使用关键字 "primary key"，其 SQL 语句的语法格式如下：

```
create table table_name(
    column_name1 date_type,
    column_name2 date_type,
    ......,
    primary key [index|key] [index_name] [index_type] (column_name [(length)] [asc|desc])
);
```

其中，"primary key" 为创建主键索引所用的关键字；其他与创建唯一索引相同。

接下来创建一个名为 "student4" 的数据表，并为表中的 "stu_id" 字段建立主键索引。为了与创建主键约束的 SQL 语句有所区分，选择使用 Hash 索引，降序排列，如示例 6-5 所示。

【示例 6-5】 在创建表时创建主键索引。

```
create table student4(
    stu_id int(10),
    stu_name varchar(3),
    primary key using hash(stu_id desc)
);
```

执行结果如图 6-8 所示。

```
Message  Profile  Status
create table student4(
        stu_id int(10),
        stu_name varchar(3),
        primary key using hash(stu_id desc)
)
OK
Time: 0.015s
```

图 6-8　示例 6-5 运行效果图

创建主键索引的 SQL 语句已经执行成功，下面使用 "show index from" 语句查看表中的索引，执行结果如图 6-9 所示。

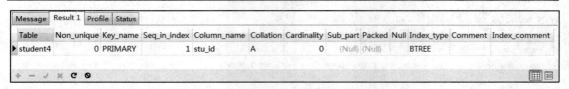

图 6-9　查看 student4 表中的索引

从图 6-9 中可以看到，student4 表中已经创建了索引名为"PRIMARY"的主键索引，索引的字段为"stu_id"，该字段非空且唯一。

4. 全文索引的创建

创建全文索引时需要注意，索引字段的数据类型必须是 CHAR、VARCHAR 或 TEXT，否则会提示错误。全文索引的创建需要使用关键字"fulltext"，其 SQL 语句的语法格式如下：

```
create table table_name(
    column_name1 date_type,
    column_name2 date_type,
    ......,
    fulltext [index|key] [index_name] [index_type] (column_name [(length)] [asc|desc])
);
```

其中，"fulltext"为创建全文索引所用的关键字；其他与创建唯一索引相同。

接下来创建一个名为"student5"的数据表，并为表中的"stu_info"字段建立全文索引，如示例 6-6 所示。

【示例 6-6】在创建表时创建全文索引。

```
create table student5(
    stu_id int(10),
    stu_info varchar(100),
    fulltext index(stu_info)
);
```

执行结果如图 6-10 所示。

```
Message  Profile  Status
create table student5(
        stu_id int(10),
        stu_info varchar(100),
        fulltext index(stu_info)
)
OK
Time: 0.037s
```

图 6-10　示例 6-6 运行效果图

创建全文索引的 SQL 语句已经执行成功，下面使用"show index from"语句查看表中的索引，执行结果如图 6-11 所示。

从图 6-11 中可以看到，student5 表中已经创建了索引名为"stu_info"的全文索引(Index_

type 列的值为"FULLTEXT")。

图 6-11　查看 student5 表中的索引

5. 空间索引的创建

在创建空间索引时需要注意，索引字段的数据类型必须是空间数据类型，如 GEOMETRY、POINT、LINESTRING、POLYGON，并且该字段必须设置为非空，否则会出现"All parts of a SPATIAL index must be NOT NULL"的错误。空间索引的创建需要使用关键字"spatial"，其 SQL 语句的语法格式如下：

```
create table table_name(
    column_name1 date_type,
    column_name2 date_type,
    ......,
    spatial [index|key] [index_name] [index_type] (column_name [(length)] [asc|desc])
);
```

其中，"spatial"为创建空间索引所用的关键字；其他与创建唯一索引相同。

接下来创建一个名为"student6"的数据表，并为表中的 stu_loc 字段建立空间索引，如示例 6-7 所示。

【示例 6-7】在创建表时创建空间索引。

```
create table student6(
    stu_id int(10),
    stu_loc point not null,
    spatial index(stu_loc)
);
```

执行结果如图 6-12 所示。

图 6-12　示例 6-7 运行效果图

创建空间索引的 SQL 语句已经执行成功，下面使用"show index from"语句查看表中的索引，执行结果如图 6-13 所示。

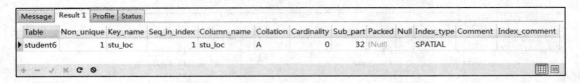

图 6-13 查看 student6 表中的索引

从图 6-13 中可以看到,student6 表中已经创建了索引名为"stu_loc"的全文索引(Index_type 列的值为"SPATIAL"),并且索引字段非空。

6. 复合索引的创建

复合索引的创建需要指定多个字段,多个字段的组合是一个索引。这种复合索引可以是普通索引、唯一索引、主键索引、全文索引或者空间索引。下面以普通索引为例进行讲解,其 SQL 语句的语法格式如下:

```
create table table_name(
    column_name1 date_type,
    column_name2 date_type,
    ......,
    index|key [index_name] [index_type] (column_name1 [(length)] [asc|desc],
column_name2 [(length)] [asc|desc], …)
);
```

接下来创建一个名为"student7"的数据表,并为表中的"stu_id"和"stu_name"字段建立复合索引,如示例 6-8 所示。

【**示例 6-8**】在创建表时创建复合索引。

```
create table student7(
    stu_id int(10),
    stu_name varchar(3),
    index(stu_id, stu_name)
);
```

执行结果如图 6-14 所示。

```
create table student7(
        stu_id int(10),
        stu_name varchar(3),
        index(stu_id, stu_name)
)
OK
Time: 0.015s
```

图 6-14 示例 6-8 运行效果图

创建复合索引的 SQL 语句已经执行成功,下面使用"show index from"语句查看表中的索引,执行结果如图 6-15 所示。

图 6-15　查看 student7 表中的索引

从图 6-15 中可以看到表 student7 中虽然有两条记录，但是这两条记录的索引名均为"stu_id"，这说明名为"stu_id"的索引为复合索引，索引的字段分别为 stu_id 和 stu_name。

6.2.2　为已存在的表创建索引

为已存在的表创建索引时，可以选择使用"create index"或"alter table"语句，本小节将详细讲述如何使用这两种方式创建各类型的索引。

1. 使用"create index"语句创建索引

使用"create index"语句为已存在的表创建索引，其 SQL 语句的语法格式如下：

```
create [unique|fulltext|spatial] index index_name [index_type] on table_name(column_name1 [(length)]
[asc|desc], column_name2 [(length)] [asc|desc], …);
```

其中，"create index"为创建索引用到的关键字；"unique|fulltext|spatial"为可选项，表示创建的是唯一索引、全文索引还是空间索引；"index_name"为创建索引的名称；"index_type"为可选项，表示索引的类型，其取值为"using btree|hash"；"on table_name"表示在名为 table_name 的表上创建索引；"column_name1"和"column_name2"分别为添加索引的字段名；"(length)"为可选项，表示索引的长度；"asc"和"desc"为可选项，分别表示升序和降序排列。

> 注意：在 MySQL 的官方文档中，主键索引不能使用"create index"语句创建，但可以使用"alter table"语句创建。

下面使用该 SQL 语法，分别为已存在的表创建普通索引、唯一索引、全文索引、空间索引和复合索引。

1) 创建普通索引

首先创建一个名为"student8"的数据表(创建表时没有创建索引)，然后使用"create index"语句为表中的"stu_id"字段建立普通索引，如示例 6-9 所示。

【示例 6-9】使用"create index"语句为已存在的表创建普通索引。

```
create table student8(
     stu_id int(10),
     stu_name varchar(3)
);
create index index_id on student8(stu_id);
```

执行结果如图 6-16 所示(省略创建表的 SQL 语句)。

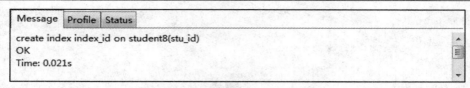

图 6-16　示例 6-9 运行效果图

为已存在的表创建普通索引的 SQL 语句已经执行成功，下面使用"show index from"语句查看表中的索引，执行结果如图 6-17 所示。

Table	Non_unique	Key_name	Seq_in_index	Column_name	Collation	Cardinality	Sub_part	Packed	Null	Index_type	Comment	Index_comment
▶ student8	1	index_id	1	stu_id	A	0	(Null)	(Null)	YES	BTREE		

图 6-17　查看 student8 表中的索引

从图 6-17 中可以看到，student8 表中已经存在了名为"index_id"的普通索引。

2) 创建唯一索引

创建一个名为"student9"的数据表，表中无索引，然后使用"create index"语句为表中的"stu_id"字段建立唯一索引，如示例 6-10 所示(创建表的 SQL 语句与示例 6-9 中基本相同，所以此处省略)。

【示例 6-10】使用"create index"语句为已存在的表创建唯一索引。

```
create unique index index_id on student9(stu_id);
```

执行结果如图 6-18 所示。

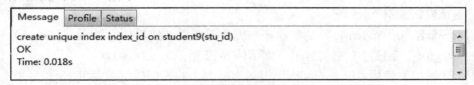

图 6-18　示例 6-10 运行效果图

为已存在的表创建唯一索引的 SQL 语句已经执行成功，下面使用"show index from"语句查看表中的索引，执行结果如图 6-19 所示。

Table	Non_unique	Key_name	Seq_in_index	Column_name	Collation	Cardinality	Sub_part	Packed	Null	Index_type	Comment	Index_comment
▶ student9	0	index_id	1	stu_id	A	0	(Null)	(Null)	YES	BTREE		

图 6-19　查看 student9 表中的索引

从图 6-19 中可以看到，student9 表中已经存在了名为"index_id"的唯一索引（"Non_unique"栏中的值为 0）。

3) 创建全文索引

创建一个名为"student10"的数据表，表中无索引，然后使用"create index"语句为表中的"stu_info"字段建立全文索引，如示例 6-11 所示。

【示例 6-11】使用"create index"语句为已存在的表创建全文索引。

```
create table student10(
    stu_id int(10),
    stu_info varchar(100)
);
create fulltext index index_id on student10(stu_info);
```

执行结果如图 6-20 所示(省略创建表的 SQL 语句)。

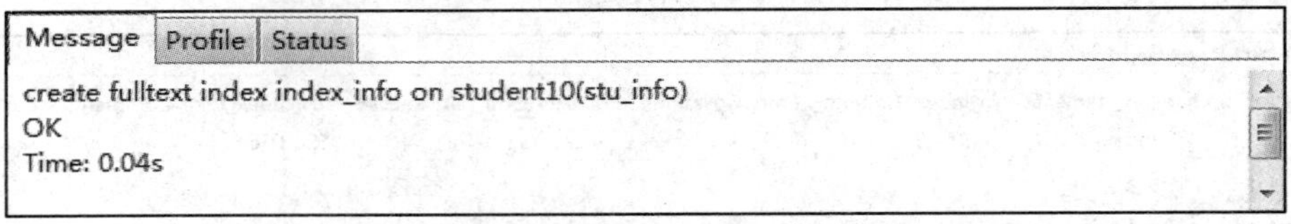

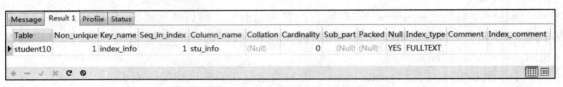

图 6-20　示例 6-11 运行效果图

为已存在的表创建全文索引的 SQL 语句已经执行成功，下面使用"show index from"语句查看表中的索引，执行结果如图 6-21 所示。

Table	Non_unique	Key_name	Seq_in_index	Column_name	Collation	Cardinality	Sub_part	Packed	Null	Index_type	Comment	Index_comment
▶ student10	1	index_info	1	stu_info	(Null)	0	(Null)	(Null)	YES	FULLTEXT		

图 6-21　查看 student10 表中的索引

从图 6-21 中可以看到，student10 表中已经存在了名为"index_info"的全文索引("Index_type"栏中的值为"FULLTEXT")。

4) 创建空间索引

创建一个名为"student11"的数据表，表中无索引，然后使用"create index"语句为表中的"stu_loc"字段建立空间索引，如示例 6-12 所示。

【示例 6-12】使用"create index"语句为已存在的表创建空间索引。

```
create table student11(
    stu_id int(10),
    stu_loc point not null
);
create spatial index index_loc on student11(stu_loc);
```

执行结果如图 6-22 所示(省略创建表的 SQL 语句)。

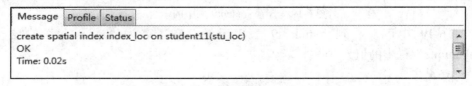

图 6-22　示例 6-12 运行效果图

为已存在的表创建空间索引的 SQL 语句已经执行成功，下面使用"show index from"语句查看表中的索引，执行结果如图 6-23 所示。

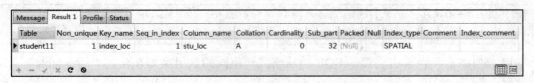

图 6-23　查看 student11 表中的索引

从图 6-23 中可以看到，student11 表中已经存在了名为"index_loc"的空间索引（"Index_type"栏中的值为"SPATIAL"，并且"Non_unique"栏中的值为"1"）。

5）创建复合索引

以创建普通的复合索引为例：创建一个名为"student12"的数据表，表中无索引，然后使用"create index"语句为表中的 stu_id 和 stu_name 字段的组合建立复合索引，如示例6-13 所示（创建表的 SQL 语句与示例 6-9 中基本相同，所以此处省略）。

【示例 6-13】使用"create index"语句为已存在的表创建复合索引。

```
create index index_id on student12(stu_id, stu_name);
```

执行结果如图 6-24 所示。

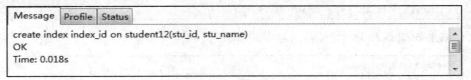

图 6-24　示例 6-13 运行效果图

为已存在的表创建复合索引的 SQL 语句已经执行成功，下面使用"show index from"语句查看表中的索引，执行结果如图 6-25 所示。

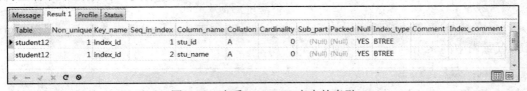

图 6-25　查看 student12 表中的索引

从图 6-25 中可以看到，student12 表中已经存在了名为"index_id"的复合索引，该索引的字段为"stu_id"和"stu_name"字段。

2. 使用"alter table"语句创建索引

使用"alter table"语句为已存在的表创建索引的 SQL 语句的语法格式如下：

```
alter table table_name
add index|key [index_name] [index_type] (column_name1 [(length)] [asc|desc],
column_name2 [(length)] [asc|desc], …);
| add unique [index|key] [index_name] [index_type] (column_name1 [(length)] [asc|desc],
column_name2 [(length)] [asc|desc], …);
| add primary key [index_type] (column_name1 [(length)] [asc|desc],
column_name2 [(length)] [asc|desc], …);
```

```
| add [fulltext|spatial] [index|key] [index_name] (column_name1 [(length)] [asc|desc],
column_name2 [(length)] [asc|desc], …);
```

以上列举了各种索引创建的 SQL 语法格式，不同的索引类型在使用"alter table"语句创建时，细节上略有不同。

接下来，按照上述的 SQL 语法，分别为已存在的表创建普通索引、唯一索引、主键索引、全文索引、空间索引和复合索引。

1) 创建普通索引

首先创建一个名为"student13"的数据表，表中无索引，然后使用"alter table"语句为表中的"stu_id"字段建立普通索引，如示例 6-14 所示。

【示例 6-14】使用"alter table"语句为已存在的表创建普通索引。

```
create table student13(
    stu_id int(10),
    stu_name varchar(3)
);
alter table student13 add index index_id(stu_id);
```

执行结果如图 6-26 所示(省略创建表的 SQL 语句)。

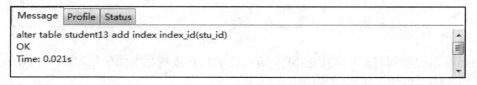

图 6-26 示例 6-14 运行效果图

为已存在的表创建普通索引的 SQL 语句已经执行成功，下面使用"show index from"语句查看表中的索引，执行结果如图 6-27 所示。

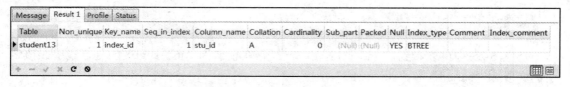

图 6-27 查看 student13 表中的索引

从图 6-27 中可以看到，student13 表中已经存在了名为"index_id"的普通索引。

2) 创建唯一索引

创建一个名为"student14"的数据表，表中无索引，然后使用"alter table"语句为表中的"stu_id"字段建立唯一索引，如示例 6-15 所示(创建表的 SQL 语句与示例 6-14 中基本相同，所以此处省略)。

【示例 6-15】使用"alter table"语句为已存在的表创建唯一索引。

```
alter table student14 add unique index index_id(stu_id);
```

执行结果如图 6-28 所示。

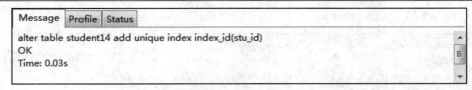

图 6-28　示例 6-15 运行效果图

为已存在的表创建唯一索引的 SQL 语句已经执行成功，下面使用"show index from"
语句查看表中的索引，执行结果如图 6-29 所示。

Table	Non_unique	Key_name	Seq_in_index	Column_name	Collation	Cardinality	Sub_part	Packed	Null	Index_type	Comment	Index_comment
student14	0	index_id	1	stu_id	A	0	(Null)	(Null)	YES	BTREE		

图 6-29　查看 student14 表中的索引

从图 6-29 中可以看到，student14 表中已经存在了名为"index_id"的唯一索引
（"Non_unique"栏中的值为"0"）。

3）创建主键索引

创建一个名为"student15"的数据表，表中无索引，然后使用"alter table"语句为表
中的"stu_id"字段建立主键索引，如示例 6-16 所示(创建表的 SQL 语句与示例 6-14 中基
本相同，所以此处省略)。

【示例 6-16】使用"alter table"语句为已存在的表创建主键索引。

```
alter table student15 add primary key (stu_id);
```

执行结果如图 6-30 所示。

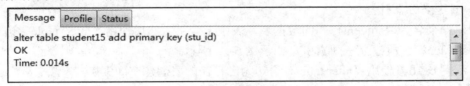

图 6-30　示例 6-16 运行效果图

为已存在的表创建主键索引的 SQL 语句已经执行成功，下面使用"show index from"
语句查看表中的索引，执行结果如图 6-31 所示。

Table	Non_unique	Key_name	Seq_in_index	Column_name	Collation	Cardinality	Sub_part	Packed	Null	Index_type	Comment	Index_comment
student15	0	PRIMARY	1	stu_id	A	0	(Null)	(Null)		BTREE		

图 6-31　查看 student15 表中的索引

从图 6-31 中可以看到，student15 表中已经存在了名为"PRIMARY"的主键索引(主键
索引名默认为"PRIMARY"，即使用户指定了其他的索引名也不会生效)。

4）创建全文索引

创建一个名为"student16"的数据表，表中无索引，然后使用"alter table"语句为表
中的"stu_info"字段建立全文索引，如示例 6-17 所示。

【示例 6-17】使用"alter table"语句为已存在的表创建全文索引。

```
create table student16(
    stu_id int(10),
    stu_info varchar(100)
);
alter table student16 add fulltext index index_info(stu_info);
```

执行结果如图 6-32 所示(省略创建表的 SQL 语句)。

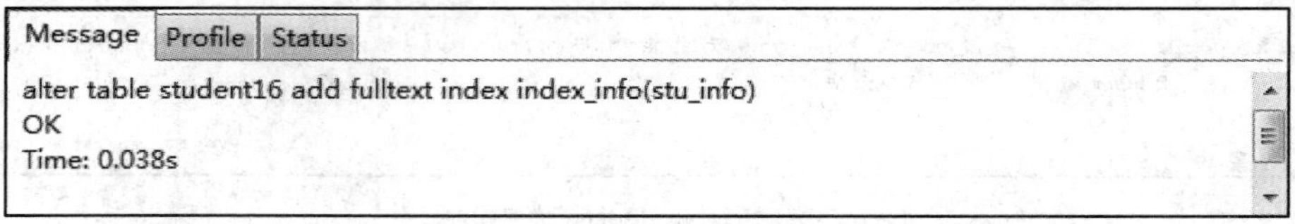

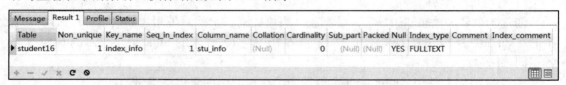

图 6-32　示例 6-17 运行效果图

为已存在的表创建全文索引的 SQL 语句已经执行成功,下面使用"show index from"语句查看表中的索引,执行结果如图 6-33 所示。

Table	Non_unique	Key_name	Seq_in_index	Column_name	Collation	Cardinality	Sub_part	Packed	Null	Index_type	Comment	Index_comment
student16	1	index_info	1	stu_info	(Null)	0	(Null)	(Null)	YES	FULLTEXT		

图 6-33　查看 student16 表中的索引

从图 6-33 中可以看到,student16 表中已经存在了名为"index_info"的全文索引("Index_type"栏中的值为"FULLTEXT")。

5) 创建空间索引

创建一个名为"student17"的数据表,表中无索引,然后使用"alter table"语句为表中的"stu_loc"字段建立空间索引,如示例 6-18 所示。

【示例 6-18】使用"alter table"语句为已存在的表创建空间索引。

```
create table student17(
    stu_id int(10),
    stu_loc point not null
);
alter table student17 add spatial index index_loc(stu_loc);
```

执行结果如图 6-34 所示(省略创建表的 SQL 语句执行结果)。

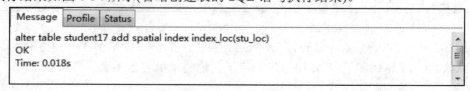

图 6-34　示例 6-18 运行效果图

为已存在的表创建空间索引的 SQL 语句已经执行成功,下面使用"show index from"

语句查看表中的索引，执行结果如图 6-35 所示。

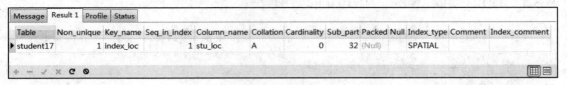

图 6-35　查看 student17 表中的索引

从图 6-35 中可以看到，student17 表中已经存在了名为"index_loc"的空间索引（"Index_type"栏中的值为"SPATIAL"，并且"Non_unique"栏中的值为"1"）。

6) 创建复合索引

以创建普通的复合索引为例：创建一个名为"student18"的数据表，表中无索引，然后使用"alter table"语句为表中的"stu_id"和"stu_name"字段的组合建立复合索引，如示例 6-19 所示(创建表的 SQL 语句与示例 6-14 中基本相同，所以此处省略)。

【示例 6-19】使用"alter table"语句为已存在的表创建复合索引。

```
alter table student18 add index index_id(stu_id, stu_name);
```

执行结果如图 6-36 所示。

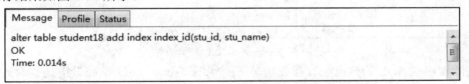

图 6-36　示例 6-19 运行效果图

为已存在的表创建复合索引的 SQL 语句已经执行成功，下面使用"show index from"语句查看表中的索引，执行结果如图 6-37 所示。

Table	Non_unique	Key_name	Seq_in_index	Column_name	Collation	Cardinality	Sub_part	Packed	Null	Index_type	Comment	Index_comment
▶ student18	1	index_id	1	stu_id	A	0	(Null)	(Null)	YES	BTREE		
student18	1	index_id	2	stu_name	A	0	(Null)	(Null)	YES	BTREE		

图 6-37　查看 student18 表中的索引

从图 6-37 中可以看到，student18 表中已经存在了名为"index_id"的复合索引，该索引的字段为"stu_id"和"stu_name"。

6.3　删 除 索 引

索引虽然能够提升数据的查询效率，但是索引数据会占用大量的存储空间，并且降低数据插入、修改和删除时的性能。因此对于已经没有用的索引，要及时删除。本节中会讲述两种删除索引的方式：使用"alter table"语句删除索引和使用"drop index"语句删除索引。

6.3.1　使用 "alter table" 语句删除索引

使用 "alter table" 语句删除索引的 SQL 语句需要指定索引的名称，其语法格式如下：

```
alter table table_name drop index|key index_name;
```

其中，"table_name" 为要删除索引的表名；"drop index|key" 为删除索引所用的关键字；"index_name" 为要删除索引的名称。

下面使用上述语法删除 student17 表中的空间索引，该空间索引名为 "index_loc"（如果不记得索引名，可以使用 "show index from" 语句查看表的索引），其 SQL 语句如示例 6-20 所示。

【示例 6-20】使用 "alter table" 语句删除索引。

```
alter table student17 drop index index_loc;
```

执行结果如图 6-38 所示。

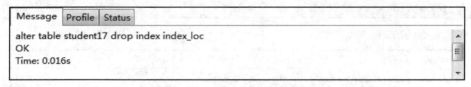

图 6-38　示例 6-20 运行效果图

删除索引的 SQL 语句已经执行成功，下面使用 "show index from" 语句查看删除后表中的索引，执行结果如图 6-39 所示。

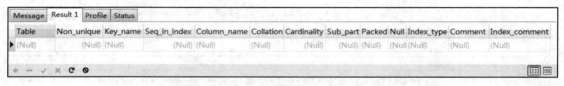

图 6-39　查看删除索引后 student17 表中的索引

由图 6-39 与图 6-35 对比可知，student17 表中的索引已经被成功删除，目前表中并无任何索引。

> **注意：** 使用 "alter table table_name drop index|key index_name;" 语法格式的 SQL 语句并不能删除主键索引；如果要删除主键索引，需要使用 "alter table table_name drop primary key" 或者下面将要讲解到的 "drop index" 语句。

6.3.2　使用 "drop index" 语句删除索引

使用 "drop index" 语句删除索引的 SQL 语句同样需要指定索引的名称，其语法格式如下：

```
drop index index_name on table_name;
```

其中，"drop index" 为删除索引所用的关键字；"index_name" 为要删除索引的名称；

"table_name"为要删除索引的表名。

下面使用上述语法删除 student18 表中的复合索引，该复合索引名为"index_id"，其 SQL 语句如示例 6-21 所示。

【**示例 6-21**】使用"drop index"语句删除索引。

```
drop index index_id on student18;
```

执行结果如图 6-40 所示。

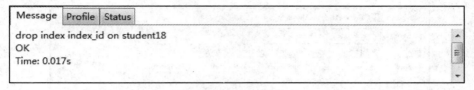

图 6-40　示例 6-21 运行效果图

删除索引的 SQL 语句已经执行成功，下面使用"show index from"语句查看删除后表中的索引，执行结果如图 6-41 所示。

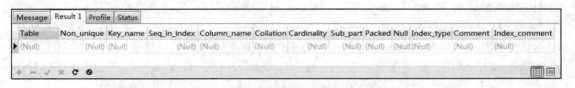

图 6-41　查看删除索引后 student18 表中的索引

由图 6-41 与图 6-37 对比可知，student18 表中的索引已经被成功删除，目前表中并无任何索引。

> **注意**：使用"alter table table_name drop index|key index_name;"或"drop index index_name on table_name;"语法格式的 SQL 语句并不能删除主键索引；如果要删除主键索引，需要使用"alter table table_name drop primary key"语句。

6.4　使用图形界面操作索引

使用图形界面操作索引对于初学者而言相对简单，本节将会详细讲述如何使用 Navicat 软件的图形界面来创建、修改和删除索引。

下面以 student18 表为例进行讲解，该表中只有"stu_id"和"stu_name"字段，并没有索引。

(1) 首先，在 Navicat 软件的图形界面的左侧列表中右键选中 student18 表，在弹出的下拉列表中选择"Design Table"选项，之后会看到如图 6-42 所示的界面。

(2) 图 6-42 是"Design Table"选项的默认界面，此时需要选择"Indexes"选项，之后会出现如图 6-43 所示的设计索引的界面。

在图 6-43 中可以看到"Add Index"和"Delete Index"选项，其中，"Add Index"为添加索引，"Delete Index"为删除索引。

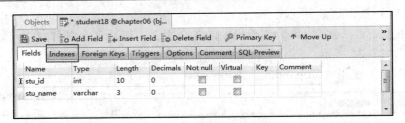

图 6-42　"Design Table" 选项默认界面

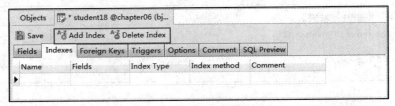

图 6-43　设计索引界面

(3) 下面为表中的 "stu_id" 字段添加一个唯一索引。首先点击 "Add Index" 选项；然后分别编辑该索引的 "Name" (索引名)、"Fields" (索引的字段，可以多选)、"Index Type" (索引类型，包括 "FULLTEXT"、"NORMAL"、"SPATIAL"、"UNIQUE"，其中，"NORMAL"表示普通索引)、"Index method" (索引方式，包括 "BTREE" 和 "HASH"。由于表的存储引擎为 InnoDB，所以如果不选择，则默认为 "BTREE")以及 "Comment" (关于索引的注释信息)；最后点击 "Save" 按钮进行保存即可。保存后的索引详细信息如图 6-44 所示。

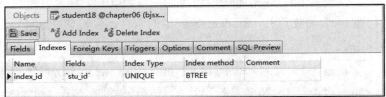

图 6-44　使用图形界面添加索引

(4) 如果想要修改索引名、字段、索引类型等信息，可以直接点击对应项的值进行修改，然后保存即可。下面以修改字段为例，将索引的字段修改为 'stu_name'。

首先选中 "Fields" 一栏中的值，然后点击右侧的 "⋯" 按钮，之后会出现如图 6-45 所示的确认框。在图 6-45 中可以看到 "↑" "↓" "+" "-" 四个按钮，其中 "↑" "↓" 可以调整字段的顺序，"+" "-" 可以增加或删除字段。

如果要将字段修改为 'stu_name'，需要先点击 "-" 按钮删除原有的 stu_id 字段，然后点击 "+" 按钮，在下拉列表中选择字段 "stu_name"，如图 6-46 所示。

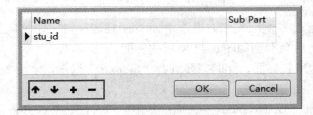

图 6-45　修改字段确认框

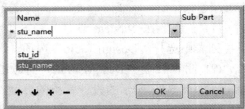

图 6-46　在下拉列表中选择索引字段

最后点击"OK"按钮，对修改进行保存。之后索引列表中的字段即变为 'stu_name'，如图 6-47 所示。

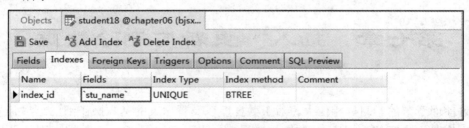

图 6-47　修改后的索引列表

(5) 删除某个索引时，只需要选中该索引，然后选择"Delete Index"选项，并在弹出的确认框中点击"Delete"按钮即可。

本 章 小 结

本章介绍了什么是索引，为什么使用索引，B-Tree、R-Tree 和 Hash 这三种存储结构。还介绍了索引的分类，其中包括普通索引、唯一索引、主键索引、全文索引、空间索引和复合索引。本章重点介绍了对索引的基本操作，需掌握如何使用"create index"语句创建索引及如何使用"drop index"语句删除索引。

练 习 题

一、简答题

1. 说说你对索引的理解。

2. 列举索引的分类及特点。

3. 简述索引的优缺点。

二、上机题

1. 建立一张用来存储学生信息的 student 表，字段包括：学号、姓名、性别、居住地址(POINT 类型)、自我介绍(VARCHAR 类型或者 TEXT 类型)。具体要求如下：

(1) 为学号创建主键索引；

(2) 为姓名创建唯一索引；

(3) 为居住地址创建空间索引；

(4) 为自我介绍创建全文索引。

2. 在上一题建立 student 表的基础上使用"alter table"语句删除唯一索引，使用"drop index"语句删除空间索引，使用 Navicat 软件的图形界面删除全文索引。

第七章　插入、更新与删除数据

通过前面章节的学习，相信大家对于数据库以及数据表的基本操作都已经掌握了。其中，数据库是用来存储数据库对象的(如数据表、索引、视图等)，而数据表则是用来存储数据的。如果想要操作表中存储的数据，如插入数据、更新数据以及删除数据，就需要使用数据操作语言(DML)：用"insert"语句实现数据的插入，用"update"语句实现数据的更新，用"delete"语句实现数据的删除。本章将针对数据操作语言进行详细的讲解。

7.1　插　入　数　据

如果要操作数据表中的数据，首先应该确保表中存在数据。没有插入数据之前的表只是一张空表，需要用户使用"insert"语句向表中插入数据。插入数据有 4 种不同的方式：为所有字段插入数据、为指定字段插入数据、同时插入多条数据以及插入查询结果。下面将针对这 4 种插入方式分别进行讲解。

7.1.1　为所有字段插入数据

为所有字段插入数据的 SQL 语句的语法格式如下：

```
insert [into] table_name [(column_name1, column_name2, …)] values|value (value1, value2, …);
```

其中，"insert"为插入数据用到的关键字；"into"为可选项，与 insert 搭配使用；"table_name"表示要插入数据的表名；"column_name1"和"column_name2"分别表示表中的字段名，表中的字段可写可不写；"values"和"value"二选一，后面跟要插入的字段的值；"value1"和"value2"则分别表示对应字段的值。

> **注意：**
> ● 为所有字段插入数据有两种方式：一是在 SQL 语句中列出表中所有的字段；二是在 SQL 语句中省略表中的字段。
> ● 使用第一种方式时，插入的数据必须与表中字段的位置、数据类型、个数保持一致。
> ● 使用第二种方式时，插入的数据顺序可以调整，只需要与所写 SQL 语句中字段的位置一致，但数据类型和个数还是要保持一致。

先创建一个新的数据库"chapter07"，并在数据库中创建一张名为"student"的表，创建表的 SQL 语句如下：

```
create table student(
    stu_id int(10) primary key auto_increment,
    stu_name varchar(3) not null,
    stu_age int(2),
    stu_sex varchar(1) default '男',
    stu_email varchar(30) unique
);
```

在表创建成功后，就可以使用为所有字段插入数据的 SQL 语句为其添加数据（对于字符串类型的数据要用单引号引起来），其 SQL 语句如示例 7-1 所示。

【示例 7-1】为所有字段插入数据。

```
insert into student values(1, '张三', 18, '男', 'zhangsan@163.com');
```

或者：

```
insert into student(stu_id, stu_name, stu_age, stu_sex, stu_email) values(1, '张三', 18, '男',
'zhangsan@163.com');
```

执行结果如图 7-1 所示。

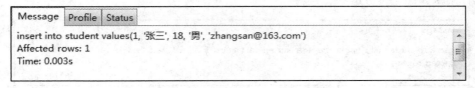

图 7-1　示例 7-1 运行效果图

图 7-1 中显示的"Affected rows：1"表示执行的该 SQL 语句已经成功，并且影响了表中的一条记录。

在插入数据的 SQL 语句执行成功后，为了验证数据是否已经插入，可以使用"select * from"语句查询表中所有存在的记录，其 SQL 语句如示例 7-2 所示。

【示例 7-2】为所有字段插入数据后查询表中所有的记录。

```
select * from student;
```

执行结果如图 7-2 所示。

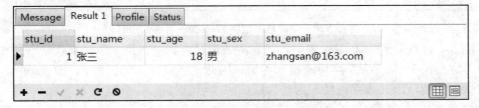

图 7-2　查询为所有字段插入数据后 student 表中的所有记录

由图 7-2 可以看到，student 表中已经将数据"(1, '张三', 18, '男', 'zhangsan@163.com')"插入。

7.1.2　为指定字段插入数据

在实际开发中，有时设置了自动增加约束的字段和设置了默认值的字段不需要插入值，因为 MySQL 会为其插入自增后的数值或在建表时规定的默认值，所以在插入数据时没有必要为所有字段插入数据，只需为指定的部分字段插入数据即可。

为指定字段插入新的记录时必须指定字段名，其 SQL 语句的语法格式如下：

```
insert [into] table_name (column_name1, column_name2, …) values|value (value1, value2, …);
```

其中，"column_name1"和"column_name2"分别指定添加数据的字段名；"value1"和"value2"分别表示"column_name1"字段和"column_name2"字段的值。在此需要注意的是，value 值要和指定字段的顺序、数据类型一一对应，即"value1"对应"column_name1"字段，"value2"对应"column_name2"字段。

下面为 student 表插入一条新的记录，该记录中包含"stu_name"、"stu_age"和"stu_email"字段对应的值。其 SQL 语句如示例 7-3 所示。

【示例 7-3】为指定字段插入数据示例 1。

```
insert into student(stu_name, stu_age, stu_email) values('李四', 19, 'lisi@163.com');
```

执行结果如图 7-3 所示。

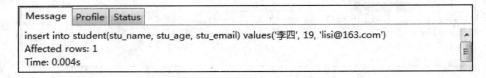

图 7-3　示例 7-3 运行效果图

在插入部分数据的 SQL 语句执行成功后，可以使用"select * from"语句查询表中所有存在的记录，执行结果如图 7-4 所示。

Message	Result 1	Profile	Status	
stu_id	stu_name	stu_age	stu_sex	stu_email
1	张三	18	男	zhangsan@163.com
2	李四	19	男	lisi@163.com

图 7-4　查询为部分字段插入数据后 student 表中的所有记录 1

由图 7-4 可以看到，student 表中目前有两条记录，其中，第二条记录就是刚刚插入的新记录，并且由于"stu_id"字段有自增约束，因此该字段插入的值为 2，而"stu_sex"字段有默认值约束，因此该字段插入的值为默认值"男"。

大家思考一个问题，"stu_email"字段是没有设置默认值的，那如果只为表中的"stu_name"和"stu_age"字段插入数据，结果会怎么样呢？下面通过示例 7-4 中的 SQL 语句来演示一下。

【示例 7-4】为指定字段插入数据示例 2。

```
insert into student(stu_name, stu_age) values('王五', 17);
```

执行结果如图 7-5 所示。

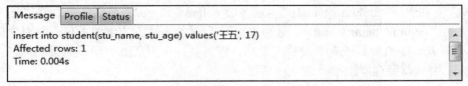

图 7-5　示例 7-4 运行效果图

在 SQL 语句执行成功后，使用"select * from"语句查询表中所有存在的记录，执行结果如图 7-6 所示。

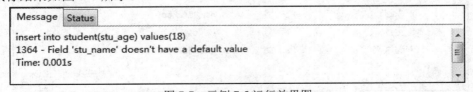

图 7-6　查询为部分字段插入数据后 student 表中的所有记录 2

由图 7-6 可以看到，新的数据记录已经插入成功，但是"stu_email"字段的值为"Null"，也就是说，如果用户没有为字段指定默认值约束，那么系统会将该字段的默认值设置为"Null"。但如果某个字段设置了非空约束(字段的值不允许空值)，但没有设置默认值约束，那么在插入数据时就必须为该字段插入一个非空值，否则系统会提示错误。例如，为 student 表插入一条新的记录中，记录中只有"stu_age"字段对应的值。其 SQL 语句如示例 7-5 所示。

【示例 7-5】为指定字段插入数据示例 3。

```
insert into student(stu_age) values(18);
```

执行结果如图 7-7 所示。

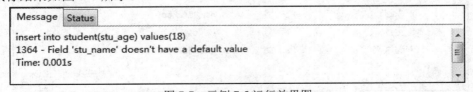

图 7-7　示例 7-5 运行效果图

由图 7-7 可知，示例 7-5 的 SQL 语句执行失败。这是因为"stu_name"字段设置了非空约束而没有设置默认值，所以系统出现"Field 'stu_name' doesn't have a default value"的错误。

7.1.3　使用"set"关键字为字段插入数据

使用"insert"语句为所有或者指定字段插入数据的 SQL 语法还有另外一种形式，具体语法格式如下：

```
insert [into] table_name set column_name1 = value1[, column_name2 = value2, …];
```

其中，"column_name1"和"column_name2"分别指定添加数据的字段名；"value1"和"value2"分别表示"column_name1"字段和"column_name2"字段的值。在"set"关键字后面使用"column_name = value"这种"键/值"对的方式指定字段的值，每对之间使用逗号","隔开。如果要为所有字段插入数据，则需要列举出所有字段；如果要为指定字段插入数据，则只需要列举出部分的字段即可。

1. 使用"set"关键字为所有字段插入数据

下面使用"set"关键字为 student 表中的所有字段插入一条新的记录，其 SQL 语句如示例 7-6 所示。

【示例 7-6】 使用"set"关键字为所有字段插入数据。

```
insert into student set stu_id = 4, stu_name = '赵六', stu_age = 20, stu_sex = '女', stu_email = 'zhaoliu@163.com';
```

执行结果如图 7-8 所示。

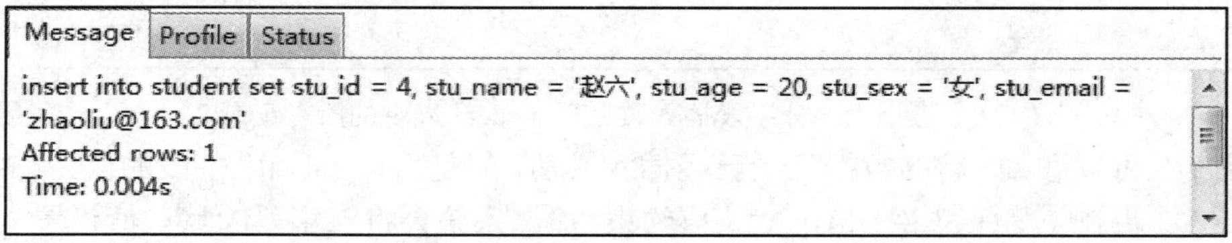

图 7-8　示例 7-6 运行效果图

在使用"set"关键字为所有字段插入数据的 SQL 语句执行成功后，使用"select * from"语句查询表中所有存在的记录，执行结果如图 7-9 所示。

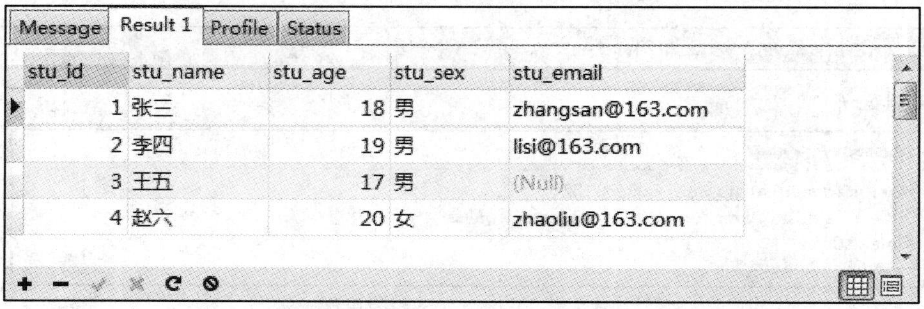

图 7-9　查询"set"关键字为所有字段插入数据后 student 表中的所有记录

由图 7-9 可以看到，student 表中目前有 4 条记录，其中最后一条记录就是刚刚插入的记录。

2. 使用"set"关键字为指定字段插入数据

下面使用"set"关键字为 student 表插入一条新的记录，该记录中包含"stu_name"、"stu_age"和"stu_email"字段对应的值。其 SQL 语句如示例 7-7 所示。

【**示例 7-7**】使用"set"关键字为指定字段插入数据。

```
insert into student set stu_name = '孙七', stu_age = 19, stu_email = 'sunqi@163.com';
```

执行结果如图 7-10 所示。

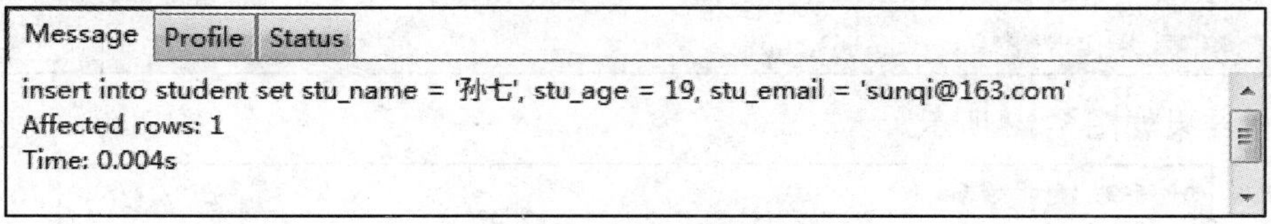

图 7-10　示例 7-7 运行效果图

使用"set"关键字插入部分数据的 SQL 语句执行成功后，使用"select * from"语句查询表中所有存在的记录，执行结果如图 7-11 所示。

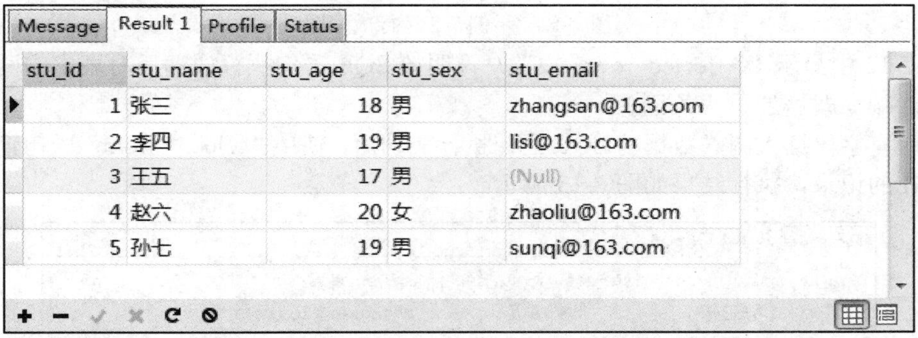

图 7-11　查询"set"关键字为指定字段插入数据后 student 表中的所有记录

由图 7-11 可以看到，student 表中目前已经存在 5 条记录，其中最后一条记录就是刚刚插入的记录。由于 stu_id 字段有自增约束，因此该字段插入的值为 5，而"stu_sex"字段有默认值约束，因此该字段插入的值为默认值"男"。

7.1.4　同时插入多条数据

如果在数据表中需要插入大量数据，那么选择一条一条地插入记录会相当麻烦，因此 MySQL 中提供了同时插入多条数据的 SQL 语句，其可以实现为所有字段或指定字段同时插入多条数据。

1. 为所有字段同时插入多条数据

为所有字段同时插入多条数据的 SQL 语句的语法格式如下：

```
insert [into] table_name [(column_name1, column_name2, …)]
          values|value (value11, value21, …),
                        (value12, value22, …),
                        …;
```

该 SQL 语法与为所有字段插入单条数据的语法相比，只是"values|value"后面记录的数目不同，不同的记录之间需要使用逗号","隔开。

下面为 student 表的所有字段同时插入两条新的记录，其 SQL 语句如示例 7-8 所示。

【示例 7-8】 为所有字段同时插入两条数据。

```
insert into student
    values (6, '周八', 19, '女', 'zhouba@163.com'),
           (7, '武九', 18, '男', 'wujiu@163.com');
```

执行结果如图 7-12 所示。

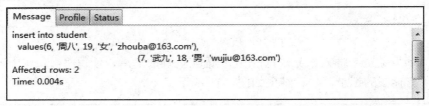

图 7-12   示例 7-8 运行效果图

图 7-12 中显示"Affected rows：2"，说明该 SQL 语句执行成功后对表中的两条记录产生了影响，即增加了两条记录。

为所有字段插入两条数据的 SQL 语句执行成功后，使用"select * from"语句查询表中所有存在的记录，执行结果如图 7-13 所示。

stu_id	stu_name	stu_age	stu_sex	stu_email
1	张三	18	男	zhangsan@163.com
2	李四	19	男	lisi@163.com
3	王五	17	男	(Null)
4	赵六	20	女	zhaoliu@163.com
5	孙七	19	男	sunqi@163.com
6	周八	19	女	zhouba@163.com
7	武九	18	男	wujiu@163.com

图 7-13   查询为所有字段插入两条数据后 student 表中的所有记录

由图 7-13 可以看到，student 表中目前已经存在 7 条记录，其中最后两条记录就是刚刚插入的记录。

2. 为指定字段同时插入多条数据

为指定字段同时插入多条数据的 SQL 语句的语法格式如下：

```
insert [into] table_name (column_name1, column_name2, …)
        values|value (value11, value21, …),
                      (value12, value22, …),
                      …;
```

该 SQL 语法与为指定字段插入单条数据的语法相比，只是"values|value"后面的记录的数目不同，不同的记录之间需要使用逗号","隔开。

下面为 student 表中的"stu_name"、"stu_age"和"stu_email"字段同时插入两条新的记录，其 SQL 语句如示例 7-9 所示。

【示例 7-9】为指定字段同时插入两条数据。

```
insert into student (stu_name, stu_age, stu_email)
    values ('郑十', 20, 'zhengshi@163.com'),
           ('宋十一', 17, 'songshiyi@163.com');
```

执行结果如图 7-14 所示。

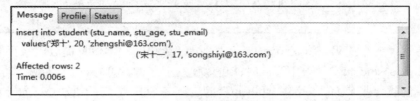

图 7-14　示例 7-9 运行效果图

为指定字段插入两条数据的 SQL 语句执行成功后，使用"select * from"语句查询表中所有存在的记录，执行结果如图 7-15 所示。

stu_id	stu_name	stu_age	stu_sex	stu_email
1	张三	18	男	zhangsan@163.com
2	李四	19	男	lisi@163.com
3	王五	17	男	(Null)
4	赵六	20	女	zhaoliu@163.com
5	孙七	19	男	sunqi@163.com
6	周八	19	女	zhouba@163.com
7	武九	18	男	wujiu@163.com
8	郑十	20	男	zhengshi@163.com
9	宋十一	17	男	songshiyi@163.com

图 7-15　查询为指定字段插入两条数据后 student 表中的所有记录

由图 7-15 可以看到，student 表中目前已经存在 9 条记录，其中最后两条记录就是刚刚插入的记录。并且由于"stu_id"字段有自增约束，因此该字段插入的值为 8 和 9，而 stu_sex 字段有默认值约束，因此该字段插入的值为默认值"男"。

7.1.5　插入查询结果

在 MySQL 中还可以通过"insert"语句将从一张表中查询到的结果直接插入到另一张表中，这样就间接地实现了数据的复制功能。将查询结果插入到另一张表中的 SQL 语句的语法格式如下：

```
insert [into] table_name1(column_list1)
    select column_list2 from table_name2 where where_condition;
```

其中，"table_name1"为插入新数据记录的表名；"column_list1"为字段列表，表示要为哪些字段插入值；"select"为查询语句用到的关键字；"column_list2"也是字段列表，表示要从表中查询哪些字段的值；"table_name2"为要查询的表，即要插入数据的来源；"where where_condition"为 where 子句，用来指定查询条件。

> **注意：**
> ● "column_list1"与"column_list2"字段列表中的字段的数据类型和个数必须保持一致，否则系统会提示错误。
> ● 对于查询语句在此不必细究，可以等学完后续查询操作后再回过头来复习这节中所讲述的内容。

假设有这样一个需求，将 student 表中性别为"女"的学生信息提取出来存储到另外一张名为"female_student"的表中，此时就可以使用上述的 SQL 语句来实现此功能。

首先，创建一张名为"female_student"的表，其 SQL 语句的语法格式如下：

```
create table female_student(
    stu_id int(10) primary key,
    stu_name varchar(3) not null,
    stu_age int(2),
    stu_sex varchar(1) default '女',
    stu_email varchar(30) unique
);
```

由于表中的"stu_sex"字段设置的默认值为"女"，因此只需要查询其他 4 个字段并将查询到的结果插入到"female_student"表中即可，其 SQL 语句如示例 7-10 所示。

【示例 7-10】为指定字段同时插入多条数据。

```
insert into female_student(stu_id, stu_name, stu_age, stu_email)
    select stu_id, stu_name, stu_age, stu_email from student where stu_sex = '女';
```

该 SQL 语句表示：查询 student 表中性别为"女"的记录，并将记录中"stu_id"、"stu_name"、"stu_age"和"stu_email"字段的值插入到 female_student 表中，执行结果如图 7-16 所示。

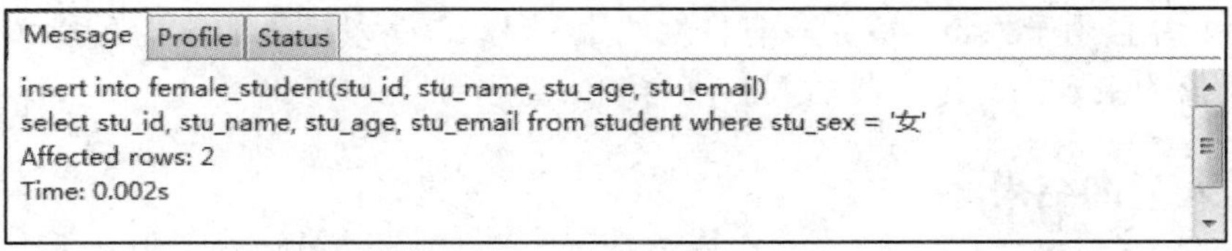

图 7-16   示例 7-10 运行效果图

在插入查询结果的 SQL 语句执行成功后，使用"select * from"语句查询 female_student 表中所有存在的记录，执行结果如图 7-17 所示。

由图 7-17 可以看到，student 表中仅有的两条性别为"女"的记录已经插入到了 female_student 表中。

stu_id	stu_name	stu_age	stu_sex	stu_email
4	赵六	20	女	zhaoliu@163.com
6	周八	19	女	zhouba@163.com

图 7-17　查询插入查询结果后 female_student 表中的所有记录

7.2 更新数据

更新数据可以实现表中已存在数据的更新，即实现对已存在数据的修改。例如，student 表中某个学生改名或者改邮箱了，此时就需要对表中相应的记录进行更新操作。更新数据需要使用关键字“update”，更新数据时可以选择更新指定记录，也可以选择更新全部记录。

7.2.1 更新指定记录

更新指定记录的前提是根据条件找到指定的记录，所以此 SQL 语句需要结合使用“update”和“where”语句，其语法格式如下：

```
update table_name
    set column_name1 = value1[, column_name2 = value2, …]
    where where_condition;
```

其中，“update”为更新数据所使用的关键字；“table_name”为要更新数据的表名；“column_name1”和“column_name2”字段分别为要更新的字段；“value1”和“value2”分别为“column_name1”字段和“column_name2”字段要更新的数据；“where where_condition”为 where 子句，用来指定更新数据需要满足的条件。

下面使用上述语法对 student 表中姓名为“张三”的记录进行更新：将该条记录中的“stu_name”字段的值更新为“张大大”，将“stu_email”字段的值更新为“zhangdada.@163.com”。其 SQL 语句如示例 7-11 所示。

【示例 7-11】使用“update”语句更新指定记录。

```
update student
    set stu_name = '张大大', stu_email = 'zhangdada@163.com'
    where stu_name = '张三';
```

执行结果如图 7-18 所示。在更新指定记录的 SQL 语句执行成功后，使用“select * from”语句查询 student 表中所有存在的记录，执行结果如图 7-19 所示。

由图 7-19 可以看到，student 表中原来名为“张三”记录的 stu_name 字段的值已经被更新为“张大大”，stu_email 字段的值也已经被更新为“zhangdada@163.com”。

```
Message  Profile  Status
update student
set stu_name = '张大大', stu_email = 'zhangdada@163.com'
where stu_name = '张三'
Affected rows: 1
Time: 0.003s
```

图 7-18　示例 7-11 运行效果图

stu_id	stu_name	stu_age	stu_sex	stu_email
1	张大大	18	男	zhangdada@163.com
2	李四	19	男	lisi@163.com
3	王五	17	男	(Null)
4	赵六	20	女	zhaoliu@163.com
5	孙七	19	男	sunqi@163.com
6	周八	19	女	zhouba@163.com
7	武九	18	男	wujiu@163.com
8	郑十	20	男	zhengshi@163.com
9	宋十一	17	男	songshiyi@163.com

图 7-19　查询更新指定字段后 student 表中的所有记录

7.2.2　更新全部记录

如果要更新表中全部记录的指定字段，只需要在上述 SQL 语句基础上去掉 where 子句即可，其 SQL 语句的语法格式如下：

```
update table_name set column_name1 = value1[, column_name2 = value2, …];
```

下面使用上述语法对 student 表中所有记录进行更新：将所有记录的"stu_age"字段的值都更新为"18"，其 SQL 语句如示例 7-12 所示。

【示例 7-12】使用"update"语句更新全部记录。

```
update student set stu_age = 18;
```

执行结果如图 7-20 所示。

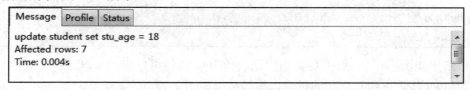

```
Message  Profile  Status
update student set stu_age = 18
Affected rows: 7
Time: 0.004s
```

图 7-20　示例 7-12 运行效果图

在更新全部记录的 SQL 语句执行成功后，使用"select * from"语句查询 student 表中所有存在的记录，执行结果如图 7-21 所示。

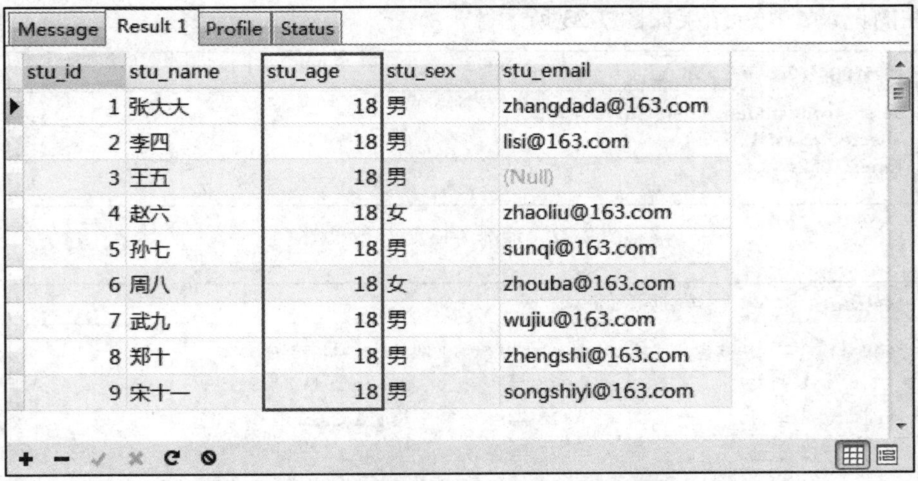

图 7-21 查询更新全部字段后 student 表中的所有记录

由图 7-21 可以看到，student 表中所有记录的"stu_age"字段的值均为"18"，说明更新全部记录的操作已经成功。

7.3 删除数据

删除数据可以实现对表中已存在数据的删除。例如，student 表中某个学生毕业或者转学了，此时就需要对表中相应的记录进行删除操作。删除数据需要使用"delete"语句，删除数据时可以选择删除指定记录，也可以选择删除全部记录。

7.3.1 删除指定记录

删除指定记录的前提是根据条件找到指定的记录，所以此 SQL 语句需要结合使用"delete"和"where"语句，其语法格式如下：

```
delete from table_name where where_condition;
```

其中，"delete"为删除数据所使用的关键字；"table_name"为要删除数据的表名；"where where_condition"为 where 子句，用来指定删除数据需要满足的条件。

下面使用上述语法删除 student 表中"stu_id"字段值大于 5 的记录。其 SQL 语句如示例 7-13 所示。

【示例 7-13】使用"delete"语句删除指定记录。

```
delete from student where stu_id > 5;
```

执行结果如图 7-22 所示。

图 7-22 中显示"Affected rows: 4"，说明该 SQL 语句执行成功后对表中的 4 条记录产生了影响，即删除了表中的 4 条记录。

在删除指定记录的 SQL 语句执行成功后，使用"select * from"语句查询 student 表中所有存在的记录，执行结果如图 7-23 所示。

Message	Profile	Status

```
delete from student where stu_id > 5
Affected rows: 4
Time: 0.052s
```

图 7-22　示例 7-13 运行效果图

Message	Result 1	Profile	Status

stu_id	stu_name	stu_age	stu_sex	stu_email
1	张大大	18	男	zhangdada@163.com
2	李四	18	男	lisi@163.com
3	王五	18	男	(Null)
4	赵六	18	女	zhaoliu@163.com
5	孙七	18	男	sunqi@163.com

图 7-23　查询删除指定记录后 student 表中的所有记录

由图 7-23 和图 7-21 对比可知，student 表中"stu_id"字段值大于 5 的记录已经被成功删除了。

7.3.2　删除全部记录

如果要删除表中的全部记录，只需要在上述删除指定记录的 SQL 语句基础上去掉 where 子句即可，其 SQL 语句的语法格式如下：

```
delete from table_name;
```

下面使用上述语法对 student 表中所有记录进行删除操作，其 SQL 语句如示例 7-14 所示。

【示例 7-14】使用"delete"语句删除全部记录。

```
delete from student;
```

执行结果如图 7-24 所示。

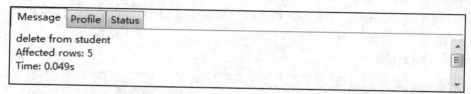

Message	Profile	Status

```
delete from student
Affected rows: 5
Time: 0.049s
```

图 7-24　示例 7-14 运行效果图

图 7-24 中显示"Affected rows: 5"，说明该 SQL 语句执行成功后对表中的 5 条记录产生了影响，即删除了表中仅有的 5 条记录。

在删除全部记录的 SQL 语句执行成功后，使用"select * from"语句查询 student 表中所有存在的记录，执行结果如图 7-25 所示。

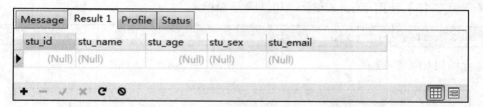

图 7-25　查询删除全部记录后 student 表中的所有记录

由图 7-25 和图 7-23 对比可知，student 表中的 5 条记录已经全部删除成功。

7.3.3　使用 "truncate" 语句删除数据

MySQL 中提供了一种删除全部记录的操作，该操作使用的语句为 "truncate"，其语法格式如下：

```
truncate [table] table_name;
```

其中，"truncate" 为删除全部记录所用到的关键字；"table" 为可选项；"table_name" 为要删除全部记录的表名。

为了测试使用 "truncate" 语句删除表中全部记录，先创建一张名为 "test_truncate" 的数据表，并为表中插入 4 条记录，其 SQL 语句的语法格式如下：

```
create table test_truncate(
    id int(10) primary key auto_increment,
    name varchar(3)
);
insert into test_truncate(name) values ('张三'),('李四'),('王五'),('赵六');
```

在上述 SQL 语句执行成功后，使用 "select * from" 语句查询 test_truncate 表中目前存在的记录，执行结果如图 7-26 所示。

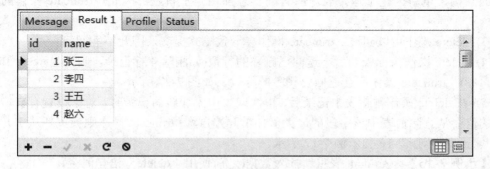

图 7-26　查询插入数据后 test_truncate 表中的所有记录

由图 7-26 可知，test_truncate 表中已经添加了 4 条记录，并且因为 id 字段设置了自增约束，所以该字段的值由数据库系统自动添加。

接下来，使用 "truncate" 语句删除该表中的所有记录，其 SQL 语句如示例 7-15 所示。

【示例 7-15】使用"truncate"语句删除全部记录。

```
truncate test_truncate;
```

执行结果如图 7-27 所示。

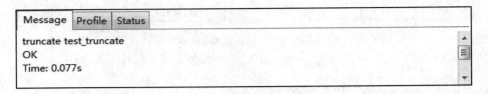

图 7-27　示例 7-15 运行效果图

在使用"truncate"语句删除全部记录的 SQL 语句执行成功后，使用"select * from"语句查询 test_truncate 表中所有存在的记录，执行结果如图 7-28 所示。

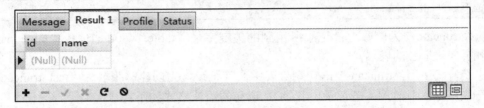

图 7-28　查询删除全部记录后 test_truncate 表中的所有记录

由图 7-28 和图 7-26 对比可知，test_truncate 表中的 4 条记录已经全部删除成功。

从最终的结果来看，虽然使用 truncate 操作(使用"truncate"语句)和 delete 操作(使用"delete"语句)都可以删除表中的全部记录，但是两者还是有很多区别的，其区别主要体现在以下几个方面：

(1) "delete"语句为数据操作语言(DML)；"truncate"语句为数据定义语言(DDL)。

(2) delete 操作是将表中所有记录一条一条地删除直到删除完；truncate 操作则是保留了表的结构，重新创建了这个表，所有的状态都相当于新表。因此，truncate 操作的效率更高。

(3) delete 操作可以回滚；truncate 操作会导致隐式提交，因此不能回滚。

(4) delete 操作执行成功后会返回已删除的行数(如删除 4 行记录，则会显示"Affected rows: 4")；truncate 操作不会返回已删除的行数，如图 7-27 所示。

(5) 在 delete 操作删除表中记录后，再次向表中添加新的记录时，对于设置有自增约束字段的值会从删除前表中该字段的最大值加 1 开始自增；truncate 操作则会重新从 1 开始自增。其分别如示例 7-16 和示例 7-17 所示。

【示例 7-16】为 student 表重新插入数据(之前使用"delete"语句清空)。

```
insert into student (stu_name, stu_age, stu_email)
    values ('张三', 18, 'zhangsan@163.com'),
         ('李四', 19, 'lisi@163.com');
```

执行结果如图 7-29 所示。

图 7-29　示例 7-16 运行效果图

在为 student 表中插入新数据的 SQL 语句执行成功后,使用"select * from"语句查询 student 表中所有存在的记录,执行结果如图 7-30 所示。

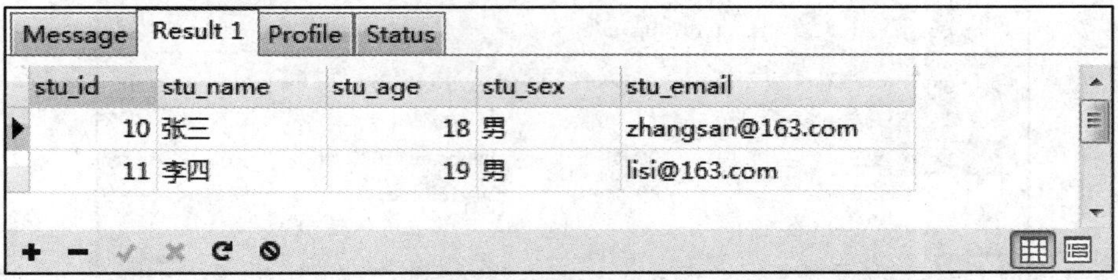

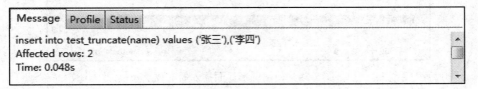

图 7-30　查询再次插入数据后 student 表中的所有记录

从图 7-30 中可知,自增字段"stu_id"的值是从 10 开始自增的(删除记录之前最大的 "stu_id"字段的值为 9)。

【示例 7-17】为 test_truncate 表重新插入数据(之前使用"truncate"语句清空)。

```
insert into test_truncate(name) values ('张三'),('李四');
```

执行结果如图 7-31 所示。

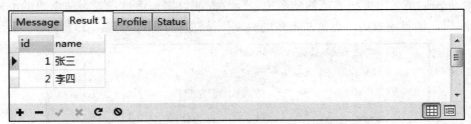

图 7-31　示例 7-17 运行效果图

在为 test_truncate 表中插入新数据的 SQL 语句执行成功后,使用"select * from"语句 查询 test_truncate 表中所有存在的记录,执行结果如图 7-32 所示。

图 7-32　查询再次插入数据后 test_truncate 表中的所有记录

从图 7-32 中可知,虽然自增字段"id"在删除记录之前最大值为 2,但是重新插入新 数据后字段的值还是从 1 开始自增的。

7.4　使用图形界面操作数据

使用图形界面来操作数据对于初学者而言非常简单，本节将会详细讲述如何使用 Navicat 软件来插入、更新和删除数据。下面以表 student 为例进行讲解，该表中目前只有两条记录，如图 7-30 所示。

(1) 首先，在图形界面的左侧列表中双击 student 这个表，之后会看到如图 7-33 所示的界面，该界面即为数据的编辑界面。

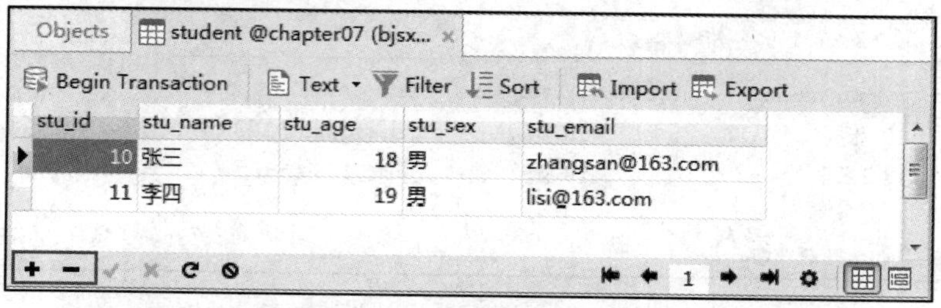

图 7-33　student 表数据的编辑界面

(2) 插入新的记录，如图 7-34 所示。在界面的左下角有两个按钮"+"和"−"，其中，"+"按钮表示插入记录，"−"按钮表示删除记录。

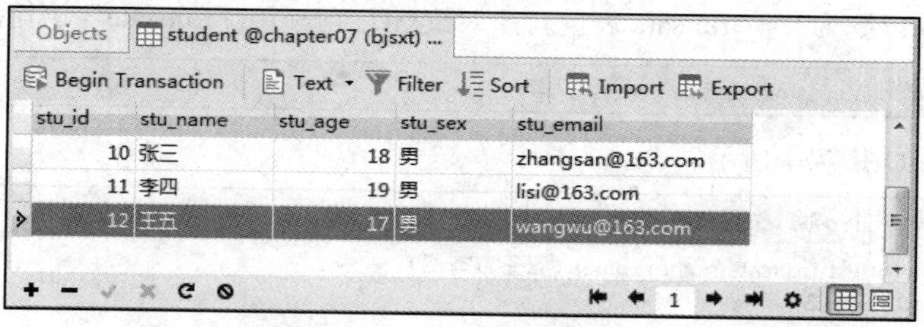

图 7-34　使用图形界面插入新的记录

在点击"+"按钮后，会新增一条空的记录，直接点击编辑框即可对每个字段的值进行编辑(由于"stu_id"字段设置了自增约束、"stu_sex"字段设置了默认值，因此这两个字段的值可以不编辑)，编辑完成后点击左下角的"√"按钮即可保存所编辑的内容。

(3) 更新记录。如果想要更新某条记录，只需要直接点击该记录对应字段的编辑框即可进行编辑，编辑完成后，点击左下角的"√"按钮进行保存即可，如图 7-35 所示。

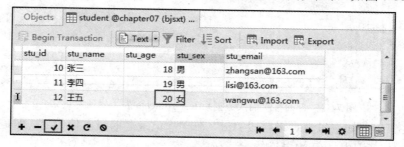

图 7-35　使用图形界面更新记录

(4) 删除记录。在删除某条记录时，首先要选中该记录，然后点击左下角的"–"按钮，在之后弹出的确认删除弹框中选择"Delete a Record"选项即可，如图 7-36 所示。

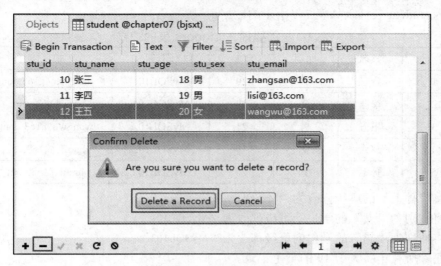

图 7-36　使用图形界面删除记录

本 章 小 结

本章主要介绍了数据操作语言(DML)，其中包括：用"insert"语句实现数据的插入，用"update"语句实现数据的更新，用"delete"语句实现数据的删除及使用图形化界面插入、更新和删除数据。重点介绍了几种方式的数据插入，其中包括为所有字段插入新的数据记录、为指定字段插入新的数据记录、使用"set"关键字为字段插入新的数据记录、为所有字段同时插入多条数据记录、为指定字段同时插入多条数据记录。本章需掌握使用 SQL 命令完成对数据的插入、修改和删除操作。

练 习 题

一、简答题

1. DML 是什么？它包括哪些操作？

2. truncate 操作与 delete 操作的区别有哪些？

二、上机题

1. 建立一张用来存储学生信息的 student 表，字段包括：学号、姓名、性别、年龄、班级、邮箱。具体要求如下：

(1) 学号为主键，并且从 1 开始自增；

(2) 姓名不能为空；

(3) 性别默认值为"男"；

(4) 邮箱唯一。

数据表创建成功后，进行以下操作：

(1) 为 student 表插入如表 7-1 所示的数据记录；

表 7-1　需要插入 student 表的记录

学号	姓名	性别	年龄	班级	邮　箱
1	张三	男	20	MySQL101	zhangsan@163.com
2	李四	女	18	MySQL101	lisi@163.com
3	王五	男	21	MySQL102	wangwu@163.com
4	赵六	女	19	MySQL102	zhaoliu@163.com
5	孙七	男	20	MySQL103	sunqi@163.com

(2) 将"孙七"的班级修改为"MySQL102"；

(3) 将性别为"女"的学生的班级都改为"MySQL101"；

(4) 将性别为"男"的学生的班级都改为"MySQL102"；

(5) 删除所有年龄大于 19 的学生记录。

2. 在上一题建立 student 表的基础上，练习使用 Navicat 软件的图形界面插入、更新和删除记录。

第八章　　单表查询操作

在上一章中我们已经讲解了如何在数据表中插入、更新和删除数据，而本章和下一章将要讲解一个更重要的操作，即数据表的查询操作。查询数据是指用户根据不同的需求、使用不同的查询方式在数据表中获取自己所需要的数据。它是数据库操作中最重要，也是使用最频繁的一种操作。查询数据需要使用数据查询语言(DQL)。其基本结构是使用 select 子句、from 子句和 where 子句的组合来查询一条或多条数据。

本章将讲解如何对 MySQL 数据库中的一张数据表中的数据进行查询操作，即单表查询操作。在讲解单表查询之前，先来创建一个新的数据库"chapter08"，在该数据库中创建一张名为"emp"的员工表，表中字段包括 empno(员工编号)、ename(员工姓名)、job(员工职位)、mgr(员工领导)、hiredate(员工入职日期)、sal(员工月薪)、comm(员工津贴)、deptno(员工部门编号)。创建表的 SQL 语句如示例 8-1 所示。

【示例 8-1】创建 emp 员工表。

```
create table emp(
    empno int(4) primary key,
    ename varchar(10),
    job varchar(9),
    mgr int(4),
    hiredate date,
    sal decimal(7,2),
    comm decimal(7,2),
    deptno int(2)
);
```

执行结果如图 8-1 所示。

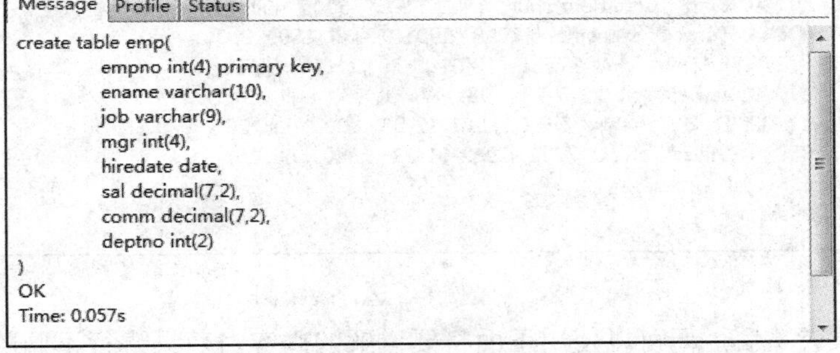

图 8-1　示例 8-1 运行效果图

在 emp 表创建成功后，使用第七章所学内容，在表中插入多条数据记录，其 SQL 语句如示例 8-2 所示。

【示例 8-2】为 emp 员工表同时插入多条数据。

```
insert into emp values
    (7369, 'Smith', 'clerk', 7902, '1980-12-17', 800, null, 20),
    (7499, 'Allen', 'salesman', 7698, '1981-02-20', 1600, 300, 30),
    (7521, 'Ward', 'salesman', 7698, '1981-02-22', 1250, 500, 30),
    (7566, 'Jones', 'manager', 7839, '1981-04-02', 2975, null, 20),
    (7654, 'Maritn', 'salesman', 7698, '1981-09-28', 1250, 1400, 30),
    (7698, 'Blake', 'manager', 7839, '1981-05-01', 2850, null, 30),
    (7782, 'Clark', 'manager', 7839, '1981-06-09', 2450, null, 10),
    (7788, 'Scott', 'analyst', 7566, '1987-04-19', 3000, null, 20),
    (7839, 'King', 'president', null, '1981-11-17', 5000, null, 10),
    (7844, 'Turner', 'salesman', 7698, '1981-09-08', 1500, 0, 30),
    (7876, 'Adams', 'clerk', 7788, '1987-05-23', 1100, null, 20),
    (7900, 'James', 'clerk', 7698, '1981-12-03', 950, null, 30),
    (7902, 'Ford', 'analyst', 7566, '1981-12-03', 3000, null, 20),
    (7934, 'Miller', 'clerk', 7782, '1982-01-23', 1300, null, 10);
```

执行结果如图 8-2 所示。

```
Message | Profile | Status

insert into emp values
        (7369, 'Smith', 'clerk', 7902, '1980-12-17', 800, null, 20),
        (7499, 'Allen', 'salesman', 7698, '1981-02-20', 1600, 300, 30),
        (7521, 'Ward', 'salesman', 7698, '1981-02-22', 1250, 500, 30),
        (7566, 'Jones', 'manager', 7839, '1981-04-02', 2975, null, 20),
        (7654, 'Maritn', 'salesman', 7698, '1981-09-28', 1250, 1400, 30),
        (7698, 'Blake', 'manager', 7839, '1981-05-01', 2850, null, 30),
        (7782, 'Clark', 'manager', 7839, '1981-06-09', 2450, null, 10),
        (7788, 'Scott', 'analyst', 7566, '1987-04-19', 3000, null, 20),
        (7839, 'King', 'president', null, '1981-11-17', 5000, null, 10),
        (7844, 'Turner', 'salesman', 7698, '1981-09-08', 1500, 0, 30),
        (7876, 'Adams', 'clerk', 7788, '1987-05-23', 1100, null, 20),
        (7900, 'James', 'clerk', 7698, '1981-12-03', 950, null, 30),
        (7902, 'Ford', 'analyst', 7566, '1981-12-03', 3000, null, 20),
        (7934, 'Miller', 'clerk', 7782, '1982-01-23', 1300, null, 10)
Affected rows: 14
Time: 0.009s
```

图 8-2　示例 8-2 运行效果图

在数据插入成功后，便可以使用下面将要讲解的内容对数据进行不同的查询操作，如简单查询、条件查询等。

8.1 简 单 查 询

简单查询通过“select”语句来实现，本节将讲解如何使用简单查询的 SQL 语法来实现一些查询操作：所有字段的查询、指定字段的查询、去除重复记录的查询、使用算术运算符的查询、使用字段别名的查询以及设置数据显示格式的查询。

8.1.1 所有字段的查询

查询所有字段的 SQL 语法有两种：指定所有字段和使用“*”通配符代替所有字段。

1. 指定所有字段

在查询所有字段时，需要在“select”语句中指定所有的字段名，其 SQL 语句的语法格式如下：

```
select column_name1, column_name2, …, column_namen from table_name;
```

其中，“select”为查询数据时必须使用的关键字；“column_name1，column_name2，…，column_namen”表示表中所有字段的名称，两个字段名之间使用“，”隔开；“table_name”表示要查询的表的名称。

下面使用上述 SQL 语法来查询 emp 表中所有字段的数据，其 SQL 语句如示例 8-3 所示。

【示例 8-3】指定所有字段名，查询表中所有字段的数据。

```
select empno, ename, job, mgr, hiredate, sal, comm, deptno from emp;
```

执行结果如图 8-3 所示。

Message　Result 1　Profile　Status

empno	ename	job	mgr	hiredate	sal	comm	deptno
7369	Smith	clerk	7902	1980-12-17	800	(Null)	20
7499	Allen	salesman	7698	1981-02-20	1600	300	30
7521	Ward	salesman	7698	1981-02-22	1250	500	30
7566	Jones	manager	7839	1981-04-02	2975	(Null)	20
7654	Maritn	salesman	7698	1981-09-28	1250	1400	30
7698	Blake	manager	7839	1981-05-01	2850	(Null)	30
7782	Clark	manager	7839	1981-06-09	2450	(Null)	10
7788	Scott	analyst	7566	1987-04-19	3000	(Null)	20
7839	King	president	(Null)	1981-11-17	5000	(Null)	10
7844	Turner	salesman	7698	1981-09-08	1500	0	30
7876	Adams	clerk	7788	1987-05-23	1100	(Null)	20
7900	James	clerk	7698	1981-12-03	950	(Null)	30
7902	Ford	analyst	7566	1981-12-03	3000	(Null)	20
7934	Miller	clerk	7782	1982-01-23	1300	(Null)	10

图 8-3　示例 8-3 运行效果图

从图 8-3 中可以看到，使用上述 SQL 语句已经实现了所有字段数据的查询。但是大家可能已经发现了，查询结果中显示的字段顺序就是表中字段的固定顺序。那能不能调整一下字段显示的顺序呢？答案是肯定的，因为 "select" 关键字后面字段列表中各字段的顺序就是查询结果显示的顺序。例如，将 hiredate 字段的顺序调整为最后一列显示，其 SQL 语句如示例 8-4 所示。

【示例 8-4】指定所有字段名，查询表中所有字段的数据并调整字段顺序。

```
select empno, ename, job, mgr, sal, comm, deptno, hiredate from emp;
```

执行结果如图 8-4 所示。

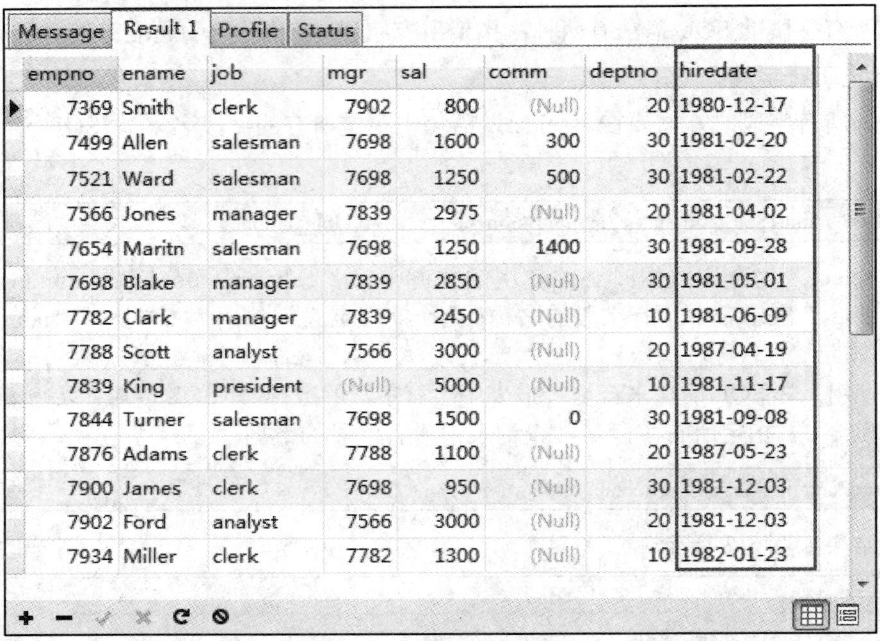

empno	ename	job	mgr	sal	comm	deptno	hiredate
7369	Smith	clerk	7902	800	(Null)	20	1980-12-17
7499	Allen	salesman	7698	1600	300	30	1981-02-20
7521	Ward	salesman	7698	1250	500	30	1981-02-22
7566	Jones	manager	7839	2975	(Null)	20	1981-04-02
7654	Maritn	salesman	7698	1250	1400	30	1981-09-28
7698	Blake	manager	7839	2850	(Null)	30	1981-05-01
7782	Clark	manager	7839	2450	(Null)	10	1981-06-09
7788	Scott	analyst	7566	3000	(Null)	20	1987-04-19
7839	King	president	(Null)	5000	(Null)	10	1981-11-17
7844	Turner	salesman	7698	1500	0	30	1981-09-08
7876	Adams	clerk	7788	1100	(Null)	20	1987-05-23
7900	James	clerk	7698	950	(Null)	30	1981-12-03
7902	Ford	analyst	7566	3000	(Null)	20	1981-12-03
7934	Miller	clerk	7782	1300	(Null)	10	1982-01-23

图 8-4   示例 8-4 运行效果图

从图 8-4 中可以看到，hiredate 字段已经在最后一列显示了。

注意：emp 表中 sal 和 comm 字段的数据类型为 decimal(7, 2)，所以这两个字段对应的数据应该保留两位小数，如数据 800 应该为 800.00，但是 Navicat 软件会自动隐藏掉末尾无意义的 0，所以显示的结果还是 800；如果使用 MySQL 自带的客户端查询，仍会显示为 800.00。

2. 使用 "*" 通配符代替所有字段

如果要查询所有字段的数据并且不需要调整查询结果中字段的显示顺序，那么使用上述的 SQL 语法来实现比较麻烦，因此 MySQL 提供了一种简单的方式来实现，即使用 "*" 通配符代替所有的字段，其 SQL 语法格式如下：

```
select * from table_name;
```

其中，"*" 为通配符，在此表示所有的字段。

下面使用上述的 SQL 语法来查询 emp 表中所有字段的数据，其 SQL 语句如示例 8-5 所示。

【示例 8-5】使用"*"通配符查询表中所有字段的数据。

```
select * from emp;
```

执行结果如图 8-5 所示。

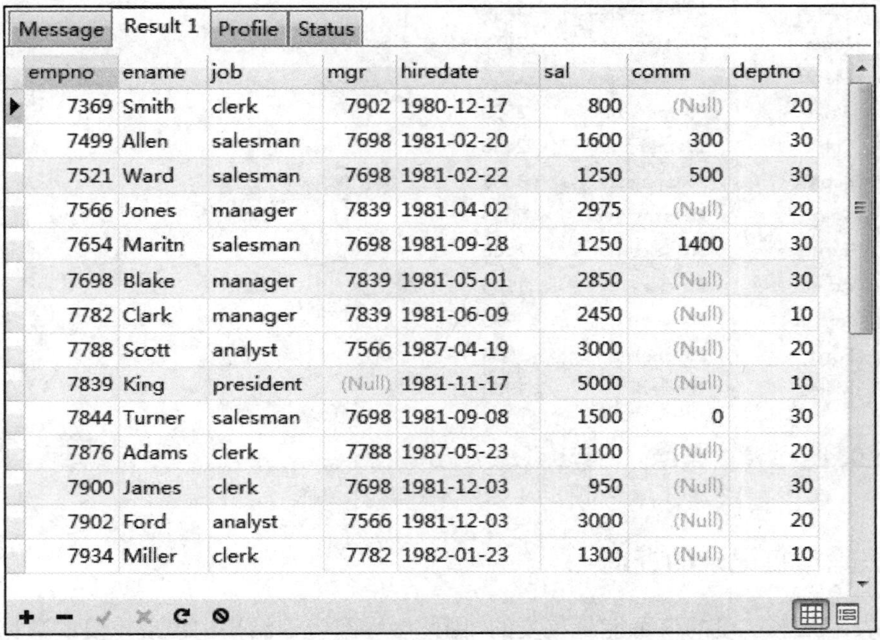

Message	Result 1	Profile	Status					
empno	ename	job	mgr	hiredate	sal	comm	deptno	
7369	Smith	clerk	7902	1980-12-17	800	(Null)	20	
7499	Allen	salesman	7698	1981-02-20	1600	300	30	
7521	Ward	salesman	7698	1981-02-22	1250	500	30	
7566	Jones	manager	7839	1981-04-02	2975	(Null)	20	
7654	Maritn	salesman	7698	1981-09-28	1250	1400	30	
7698	Blake	manager	7839	1981-05-01	2850	(Null)	30	
7782	Clark	manager	7839	1981-06-09	2450	(Null)	10	
7788	Scott	analyst	7566	1987-04-19	3000	(Null)	20	
7839	King	president	(Null)	1981-11-17	5000	(Null)	10	
7844	Turner	salesman	7698	1981-09-08	1500	0	30	
7876	Adams	clerk	7788	1987-05-23	1100	(Null)	20	
7900	James	clerk	7698	1981-12-03	950	(Null)	30	
7902	Ford	analyst	7566	1981-12-03	3000	(Null)	20	
7934	Miller	clerk	7782	1982-01-23	1300	(Null)	10	

图 8-5　示例 8-5 运行效果图

从图 8-5 中可以看到，使用"*"通配符的 SQL 语句确实可以实现所有字段数据的查询，但是这种方式显示的字段顺序与表中字段的固定顺序相同。

8.1.2　指定字段的查询

查询指定字段时，只需要在"select"关键字后面指定要查询的字段即可，字段指定的顺序就是查询结果中字段的显示顺序，其 SQL 语法如下：

```
select column_name1, column_name2, … from table_name;
```

下面使用上述的 SQL 语法来查询 emp 表中的"ename"、"deptno"、"job"以及"sal"四个字段的数据，其 SQL 语句如示例 8-6 所示。

【示例 8-6】查询表中指定字段的数据。

```
select ename, deptno, job, sal from emp;
```

执行结果如图 8-6 所示。

从图 8-6 中可以看到，查询结果中的字段与 SQL 语句中指定的字段相同，并且显示顺序与指定顺序一致。

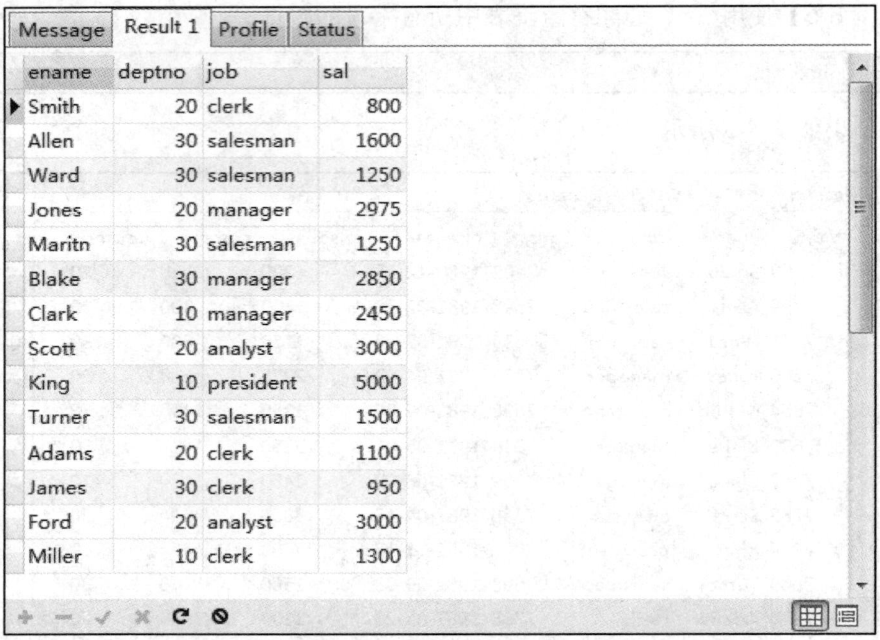

ename	deptno	job	sal
▶ Smith	20	clerk	800
Allen	30	salesman	1600
Ward	30	salesman	1250
Jones	20	manager	2975
Maritn	30	salesman	1250
Blake	30	manager	2850
Clark	10	manager	2450
Scott	20	analyst	3000
King	10	president	5000
Turner	30	salesman	1500
Adams	20	clerk	1100
James	30	clerk	950
Ford	20	analyst	3000
Miller	10	clerk	1300

图 8-6　示例 8-6 运行效果图

8.1.3　去除重复记录的查询

由于表中某些字段的值可能是重复的，因此会导致查询结果中出现重复的数据，如 emp 表中的 job 和 deptno 字段。如果现在的需求是查询 emp 表中共有几个部门，则使用查询 deptno 字段的 SQL 语句会出现许多重复的数据，如下所示：

```
select deptno from emp;
```

执行结果如图 8-7 所示。

从图 8-7 中可以看到，查询结果中确实存在多条重复的记录。如果原本的意图是只要查询 emp 表中共有几个部门(通过部门编号 deptno 来区分不同的部门)即可，那么就需要去除查询结果中重复的记录，这需要用到一个新的关键字"distinct"，其 SQL 语法如下：

```
select distinct column_name1, column_name2, …from table_name;
```

其中，"distinct"为去除查询结果中重复记录时使用的关键字；"column_name1, column_name2, …"表示要去除重复记录的字段名。

> **注意**：如果上述 SQL 语法中指定的字段只有一个，那么使用 distinct 关键字可以去除该字段的重复记录；如果指定的是多个字段，那么只有这多个字段的值都相同才能被认为是重复记录，从而被 distinct 关键字去除。

下面使用上述的 SQL 语法来查询 emp 表中的"deptno"字段并去除重复记录，其 SQL 语句如示例 8-7 所示。

【示例 8-7】使用"distinct"关键字去除重复记录："distinct"关键字作用于单个字段。

```
select distinct deptno from emp;
```

执行结果如图 8-8 所示。

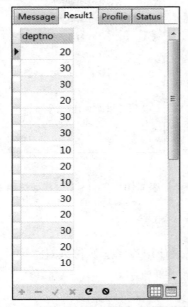

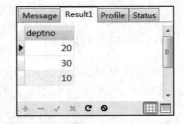

图 8-7　查询 deptno 字段运行效果图　　　　图 8-8　示例 8-7 运行效果图

由图 8-7 与图 8-8 对比可知，使用示例 8-7 中的 SQL 语句已经成功将"deptno"字段中的重复记录去除。

下面再演示一下"distinct"关键字作用于多个字段的情况：查询 emp 表中的"deptno"和"job"字段，并去除重复记录。此需求相当于要查询 emp 表中各个部门的职位有哪些。

首先只查询 emp 表中的"deptno"和"job"字段，并不去除重复记录，其 SQL 语法如下：

```
select deptno, job from emp
```

执行结果如图 8-9 所示，其中存在多条重复记录。

然后使用"distinct"关键字去除"deptno"和"job"字段的重复记录，其 SQL 语句如示例 8-8 所示。

【示例 8-8】使用"distinct"关键字去除重复记录："distinct"关键字作用于多个字段。

```
select distinct deptno, job from emp;
```

执行结果如图 8-10 所示。

由图 8-9 与图 8-10 对比可知，只有当"deptno"和"job"字段的值都相同时，重复记录才能被成功去除。

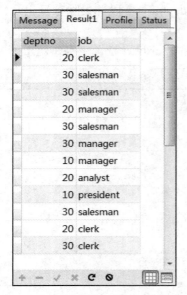

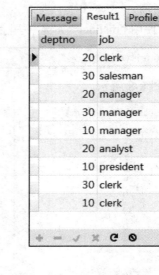

图 8-9　查询 deptno 和 job 字段运行效果图　　　图 8-10　示例 8-8 运行效果图

8.1.4　使用算术运算符的查询

　　MySQL 在查询数据时，有时会根据用户的需求使用算术运算符来对查询的数据进行一些简单的计算。MySQL 中支持的算术运算符如表 8-1 所示。

表 8-1　MySQL 支持的算术运算符一览表

运算符类型	作用
+	加法运算
−	减法运算
*	乘法运算
/(DIV)	除法运算
%(MOD)	求余运算

　　下面来实现这样一个需求：查询 emp 表中每个员工的年薪，并显示员工姓名、员工部门、员工职位以及员工年薪。

　　通过对上述需求的分析可知，查询 emp 表其实就是查询 emp 表中的“ename”、“deptno”、“job”以及“sal”字段，但是由于“sal”字段表示的是员工的月薪，因此需要使用算术运算符对该字段的值进行算术运算，具体 SQL 语句如示例 8-9 所示。

　　【示例 8-9】使用算术运算符查询年薪。

```
select ename, deptno, job, sal*12 from emp;
```

执行结果如图 8-11 所示。

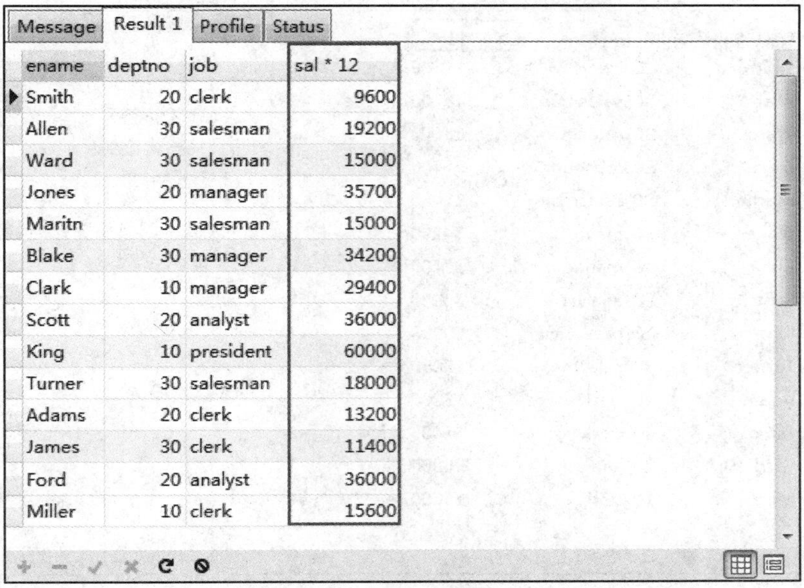

ename	deptno	job	sal * 12
Smith	20	clerk	9600
Allen	30	salesman	19200
Ward	30	salesman	15000
Jones	20	manager	35700
Maritn	30	salesman	15000
Blake	30	manager	34200
Clark	10	manager	29400
Scott	20	analyst	36000
King	10	president	60000
Turner	30	salesman	18000
Adams	20	clerk	13200
James	30	clerk	11400
Ford	20	analyst	36000
Miller	10	clerk	15600

图 8-11　示例 8-9 运行效果图

从图 8-11 中可以看到，查询结果中出现了“sal*12”字段，并且该字段对应的数值为月薪“sal”乘以 12 的计算结果，即年薪。

8.1.5　使用字段别名的查询

使用示例 8-9 中的 SQL 语句，虽然已经查询到了每个员工的年薪，但是显示的字段名却是“sal*12”，这对于用户来说非常不直观，所以 MySQL 还提供了一种使用字段别名的方式来修改显示结果中的字段名。使用字段别名来查询的 SQL 语法如下：

```
select column_name1 [as] othername1, column_name2 [as] othername2, … from table_name;
```

其中，“column_name1”和“column_name2”表示要查询的字段名；“as”为可选项，可有可无；“othername1”和“othername2”分别为字段“column_name1”和“column_name2”的别名。

下面使用上述的 SQL 语法来查询 emp 表中员工的年薪，并同时查询“ename”、“deptno”、“job”字段，为了方便用户查看，为“sal*12”设置字段别名“yearsal”。其 SQL 语句如示例 8-10 所示。

【示例 8-10】使用字段别名查询年薪。

```
select ename, deptno, job, sal*12 yearsal from emp;
```

执行结果如图 8-12 所示。

由图 8-12 与图 8-11 对比可知，之前显示的字段名“sal*12”在执行完示例 8-10 中的 SQL 语句后，显示的字段名变为了“yearsal”，而该字段对应的数据仍然是月薪乘以 12 的计算结果。

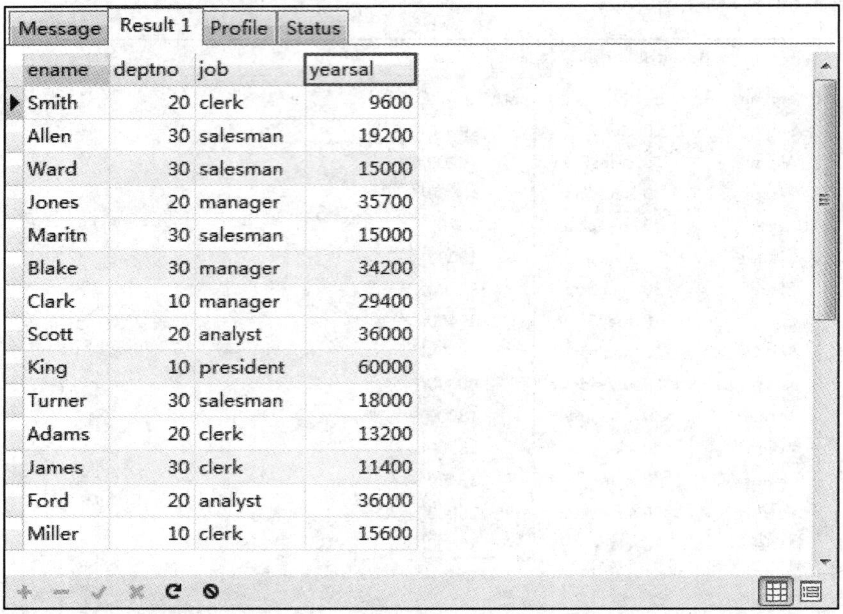

ename	deptno	job	yearsal
Smith	20	clerk	9600
Allen	30	salesman	19200
Ward	30	salesman	15000
Jones	20	manager	35700
Maritn	30	salesman	15000
Blake	30	manager	34200
Clark	10	manager	29400
Scott	20	analyst	36000
King	10	president	60000
Turner	30	salesman	18000
Adams	20	clerk	13200
James	30	clerk	11400
Ford	20	analyst	36000
Miller	10	clerk	15600

图 8-12　示例 8-10 运行效果图

注意：如果字段别名中包含空格或者特殊字符，需要使用单引号将字段别名引起来，即“select ename, deptno, job, sal*12 'yearsal&年薪' from emp;”。

8.1.6　设置数据显示格式的查询

为了更加方便地浏览 emp 表中员工的信息，还可以设置数据显示的格式。例如，在查询员工年薪时，要求按照“姓名：xxx，部门：xxx，职位：xxx，年薪：xxx”的格式显示，这就需要用到 concat()函数，其 SQL 语句如示例 8-11 所示。

注意：在 MySQL 中有两种字符串的拼接方式：使用“+”连接符和使用 concat()函数。

- 使用“+”连接符：MySQL 会尝试将“+”两端的字段值尝试转换为数值类型，如果转换失败则认为字段值为 0。例如，“select '1'+'23' num from emp”显示的数据为 24，转换成功；而“select 'abc'+'23' num from emp”显示的数据为 23，因为'abc'转换数值失败，所以字段值为 0。
- 在 MySQL 中进行字符串的拼接要使用 concat()函数，concat()函数支持一个或者多个参数，参数类型可以是字符串类型也可以是非字符串类型。对于非字符串类型的参数，MySQL 将尝试将其转化为字符串类型，concat()函数会将所有参数按照参数的顺序拼接成一个新字符串，并作为返回值。

【示例 8-11】设置数据显示格式的查询。

```
select concat('姓名：',ename, '，部门：', deptno, '，职位：', job, '，年薪：', sal*12) info from emp;
```

执行结果如图 8-13 所示。

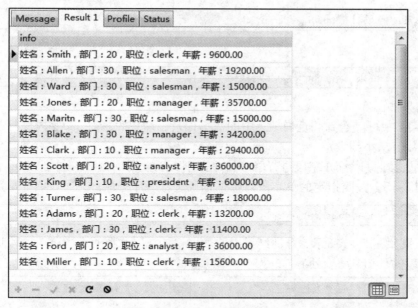

图 8-13　示例 8-11 运行效果图

从图 8-13 中可以看到，查询结果中数据的显示格式与在示例 8-11 中使用 concat()函数设置的格式相同，并且字段别名为"info"。

8.2　对查询结果排序

目前查询结果中数据记录显示的默认顺序是记录添加到表中的顺序，但是有些时候默认的显示顺序并不能满足用户的需要，这就需要对显示结果中的数据记录进行排序操作。在 MySQL 中使用"order by"子句按照指定的字段对数据记录进行排序，该指定字段可以是单字段，也可以是多字段。

8.2.1　按照指定的单字段排序

按照单字段对查询结果中的数据记录进行排序时，需要在"order by"子句后面指定一个字段，其 SQL 语法如下：

```
select column_name1, column_name2, … from table_name order by order_name [asc|desc];
```

其中，"column_name1"和"column_name2"表示要查询的字段名；"order_name"表示按照该字段进行排序；"asc"和"desc"分别表示升序和降序，如果没有指定排序规则，则默认是按照升序(asc)进行排序的。

下面使用上述的 SQL 语法来查询 emp 表中的"ename"、"hiredate"以及"sal"字段，并按照月薪"sal"字段对查询结果中的数据记录按照升序排序。其 SQL 语句如示例 8-12 所示。

【示例 8-12】按照指定的单字段对数据记录进行升序排序。

```
select ename, hiredate, sal from emp order by sal;
```

或者：

```
select ename, hiredate, sal from emp order by sal asc;
```

执行结果如图 8-14 所示。

从图 8-14 中可以看到，查询结果中的数据记录已经按照月薪 sal 字段进行了升序排序 (sal 字段的数值从小到大)。

如果想要按照月薪 sal 字段进行降序排序，则可以使用示例 8-13 中的 SQL 语句。

【示例 8-13】按照指定的单字段对数据记录进行降序排序。

```
select ename, hiredate, sal from emp order by desc;
```

执行结果如图 8-15 所示。查询结果中的数据记录已经按照月薪 "sal" 字段进行了降序排序 (sal 字段的数值从大到小)。

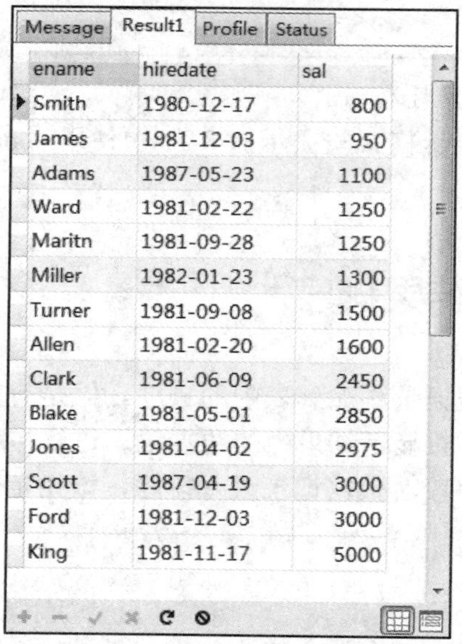

Message	Result1	Profile	Status
ename	hiredate		sal
Smith	1980-12-17		800
James	1981-12-03		950
Adams	1987-05-23		1100
Ward	1981-02-22		1250
Maritn	1981-09-28		1250
Miller	1982-01-23		1300
Turner	1981-09-08		1500
Allen	1981-02-20		1600
Clark	1981-06-09		2450
Blake	1981-05-01		2850
Jones	1981-04-02		2975
Scott	1987-04-19		3000
Ford	1981-12-03		3000
King	1981-11-17		5000

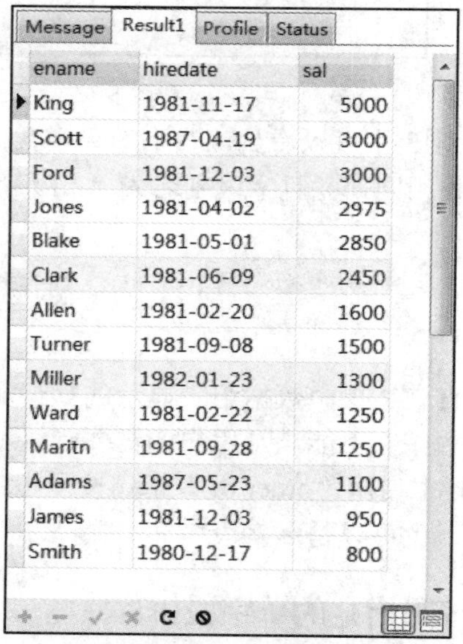 Message	Result1	Profile	Status
ename	hiredate		sal
King	1981-11-17		5000
Scott	1987-04-19		3000
Ford	1981-12-03		3000
Jones	1981-04-02		2975
Blake	1981-05-01		2850
Clark	1981-06-09		2450
Allen	1981-02-20		1600
Turner	1981-09-08		1500
Miller	1982-01-23		1300
Ward	1981-02-22		1250
Maritn	1981-09-28		1250
Adams	1987-05-23		1100
James	1981-12-03		950
Smith	1980-12-17		800

图 8-14　示例 8-12 运行效果图　　　　图 8-15　示例 8-13 运行效果图

注意：如果指定的排序字段的值为 Null，则会将该值作为最小值来处理。

8.2.2　按照指定的多字段排序

在上述示例中，虽然已经按照月薪 "sal" 字段的值进行了排序，但是仍然存在不同员工的月薪 "sal" 字段的值相同的情况，此时可以再指定一个字段，让月薪 sal 字段的值相同的记录按照该字段再次进行排序，这就是本节要讲述的按照指定的多字段排序。

按照多字段对查询结果中的数据记录进行排序时，需要在 "order by" 子句后面指定多个字段，其 SQL 语法如下：

```
select column_name1, column_name2, …from table_name order by order_name1 [asc|desc], order_name2
[asc|desc], … ;
```

其中，"order_name1"表示查询结果首先按照该字段进行排序，即第一个排序字段；"order_name2"表示在按照第一个字段排序时，如果遇到值相同的记录，则按照该字段进行排序，即第二个排序字段。以此类推，每个字段需要单独指定排序规则(升序或者降序)。

下面使用上述的 SQL 语法来查询 emp 表中的"ename"、"hiredate"以及"sal"字段，并按照月薪"sal"字段对查询结果中的数据记录按照升序排序；如果月薪 sal 字段的值相同，则按照入职日期 hiredate 字段进行降序排列。其 SQL 语句如示例 8-14 所示。

【示例 8-14】按照指定的多字段对数据记录进行排序。

```
select ename, hiredate, sal from emp order by sal, hiredate desc;
```

或者：

```
select ename, hiredate, sal from emp order by sal asc, hiredate desc;
```

执行结果如图 8-16 所示。

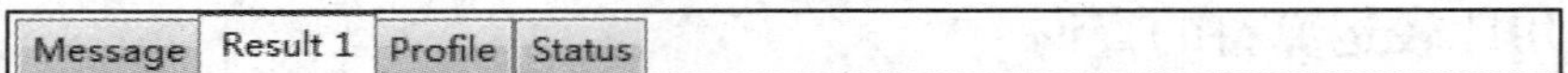

Message	Result 1	Profile	Status

ename	hiredate	sal
Smith	1980-12-17	800
James	1981-12-03	950
Adams	1987-05-23	1100
Maritn	1981-09-28	1250
Ward	1981-02-22	1250
Miller	1982-01-23	1300
Turner	1981-09-08	1500
Allen	1981-02-20	1600
Clark	1981-06-09	2450
Blake	1981-05-01	2850
Jones	1981-04-02	2975
Scott	1987-04-19	3000
Ford	1981-12-03	3000
King	1981-11-17	5000

图 8-16　示例 8-14 运行效果图

从图 8-16 中可以看到，查询结果中的数据记录不但按照月薪 sal 字段的值进行了升序排序，而且在 sal 字段的值相同时，按照 hiredate 字段的值进行了降序排序。

注意：对查询结果进行排序操作时，可以使用字段别名，如对 emp 表中的记录按照年薪进行降序排序的 SQL 语句为："select ename, sal*12 yearsal from emp order by yearsal desc;"

8.3　条　件　查　询

在前面讲解的简单查询中，只能查询表中所有记录的指定字段，但是在实际开发中，表中记录的数量可能非常庞大，用户根本不需要查询所有的记录，而是只需要查询满足一定条件的部分记录即可。此时就需要使用"where"子句在"select"语句中指定查询条件，从而对查询结果进行过滤。

条件查询需要在"where"子句中指定查询条件，其 SQL 语法如下：

```
select column_name1, column_name2, …from table_name where where_condition;
```

其中，"where where_condition"为 where 子句，用来指定查询条件，"where_condition"就是指定的查询条件。

条件查询的实现形式多种多样，可以在 where 子句中使用比较运算符、between and、in、is null、like、and、or 等来指定查询条件。下面将一一讲解这些实现方式。

8.3.1　使用比较运算符的查询

MySQL 可以在 where 子句中使用比较运算符来达到指定查询条件的目的，如表 8-2 所示为 MySQL 中支持的比较运算符。

表 8-2　MySQL 支持的比较运算符一览表

运算符类型	作用	运算符类型	作用
>	大于	=	等于
<	小于	<>	不等于
>=	大于等于	!=	不等于
<=	小于等于		

其中，"<>"和"!="均表示不等于。

下面在查询条件中使用比较运算符"="来实现如下需求：查询 emp 表中部门编号"deptno"字段的值为 30 的所有员工的信息，其 SQL 语句如示例 8-15 所示。

【示例 8-15】使用比较运算符"="的条件查询。

```
select * from emp where deptno=30;
```

执行结果如图 8-17 所示。

从图 8-17 中可以看到，查询结果中数据记录共有 6 条，并且每一条记录的"deptno"字段的值均为 30，其他不满足条件的记录均未显示。

下面再以比较运算符">="为例来实现如下需求：查询 emp 表中月薪"sal"字段的值大于等于 3000 的所有员工的信息，并按照"sal"字段降序排列，其 SQL 语句如示例 8-16 所示。

	empno	ename	job	mgr	hiredate	sal	comm	deptno
▶	7499	Allen	salesman	7698	1981-02-20	1600	300	30
	7521	Ward	salesman	7698	1981-02-22	1250	500	30
	7654	Maritn	salesman	7698	1981-09-28	1250	1400	30
	7698	Blake	manager	7839	1981-05-01	2850	(Null)	30
	7844	Turner	salesman	7698	1981-09-08	1500	0	30
	7900	James	clerk	7698	1981-12-03	950	(Null)	30

图 8-17　示例 8-15 运行效果图

【示例 8-16】 使用比较运算符 ">=" 的条件查询。

```
select * from emp where sal>=3000 order by sal desc;
```

执行结果如图 8-18 所示。

	empno	ename	job	mgr	hiredate	sal	comm	deptno
▶	7839	King	president	(Null)	1981-11-17	5000	(Null)	10
	7788	Scott	analyst	7566	1987-04-19	3000	(Null)	20
	7902	Ford	analyst	7566	1981-12-03	3000	(Null)	20

图 8-18　示例 8-16 运行效果图

从图 8-18 中可以看到，查询结果中数据记录共有 3 条，并且每一条记录的月薪 "sal" 字段的值均满足大于等于 3000 这个条件，并且记录已经按照 "sal" 字段进行了降序排列。

在 MySQL 中不仅数值类型的数据可以使用比较运算符，日期和字符串类型的数据也可以，但是日期和字符串数据需要使用单引号引起来。

需要注意的是，MySQL 在默认情况下对于查询条件中的字符串并不区分大小写，即对字符串大小写不敏感，如示例 8-17 所示。

【示例 8-17】 使用比较运算符 "=" 比较字符串的条件查询(不区分大小写)。

```
select * from emp where ename='smith';
```

或者：

```
select * from emp where ename='SMITH';
```

执行结果如图 8-19 所示。

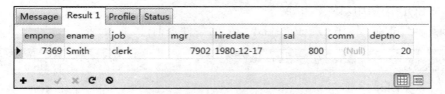

	empno	ename	job	mgr	hiredate	sal	comm	deptno
▶	7369	Smith	clerk	7902	1980-12-17	800	(Null)	20

图 8-19　示例 8-17 运行效果图

从图 8-19 中可以看到,不管查询条件指定的是"ename='smith'"还是"ename='SMITH'",均能查询到"ename"为"Smith"的这条记录,因为 MySQL 默认是不区分大小写的。但是也可以通过"binary"关键字来实现大小写的区分,如示例 8-18 所示。

【示例 8-18】使用比较运算符"="比较字符串的条件查询(区分大小写)。

```
select * from emp where binary ename='smith';
```

或者:

```
select * from emp where binary ename='SMITH';
```

执行结果如图 8-20 所示。

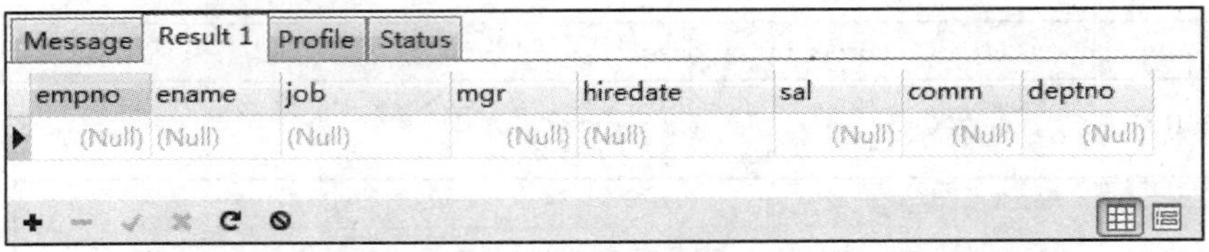

Message	Result 1	Profile	Status				
empno	ename	job	mgr	hiredate	sal	comm	deptno
(Null)	(Null)	(Null)	(Null)	(Null)	(Null)	(Null)	(Null)

图 8-20　示例 8-18 运行效果图

从图 8-20 中可以看到,不管查询条件指定的是"ename='smith'"还是"ename='SMITH'",查询结果均为 Null,因为当使用"binaty"关键字后,字符串是区分大小写的,此时只有当查询条件为"ename='Smith'"时,才会查询到"ename"为"Smith"的这条记录。

8.3.2　使用"[not] between … and …. "的范围查询

MySQL 可以在 where 子句中使用"between … and …"来实现判断某个字段的值是否在指定范围内的条件查询,如果某条记录指定字段的值在指定范围内,则说明该记录满足条件,将会在查询结果中显示出来。

使用"between … and …"的条件查询需要在 where 子句中指定查询的范围,其 SQL 语法如下:

```
select column_name1, column_name2, …from table_name where column_name [not] between value1 and
value2;
```

其中,"column_name"为指定要进行判断的字段名;"between value1 and value2"表示字段的值在 value1 和 value2 之间(包括 value1 和 value2);"not"为可选项,如果使用了"not",则查询的是指定范围之外的所有记录。

下面使用上述 SQL 语法来查询 emp 表中月薪"sal"字段的值在 1500~3000 之间的员工信息。其 SQL 语句如示例 8-19 所示。

【示例 8-19】使用"between … and …"的条件查询。

```
select * from emp where sal between 1500 and 3000;
```

执行结果如图 8-21 所示。

从图 8-21 中可以看到,满足月薪"sal"字段的值在 1500~3000 之间(包括 1500 和 3000)

这个条件的记录(共 7 条)均被查找出来。如果想要查询月薪 sal 字段的值不在 1500～3000 这个范围内的所有记录，需要使用"not"关键字，如示例 8-20 所示。

Message	Result 1	Profile	Status					
empno	ename	job	mgr	hiredate	sal	comm	deptno	
▶ 7499	Allen	salesman	7698	1981-02-20	1600	300	30	
7566	Jones	manager	7839	1981-04-02	2975	(Null)	20	
7698	Blake	manager	7839	1981-05-01	2850	(Null)	30	
7782	Clark	manager	7839	1981-06-09	2450	(Null)	10	
7788	Scott	analyst	7566	1987-04-19	3000	(Null)	20	
7844	Turner	salesman	7698	1981-09-08	1500	0	30	
7902	Ford	analyst	7566	1981-12-03	3000	(Null)	20	

图 8-21　示例 8-19 运行效果图

【示例 8-20】使用"not between … and …"的条件查询。

```
select * from emp where sal not between 1500 and 3000;
```

执行结果如图 8-22 所示。

Message	Result 1	Profile	Status					
empno	ename	job	mgr	hiredate	sal	comm	deptno	
▶ 7369	Smith	clerk	7902	1980-12-17	800	(Null)	20	
7521	Ward	salesman	7698	1981-02-22	1250	500	30	
7654	Maritn	salesman	7698	1981-09-28	1250	1400	30	
7839	King	president	(Null)	1981-11-17	5000	(Null)	10	
7876	Adams	clerk	7788	1987-05-23	1100	(Null)	20	
7900	James	clerk	7698	1981-12-03	950	(Null)	30	
7934	Miller	clerk	7782	1982-01-23	1300	(Null)	10	

图 8-22　示例 8-20 运行效果图

从图 8-22 中可以看到，月薪"sal"字段的值不在 1500～3000 这个范围内的所有记录(共 7 条)已经被查询出来。

8.3.3　使用"[not] in"的指定集合查询

在 MySQL 中，不仅可以在 where 子句中使用"between … and …"来判断某个字段的值是否在指定范围内，还可以使用"in"关键字来判断某个字段的值是否在某个指定的集合内，如果某条记录指定字段的值在指定的集合内，则说明该记录满足条件，将会在查询结果中显示出来。

使用"in"关键字的条件查询需要在 where 子句中指定查询的集合，其 SQL 语法如下：

```
select column_name1, column_name2, …from table_name where column_name [not] in (value1, value2, …);
```

其中，"column_name"为指定要进行判断的字段名；"in (value1, value2, …)"用来判断

字段的值是否在(value1, value2, …)这个集合中；"not"为可选项，如果使用了"not"，则查询的是指定集合之外的所有记录。

下面使用上述 SQL 语法来查询 emp 表中员工姓名 ename 字段的值为"King"、"Smith"、"Scott"、"Miller"的员工信息。其 SQL 语句如示例 8-21 所示。

【示例 8-21】使用"in"的条件查询。

```
select * from emp where ename in ('King', 'Smith', 'Scott', 'Miller');
```

执行结果如图 8-23 所示。

empno	ename	job	mgr	hiredate	sal	comm	deptno
7369	Smith	clerk	7902	1980-12-17	800	(Null)	20
7788	Scott	analyst	7566	1987-04-19	3000	(Null)	20
7839	King	president	(Null)	1981-11-17	5000	(Null)	10
7934	Miller	clerk	7782	1982-01-23	1300	(Null)	10

图 8-23　示例 8-21 运行效果图

从图 8-23 中可以看到，"ename"字段的值在（"King"，"Smith"，"Scott"，"Miller"）这个集合中的记录(共 4 条)均被查找出来。如果想要查询 ename 字段的值在此集合之外的所有记录，需要使用"not"关键字，如示例 8-22 所示。

【示例 8-22】使用"not in"的条件查询。

```
select * from emp where ename not in ('King', 'Smith', 'Scott', 'Miller');
```

执行结果如图 8-24 所示。

empno	ename	job	mgr	hiredate	sal	comm	deptno
7499	Allen	salesman	7698	1981-02-20	1600	300	30
7521	Ward	salesman	7698	1981-02-22	1250	500	30
7566	Jones	manager	7839	1981-04-02	2975	(Null)	20
7654	Maritn	salesman	7698	1981-09-28	1250	1400	30
7698	Blake	manager	7839	1981-05-01	2850	(Null)	30
7782	Clark	manager	7839	1981-06-09	2450	(Null)	10
7844	Turner	salesman	7698	1981-09-08	1500	0	30
7876	Adams	clerk	7788	1987-05-23	1100	(Null)	20
7900	James	clerk	7698	1981-12-03	950	(Null)	30
7902	Ford	analyst	7566	1981-12-03	3000	(Null)	20

图 8-24　示例 8-22 运行效果图

从图 8-24 中可以看到，ename 字段的值不在('King', 'Smith', 'Scott', 'Miller')这个集合中的记录(共 10 条)已经被查询出来。

8.3.4　使用"is [not] null"的空值查询

在 MySQL 中，可以在 where 子句中使用"is null"来判断某个字段的值是否为空(空值为 Null，并不是 0 或者空字符串)，如果某条记录指定字段的值为空，则说明该记录满足条件，将会在查询结果中显示出来。

使用"is null"的条件查询的 SQL 语法如下：

```
select column_name1, column_name2, … from table_name where column_name is [not] null;
```

其中，"column_name"为指定要进行判断的字段名；"is null"用来判断字段的值是否为空；"not"为可选项，如果使用了"not"，则查询的是字段的值不为空的所有记录。

下面使用上述 SQL 语法来查询 emp 表中员工津贴"comm"字段的值为"Null"的员工信息。其 SQL 语句如示例 8-23 所示。

【示例 8-23】使用"is null"的条件查询。

```
select * from emp where comm is null;
```

执行结果如图 8-25 所示。

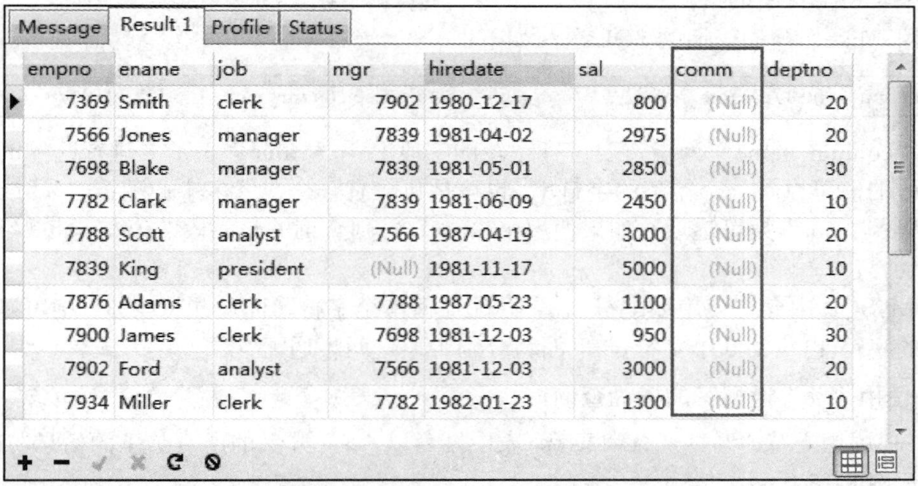

empno	ename	job	mgr	hiredate	sal	comm	deptno
7369	Smith	clerk	7902	1980-12-17	800	(Null)	20
7566	Jones	manager	7839	1981-04-02	2975	(Null)	20
7698	Blake	manager	7839	1981-05-01	2850	(Null)	30
7782	Clark	manager	7839	1981-06-09	2450	(Null)	10
7788	Scott	analyst	7566	1987-04-19	3000	(Null)	20
7839	King	president	(Null)	1981-11-17	5000	(Null)	10
7876	Adams	clerk	7788	1987-05-23	1100	(Null)	20
7900	James	clerk	7698	1981-12-03	950	(Null)	30
7902	Ford	analyst	7566	1981-12-03	3000	(Null)	20
7934	Miller	clerk	7782	1982-01-23	1300	(Null)	10

图 8-25　示例 8-23 运行效果图

从图 8-25 中可以看到，"comm"字段的值为 Null 的记录(共 10 条)均被查找出来。如果想要查询"comm"字段的值不为空的所有记录，则需要使用"not"关键字，如示例 8-24 所示。

【示例 8-24】使用"is not null"的条件查询。

```
select * from emp where comm is not null;
```

执行结果如图 8-26 所示。

从图 8-26 中可以看到，"comm"字段的值不为空的记录(共 4 条)均被查找出来，其中包括"comm"字段的值为 0 的记录(0 并不是空值)。

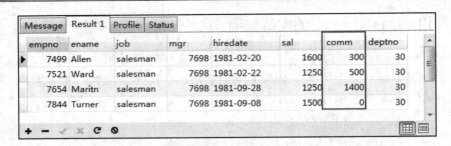

图 8-26　示例 8-24 运行效果图

8.3.5　使用"[not] like"的模糊查询

在 where 子句后面可以使用比较运算符"="来判断两个字符串是否相等，但是这种条件查询的前提是用户必须知道查询条件中要查询的字段的值是什么，例如，要根据姓名查询某个员工的信息，那么就必须知道该员工的姓名。但是在很多情况下，这种操作并不能满足我们的需求，例如，要查询姓名以"S"开头的所有员工的信息或者姓名中包含"S"的员工信息，此时使用"="来比较字符串已经不能实现上述功能，所以 MySQL 提供了"like"关键字来实现字符串的模糊查询。

使用"like"模糊查询的 SQL 语法如下：

```
select column_name1, column_name2, … from table_name where column_name [not] like value;
```

其中，"column_name"为指定要进行比较的字段名；"value"表示要进行匹配的字符串值，value 的值可以是一个完整的字符串，也可是包含有一个或者多个通配符("%"或者"_")的字符串；"not"为可选项，如果使用了"not"，则查询的是字段的值与 value 不匹配的所有记录。

在 MySQL 中允许使用通配符"_"匹配任何单个字符，而通配符"%"则可以匹配任意长度的字符(也包括 0 个字符)。下面将分别讲述这两种通配符的使用方式。

1．使用"%"通配符的模糊查询

(1) 使用通配符"%"来查询 emp 表中姓名以"S"开头的所有员工的信息。其 SQL 语句如示例 8-25 所示。

【示例 8-25】 使用"like"的模糊查询："ename"字段的值以"S"开头。

```
select * from emp where ename like 'S%';
```

执行结果如图 8-27 所示。

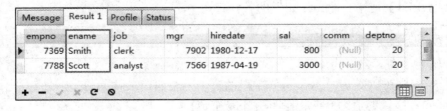

图 8-27　示例 8-25 运行效果图

从图 8-27 中可以看到，"ename"字段的值以字符"S"开头的记录已经被查找出来。示例 8-25 中的"S%"表示的含义是该字符串以"S"开头，S 后面可以有 0 个、1 个或者多个字符。由于默认情况下 MySQL 对字段的值不区分大小写，所以"S%"也可以替换成"s%"。

(2) 使用通配符"%"来查询 emp 表中姓名以"S"结尾的所有员工的信息。其 SQL语句如示例 8-26 所示。

【示例 8-26】使用"like"的模糊查询："ename"字段的值以"S"结尾。

```
select * from emp where ename like '%S';
```

执行结果如图 8-28 所示。

图 8-28　示例 8-26 运行效果图

从图 8-28 中可以看到，"ename"字段的值以字符"S"结尾的记录已经被查找出来。示例 8-26 中的"%S"表示的含义是该字符串最后一个字符为"S"，S 前面可以有 0 个、1个或者多个字符。

(3) 使用通配符"%"来查询 emp 表中姓名包含字符"S"的所有员工的信息。其 SQL语句如示例 8-27 所示。

【示例 8-27】使用"like"的模糊查询："ename"字段的值中包含"S"。

```
select * from emp where ename like '%S%';
```

执行结果如图 8-29 所示。

图 8-29　示例 8-27 运行效果图

从图 8-29 中可以看到，ename 字段的值中包含字符"S"的记录已经被查找出来(共 5条)。示例 8-27 中的"%S%"表示的含义是该字符串中有一个字符"S"，S 前面和后面均可以有 0 个、1 个或者多个字符。

2. 使用"_"通配符的模糊查询

由于通配符"_"只能匹配一个字符，因此如果要使用"_"匹配多个字符，需要连续

使用多个 "_"。例如，字符串 "sx_" 只能匹配长度为 3 的字符串，如 "sxt"；而字符串 "_sx_" 匹配的是长度为 5 的字符串，并且该字符串的第三个和第四个字符分别是 "s" 和 "x"，如 "bjsxt"，注意多个连续的 "_" 之间没有空格及其他的任何字符。

下面使用通配符 "_" 来查询 emp 表中姓名的第二个字符是 "L" 的所有员工的信息。其 SQL 语句如示例 8-28 所示。

【示例 8-28】使用 "like" 的模糊查询：ename 字段的值的第二个字符是 "L"。

```
select * from emp where ename like '_L%';
```

执行结果如图 8-30 所示。

图 8-30　示例 8-28 运行效果图

从图 8-30 中可以看到，ename 字段的值的第二个字符为 "L" 的记录已经被查找出来。示例 8-28 中的 "_L%" 表示的含义是该字符串第二个字符为 "L"，L 前面只有一个字符，而 L 后面可以有 0 个、1 个或者多个字符。

3. 使用 "not like" 的模糊查询

如果在 "like" 关键字的前面使用了 "not"，则查询的是字段的值与要进行匹配的字符串不匹配的所有记录。下面使用 "not like" 来查询 emp 表中姓名不包含字符 "S" 的所有员工的信息。其 SQL 语句如示例 8-29 所示。

【示例 8-29】使用 "not like" 的模糊查询："ename" 字段的值中不包含字符 "S"。

```
select * from emp where ename not like '%S%';
```

执行结果如图 8-31 所示。

图 8-31　示例 8-29 运行效果图

从图 8-31 中可以看到，"ename"字段的值中不包含字符"S"的记录已经被查找出来（共 9 条）。大家可以对比示例 8-27 及其运行结果来理解"not like"的用法。

> **注意**：由于通配符"%"与"_"在通配符字符串中有特殊的含义，因此如果想要与字符"%"或者"_"进行匹配(此处指的是字符而不是通配符)，就需要用到下面两种方式：
> ● 使用反斜线"\"对"%"或者"_"进行转义。例如，查询 emp 表中姓名包含字符"_"的所有员工信息的 SQL 语句为："select * from emp where ename like '%_%';"。
> ● 使用其他字符对"%"或者"_"进行转义。这种方式必须配合"escape"关键字使用。比如，查询 emp 表中姓名包含字符"_"的所有员工信息的 SQL 语句为："select * from emp where ename like '%a_%' escape 'a';"，其中，字符"a"就充当了第一种方式中反斜线的作用。

8.3.6　使用"and"的多条件查询

前面讲述的条件查询的 where 子句中只有一个查询条件，但有时候仅仅指定一个查询条件并不能满足用户的需求，所以在 MySQL 中还可以指定多个查询条件。

将多个查询条件使用"and"关键字连接起来，就表示只有满足所有查询条件的记录才能被查询出来。使用"and"关键字的 SQL 语法如下：

```
select column_name1, column_name2, … from table_name where where_condition1 and where_condition2 [and where_condition3 …];
```

其中，"where_condition1"、"where_condition2"和"where_condition3"为指定的多个查询条件，不同的查询条件之间使用 and 连接。

下面使用上述 SQL 语法来查询 emp 表中员工部门"deptno"字段的值为 20 并且职位 job 字段为"clerk"的所有员工信息。其 SQL 语句如示例 8-30 所示。

【示例 8-30】 使用"and"的多条件查询。

```
select * from emp where deptno=20 and job='clerk';
```

执行结果如图 8-32 所示。

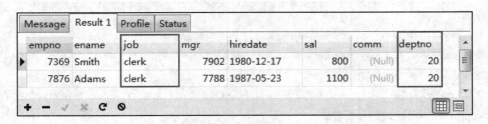

图 8-32　示例 8-30 运行效果图

从图 8-32 中可以看到，查询结果中记录的"deptno"字段的值均为 20，并且 job 字段的值均为"clerk"。也就是说，只有当 where 子句中的所有条件都同时满足时，才是符合要求的记录。

8.3.7　使用"or"的多条件查询

在 MySQL 中还有一个关键字可以将多个查询条件连接起来，这个关键字就是"or"。将多个查询条件使用"or"关键字连接起来，表示只要满足其中任意一个条件，记录就能被查询出来。使用"or"关键字的 SQL 语法如下：

```
select column_name1, column_name2, … from table_name where where_condition1 or where_condition2 [or
where_condition3 …];
```

下面使用上述 SQL 语法来查询 emp 表中员工部门"deptno"字段的值为 20 或者职位"job"字段为"clerk"的所有员工信息。其 SQL 语句如示例 8-31 所示。

【示例 8-31】使用"or"的多条件查询。

```
select * from emp where deptno=20 or job='clerk';
```

执行结果如图 8-33 所示。

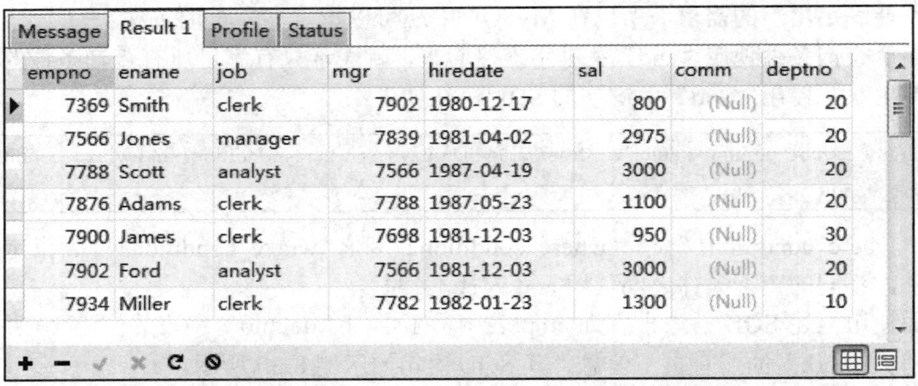

Message	Result 1	Profile	Status					
empno	ename	job	mgr	hiredate	sal	comm	deptno	
7369	Smith	clerk	7902	1980-12-17	800	(Null)	20	
7566	Jones	manager	7839	1981-04-02	2975	(Null)	20	
7788	Scott	analyst	7566	1987-04-19	3000	(Null)	20	
7876	Adams	clerk	7788	1987-05-23	1100	(Null)	20	
7900	James	clerk	7698	1981-12-03	950	(Null)	30	
7902	Ford	analyst	7566	1981-12-03	3000	(Null)	20	
7934	Miller	clerk	7782	1982-01-23	1300	(Null)	10	

图 8-33　示例 8-31 运行效果图

从图 8-33 中可以看到，查询结果中记录的"deptno"字段的值为 20，或者"job"字段的值为"clerk"。也就是说，只要能够满足 where 子句中的任意一个条件，那就是符合要求的记录。

注意：
● "and"和"or"都是逻辑运算符。
● "and"与"&&"等价。如示例 8-30 中的 SQL 语句等价于"select * from emp where deptno=20 && job='clerk';"。
● "or"与"||"等价。如示例 8-31 中的 SQL 语句等价于"select * from emp where deptno=20 || job='clerk';"。

8.4　限　制　查　询

在实际开发中，表中记录的数据量通常非常庞大，从而导致查询结果中的记录过多，如果全部显示则不太符合实际需求，此时可以通过 MySQL 提供的限制查询来限制查询结果中显示记录的数目。

限制查询所使用的关键字为"limit"，在该关键字后可以指定查询结果中显示记录的初始位置和记录显示的行数。其 SQL 语法如下：

```
select column_name1, column_name2, ...
from table_name
where where_condition
limit [start_index,] row_count;
```

其中，"start_index"为可选项，表示显示记录的初始位置；"row_count"表示记录显示的行数。

从上述 SQL 语句中便可得知，在限制查询中对于显示记录的初始位置既可以指定，也可以不指定，下面就针对这两种方式进行讲解。

8.4.1　不指定初始位置的限制查询

在不指定初始位置的限制查询中，查询结果中的记录会默认从满足条件的第一条记录开始显示，即"start_index"参数的值默认为 0(第一条记录对应的位置为 0，而不是 1)。

使用上述 SQL 语法来查询 emp 表中月薪"sal"字段的值小于 3000 的员工信息，并限制只显示前 3 条记录。其 SQL 语句如示例 8-32 所示。

【示例 8-32】不指定初始位置的限制查询。

```
select * from emp where sal<3000 limit 3;
```

执行结果如图 8-34 所示。

Message	Result 1	Profile	Status					
empno	ename	job	mgr	hiredate	sal	comm	deptno	
7369	Smith	clerk	7902	1980-12-17	800	(Null)	20	
7499	Allen	salesman	7698	1981-02-20	1600	300	30	
7521	Ward	salesman	7698	1981-02-22	1250	500	30	

图 8-34　示例 8-32 运行效果图

从图 8-34 中可以看到，查询结果中只有 3 条记录。emp 表中满足"sal<3000"这个条件的记录共有 11 条，但是使用"limit"关键字后限制了显示记录的数目为 3，并且是从满足条件的第一条记录开始显示的。

8.4.2　指定初始位置的限制查询

在指定初始位置的限制查询中，需要指定"start_index"参数的值。如果指定的"start_index"为 0，则表示从第一条记录开始显示(此时，与 8.4.1 节中讲解的限制查询结果相同)；如果指定的"start_index"为 1，则表示从第二条记录开始显示，以此类推。

下面来查询 emp 表中月薪"sal"字段的值小于 3000 的员工信息，并限制显示第四至第六条记录。其 SQL 语句如示例 8-33 所示。

【示例 8-33】指定初始位置的限制查询。

```
select * from emp where sal<3000 limit 3, 3;
```

执行结果如图 8-35 所示。

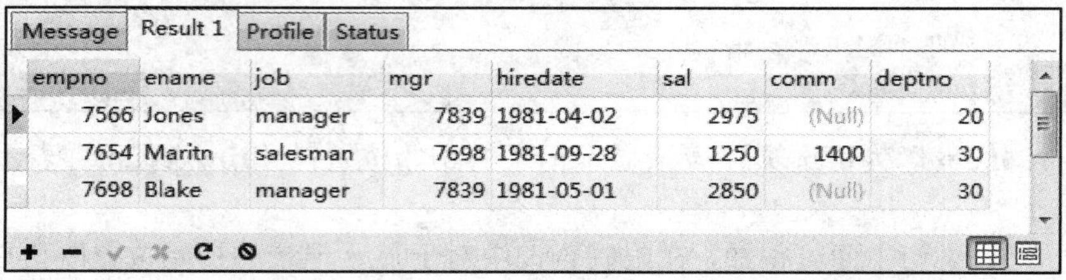

Message	Result 1	Profile	Status				
empno	ename	job	mgr	hiredate	sal	comm	deptno
7566	Jones	manager	7839	1981-04-02	2975	(Null)	20
7654	Maritn	salesman	7698	1981-09-28	1250	1400	30
7698	Blake	manager	7839	1981-05-01	2850	(Null)	30

图 8-35　示例 8-33 运行效果图

从图 8-35 中可以看到，查询结果中同样有 3 条记录，这是由参数"row_count"来决定的。而查询结果中的记录是从满足条件的第四条记录开始显示的，这是因为在 SQL 语句中指定了"start_index"参数的值为 3。

> **注意：**
> ● 如果"limit"关键字后面指定的"row_count"超过了满足条件的总记录数 n，则显示结果中的记录数目为 n。例如，示例 8-32 中的 SQL 语句如果改为"… limit 13"，则查询结果中只有 11 条记录，而不是 13 条。
> ● "limit"关键字通常用于分页显示，第一页不需要指定显示记录的初始位置，从第二页开始则需要指定。
> ● "limit"关键字通常与"order by"子句一起使用，先对查询结果进行排序，然后分页显示。

8.5　函数查询

MySQL 中提供了大量函数来简化用户对数据库的操作，如字符串的处理、日期的运算、数值的运算等。使用函数可以大大提高"select"语句操作数据库的能力，同时也给数据的转换和处理提供了方便。

函数只是对查询结果中的数据进行处理，不会改变数据库中数据表的值。MySQL 中的函数主要分为单行函数和多行函数两大类，下面将详细讲解这两大类函数。

8.5.1　使用单行函数的查询

单行函数是指对每一条记录输入值进行计算，并得到相应的计算结果，然后返回给用户。也就是说，每条记录作为一个输入参数，经过函数计算得到每条记录的计算结果。

常用的单行函数主要包括字符串函数、数值函数、日期与时间函数、流程函数以及其他函数。

1. 字符串函数

字符串函数是使用频率比较高的函数，MySQL 提供了丰富的字符串函数，其中常用的字符串函数如表 8-3 所示。

表 8-3　MySQL 中常用的字符串函数一览表

函　数	描　述
concat(str1, str2, …, strn)	将 str1、str2、…、strn 拼接成一个新的字符串
insert(str, index, n, newstr)	将字符串 str 从第 index 位置开始的 n 个字符替换成字符串 newstr
length(str)	获取字符串 str 的长度
lower(str)	将字符串 str 中的每个字符转换为小写
upper(str)	将字符串 str 中的每个字符转换为大写
left(str, n)	获取字符串 str 最左边的 n 个字符
right(str, n)	获取字符串 str 最右边的 n 个字符
lpad(str, n, pad)	使用字符串 pad 在 str 的最左边进行填充，直到长度为 n 个字符为止
rpad(str, n, pad)	使用字符串 pad 在 str 的最右边进行填充，直到长度为 n 个字符为止
ltrim(str)	去除字符串 str 左侧的空格
rtrim(str)	去除字符串 str 右侧的空格
trim(str)	去除字符串 str 左右两侧的空格
replace(str, oldstr, newstr)	用字符串 newstr 替换字符串 str 中所有的子字符串 oldstr
reverse(str)	将字符串 str 中的字符逆序
strcmp(str1, str2)	比较字符串 str1 和 str2 的大小
substring(str, index, n)	获取从字符串 str 的 index 位置开始的 n 个字符

下面通过几个示例来演示一下 concat()函数、length()函数、lower()函数、upper()函数replace()函数以及 substring()函数的使用方法。

1）concat()函数的使用

下面查询 emp 表中部门编号"deptno"字段的值为 10 的所有员工，并使用 concat()函数将查询结果中数据的显示格式设置为"姓名：xxx，部门：xxx，职位：xxx，年薪：xxx"。其 SQL 语句如示例 8-34 所示。

【示例 8-34】使用 concat()函数的查询。

```
select concat('姓名：',ename,'，部门：', deptno,'，职位：', job,'，年薪：', sal*12) info from emp where deptno=10;
```

执行结果如图 8-36 所示。

从图 8-36 中可以看到，查询结果中数据记录的显示格式与之前设定的格式一致。concat()函数的参数类型可以是字符串类型，也可以是非字符串类型。对于非字符串类型的参数，MySQL 将尝试将其转化为字符串类型，然后进行字符串的拼接。

图 8-36　示例 8-34 运行效果图

2) length()函数的使用

如果要根据字符串的长度来指定查询条件的话，就会用到 length()函数。例如，查询 emp 表中员工姓名"ename"字段的长度为 6 的所有员工信息。其 SQL 语句如示例 8-35 所示。

【示例 8-35】使用 length()函数的查询。

```
select * from emp where length(ename)=6;
```

执行结果如图 8-37 所示。

empno	ename	job	mgr	hiredate	sal	comm	deptno
7654	Maritn	salesman	7698	1981-09-28	1250	1400	30
7844	Turner	salesman	7698	1981-09-08	1500	0	30
7934	Miller	clerk	7782	1982-01-23	1300	(Null)	10

图 8-37　示例 8-35 运行效果图

从图 8-37 中可以看到，查询结果中记录的 ename 字段的值的长度均为 6。

3) lower()、upper()函数的使用

lower()和 upper()函数可以将字符串类型的数据显示格式设置为全部小写或者全部大写。例如，查询 emp 表中部门编号"deptno"字段的值为 10 的所有员工的姓名"ename"，并使用 lower()和 upper()函数分别将"ename"字段的值设置为全部小写和全部大写。其 SQL 语句如示例 8-36 所示。

【示例 8-36】使用 lower()和 upper()函数的查询。

```
select ename, lower(ename), upper(ename), deptno from emp where deptno=10;
```

执行结果如图 8-38 所示。

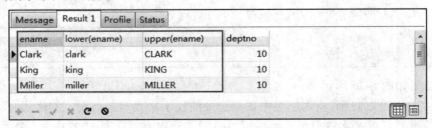

图 8-38　示例 8-36 运行效果图

　　从图 8-38 中可以看到，ename 字段的值原本是只有第一个字符大写，在使用了 lower() 和 upper() 函数后，该字段的值中所有的字符均转换成了小写或者大写。

　　4）replace() 函数的使用

　　使用 replace() 函数可以将查询结果中字符串类型的数据用新的字符串代替。例如，查询 emp 表中职位"job"字段的值为"clerk"的员工的姓名"ename"及职位"job"，并将"job"字段的值用"staff"替换(为了增强对比性，在查询结果中保留原有的"job"字段的值，新增"newjob"字段，其值为"staff")。其 SQL 语句如示例 8-37 所示。

　　【示例 8-37】使用 replace() 函数的查询。

```
select ename, job, replace(job, 'clerk', 'staff') newjob from emp where job='clerk';
```

　　执行结果如图 8-39 所示。

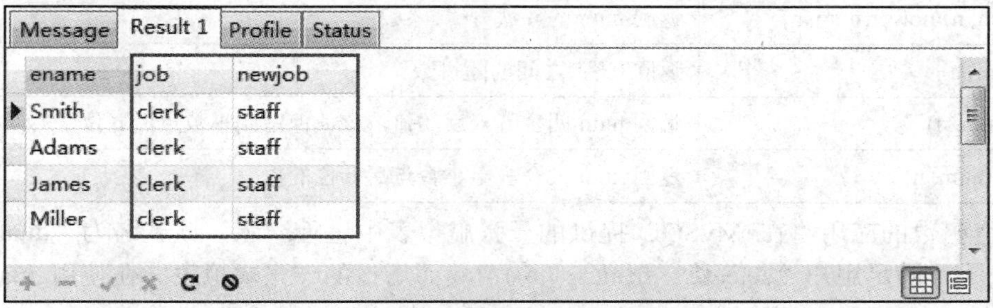

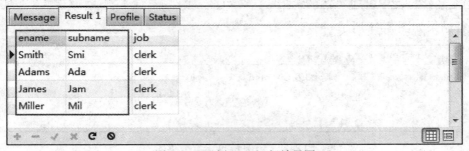

图 8-39　示例 8-37 运行效果图

　　从图 8-39 中可以看到，使用 replace() 函数后，成功地将字符串"clerk"替换为"staff"。

　　5）substring() 函数的使用

　　使用 substring() 函数可以获取查询结果中字符串类型数据的子字符串。例如，查询 emp 表中职位 job 字段的值为"clerk"的员工的姓名"ename"及职位"job"，并在查询结果中增加"subname"字段用来显示员工姓名的前三个字符。其 SQL 语句如示例 8-38 所示。

　　【示例 8-38】使用 substring() 函数的查询。

```
select ename, substring(ename, 1, 3) subname, job from emp where job='clerk';
```

　　执行结果如图 8-40 所示。

图 8-40　示例 8-38 运行效果图

　　从图 8-40 中可以看到，使用 substring() 函数后，成功地获取了原有字符串的前三个字符。在此要注意一点：字符串第一个字符的索引为 1，而不是 0，读者不要与其他高级语言混淆了。

2. 数值函数

数值函数是用来处理数值运算的函数，常用的数值函数如表 8-4 所示。

表 8-4　　MySQL 中常用的数值函数一览表

函　数	描　述
abs(num)	返回 num 的绝对值
ceil(num)	返回大于 num 的最小整数(向上取整)
floor(num)	返回小于 num 的最大整数(向下取整)
mod(num1, num2)	返回 num1/num2 的余数(取模)
pi()	返回圆周率的值
pow(num, n)/power(num, n)	返回 num 的 n 次方
rand(num)	返回 0～1 之间的随机数
round(num, n)	返回 num 四舍五入后的值，该值保留到小数点后 n 位
truncate(num, n)	返回 num 被舍去至小数点后 n 位的值

数值函数的应用将在 MySQL 提供的一张虚拟表中进行演示，该表名为"dual"，是 MySQL 为了满足用户"select … from…"的习惯而增设的一张虚拟表。在使用 dual 表时，如果没有 where 子句，则可以省略"from dual"。

下面通过几个示例来演示一下表 8-4 中几种数值函数的使用方法。

1) abs()、ceil()、floor()、mod()、pi()、pow()函数的使用

在一个 SQL 语句中将 abs()、ceil()、floor()、mod()、pi()、pow()这六种函数的作用演示一下，如示例 8-39 所示。

【示例 8-39】使用 abs()、ceil()、floor()、mod()、pi()、pow()函数的查询。

```
select abs(-1), ceil(3.2), floor(3.7), mod(3, 2), pi(), pow(2, 3) from dual;
```

或者：

```
select abs(-1), ceil(3.2), floor(3.7), mod(3, 2), pi(), pow(2, 3);
```

执行结果如图 8-41 所示。

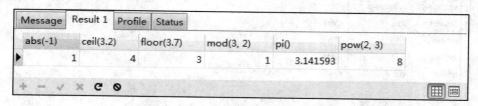

图 8-41　示例 8-39 运行效果图

从图 8-41 中可以看到, abs()函数的作用是取绝对值, ceil()函数的作用是向上取整, floor() 函数的作用的向下取整, mod()函数的作用是取模, pi()的作用是获取圆周率的值 3.141593, pow()函数的作用求一个数的 n 次方。

2) rand()函数的使用

rand()函数返回的是一个浮点类型的随机数，该随机数的范围为 0~1.0，包括 0，不包括 1.0。其用法如示例 8-40 所示。

【**示例 8-40**】使用 rand()函数的查询(产生 0~1 之间的随机浮点数)。

```
select rand(), rand(), rand(), rand();
```

执行结果如图 8-42 所示。

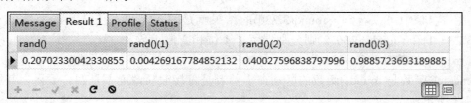

图 8-42 示例 8-40 运行效果图

从图 8-42 中可以看到，rand()函数产生的随机数确实在 0~1.0 范围内。还可以利用 rand() 和 floor()函数的组合"floor(i + rand() * (j − i))"来生成 i~j 范围内的整数，包括 i，不包括 j。其用法如示例 8-41 所示。

【**示例 8-41**】使用 rand()函数的查询(产生 5~12 之间的随机整数)。

```
select floor(5 + rand()*(12-5)) 随机数 1, floor(5 + rand()*(12-5)) 随机数 2, floor(5 + rand()*(12-5)) 随机数
3, floor(5 + rand()*(12-5)) 随机数 4, floor(5 + rand()*(12-5))
随机数 5, floor(5 + rand()*(12-5)) 随机数 6;
```

执行结果如图 8-43 所示。

随机数1	随机数2	随机数3	随机数4	随机数5	随机数6
10	10	8	6	10	5

图 8-43 示例 8-41 运行效果图

从图 8-43 中可以看到，随机产生的 6 个整数范围均在 5~12 范围内。

注意：rand()与 rand(n)是有区别的。前者是随机指定随机种子，所以每次产生的随机数基本不相同；后者是指定随机种子(如 rand(1))，所以每次产生的随机数是固定的。

3) round()函数的使用

round()函数有两种用法：round(num)和 round(num, n)。前者没有写参数 n，则默认 n 的值为 0，也就是返回 num 四舍五入后的整数值；后者则是可以保留 n 为小数。其用法如示例 8-42 所示。

【**示例 8-42**】使用 round()函数的查询。

```
select round(3.236), round(3.236, 1), round(3.236, 2);
```

执行结果如图 8-44 所示。

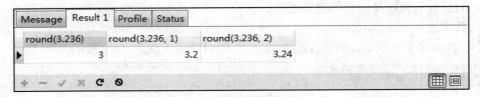

图 8-44　示例 8-42 运行效果图

从图 8-44 中可以看到，round(3.236)的结果就是 3.236 四舍五入后的整数值 3，而 round(3.236, 1)和 round(3.236, 2)则分别保留了 1 位和 2 位小数。

4) truncate()函数的使用

truncate()函数与 round()函数的区别在于前者是直接截断，而不是四舍五入，其用法如示例 8-43 所示。

【示例 8-43】使用 truncate()函数的查询。

```
select truncate(3.236, 0), truncate(3.236, 1), truncate(3.236, 2);
```

执行结果如图 8-45 所示。

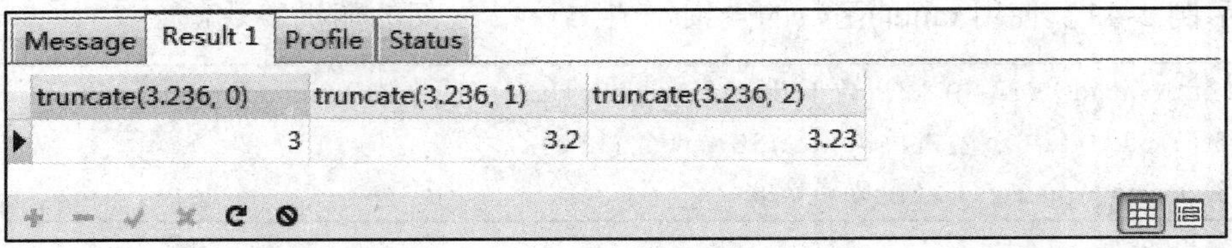

图 8-45　示例 8-43 运行效果图

从图 8-45 中可以看到，truncate(3.236, 0)、truncate(3.236, 1)、truncate(3.236, 2)的结果分别是将 3.236 的小数部分截断至只包含 0 位、1 位、2 位小数。

3. 日期与时间函数

日期与时间函数在开发中也会经常用到，如获取系统当前时间、获取 2017 年 10 月 1 号是星期几、从今天开始再增加 35 天是几月几号等，而这些功能的实现就需要用到日期与时间函数。MySQL 提供了丰富的日期与时间函数，其中常用的日期与时间函数如表 8-5 所示。

表 8-5　MySQL 中常用的日期与时间函数一览表

函　　数	描　　述
curdate()	返回当前日期
curtime()	返回当前时间
now()	返回当前日期和时间
sysdate()	返回该函数执行时的日期和时间
dayofyear(date)	返回日期 date 为一年中的第几天
week(date)/weekofyear(date)	返回日期 date 为一年中的第几周

续表

函 数	描 述
date_format(date, format)	返回按字符串 format 格式化后的日期 date
date_add(date, interval expr unit) /adddate(date, interval expr unit)	返回 date 加上一个时间间隔后的新时间值
date_sub(date, interval expr unit) /subdate(date, interval expr unit)	返回 date 减去一个时间间隔后的新时间值
datediff(date1, date2)	返回起始日期 date1 与结束日期 date2 之间的间隔天数

下面通过几个示例来演示一下表 8-5 中列出的几种函数的使用方法。

1) curdate()、curtime()、now()函数的使用

curdate()返回当前日期，只包含年月日；curtime()返回当前时间，只包含时分秒；now()返回当前日期和时间，包含年月日时分秒。如示例 8-44 所示。

【示例 8-44】使用 curdate()、curtime()、now()函数的查询。

```
select curdate(), curtime(), now();
```

执行结果如图 8-46 所示。

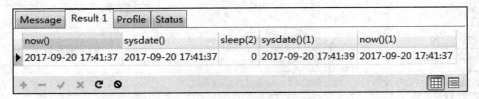

图 8-46 示例 8-44 运行效果图

2) sysdate()函数的使用

sysdate()返回的是该函数执行时的日期和时间，包括年月日时分秒，其与 now()的区别在于：now()返回的是其所在 SQL 语句开始执行的日期和时间。两者的具体区别如示例 8-45 所示。

【示例 8-45】使用 sysdate()、now()函数的查询。

```
select now(), sysdate(), sleep(2), sysdate(), now();
```

执行结果如图 8-47 所示。

图 8-47 示例 8-45 运行效果图

从图 8-47 中可以看到，在使用休眠函数 sleep()休眠 2 s 后，先后两次使用 sysdate()函数获取的时间相差 2 s；而先后两次使用 now()函数则没有区别，并且第二次获取的时间与第一次相同。

3）dayofyear()、week()函数的使用

dayofyear()、week()函数可以分别获取某个日期是所在年份的第几天、第几周，如示例 8-46 所示。

【示例 8-46】使用 dayofyear()、week()函数的查询。

```
select dayofyear('2017-8-24'), week('2017-8-24');
```

执行结果如图 8-48 所示。

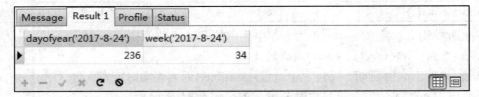

图 8-48　示例 8-46 运行效果图

从图 8-48 中可以看到，2017 年 8 月 24 日是 2017 年的第 236 天、在第 34 周。

4）date_add()、date_sub()函数的使用

date_add()、date_sub()函数用来实现日期的加减运算。这两个函数需要指定三个参数：以 date_sub(date, interval expr unit)为例，其中，"date"为原始日期，"interval"是表示间隔类型的关键字，"unit"表示间隔类型，"expr"表示与间隔类型对应的表达式。MySQL 中提供了多种间隔类型，如表 8-6 所示。

表 8-6　MySQL 中支持的间隔类型一览表

间隔类型	描　　述
microsecond	微秒
second	秒
minute	分
hour	小时
day	日
week	周
month	月
quarter	季度
year	年
second_microsecond	秒和微秒，'seconds.microseconds'
minute_microsecond	分和微秒，'minutes:seconds.microseconds'
minute_second	分和秒，'minutes:seconds'
hour_microsecond	小时和微秒，'hours:minutes:seconds.microseconds'
hour_second	小时和秒，'hours:minutes:seconds'
hour_minute	小时和分，'hours:minutes'

续表

间隔类型	描　述
day_microsecond	日和微秒，'days hours:minutes:seconds.microseconds'
day_second	日和秒，'days hours:minutes:seconds'
day_minute	日和分，'days hours:minutes'
day_hour	日和小时，'days hours'
year_month	年和月，'yearsmonths'

下面演示一下 date_add()函数的使用方法，如示例 8-47 所示。

【示例 8-47】使用 date_add()函数的查询。

```
select now() 'now time', date_add(now(), interval '1_2' year_month) 'after 1 year 2 month', date_add(now(),
interval 30 day) 'after 30 day';
```

执行结果如图 8-49 所示。

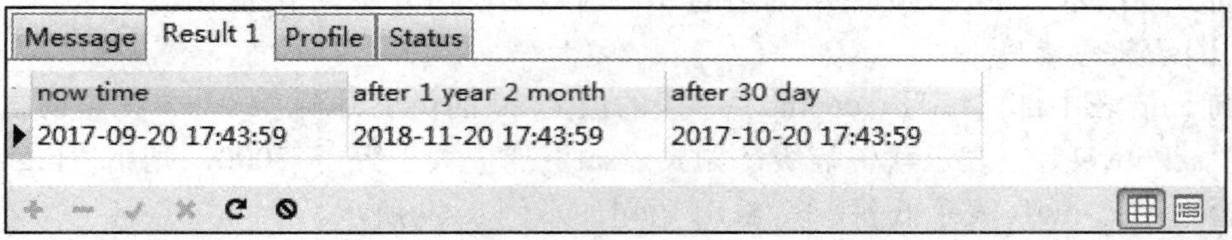

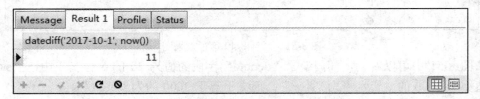

图 8-49　示例 8-47 运行效果图

从图 8-49 中可以看到，当前日期是 2017-09-20，加上 1 年 2 个月后的日期是 2018-11-20，而加上 30 天后的日期是 2017-10-20。

5) datediff()函数的使用

datediff()函数可以计算两个日期之间的时间间隔，如计算一下距离 2017 年 10 月 1 日还有多长时间，如示例 8-48 所示。

【示例 8-48】使用 datediff()函数的查询。

```
select datediff('2017-10-1', now());
```

执行结果如图 8-50 所示。

图 8-50　示例 8-48 运行效果图

从图 8-50 中可以看到，当前日期(2017 年 9 月 20 日)距离 2017 年 10 月 1 日还有 11 天的时间。

4. 流程函数

流程函数可以用来实现在 SQL 语句中的条件选择，MySQL 提供了 5 种流程函数，如

表 8-7 所示。

表 8-7　　MySQL 中的流程函数一览表

流程函数	描　　述
if(condition, t, f)	如果条件 condition 为真，则返回 t，否则返回 f
ifnull(value1, value2)	如果 value1 不为 Null，则返回 value1，否则返回 value2
nullif(value1, value2)	如果 value1 等于 value2，则返回 Null，否则返回 value1
case value when [value1] then result1 [when [value2] then result2 ...] [else result] end	如果 value 等于 value1，则返回 result1，…，否则返回 result
case when [condition1] then result1 [when [condition2] then result2 ...] [else result] end	如果条件 condition1 为真，则返回 result1，…，否则返回 result

下面分别演示一下表 8-7 中所列出的 5 种函数的使用方法。

1）if()函数的使用

查询 emp 表中部门编号"deptno"字段的值为 20 的员工月薪"sal"，在查询结果中使用字段"sal_level"来表示薪资等级，如果"sal"的值大于等于 3000，则用"high"表示高薪，否则用"low"表示低薪。其 SQL 语句如示例 8-49 所示。

【示例 8-49】使用 if()函数的查询。

```
select ename, deptno, sal, if(sal>=3000, 'high', 'low') sal_level from emp where deptno=20;
```

执行结果如图 8-51 所示。

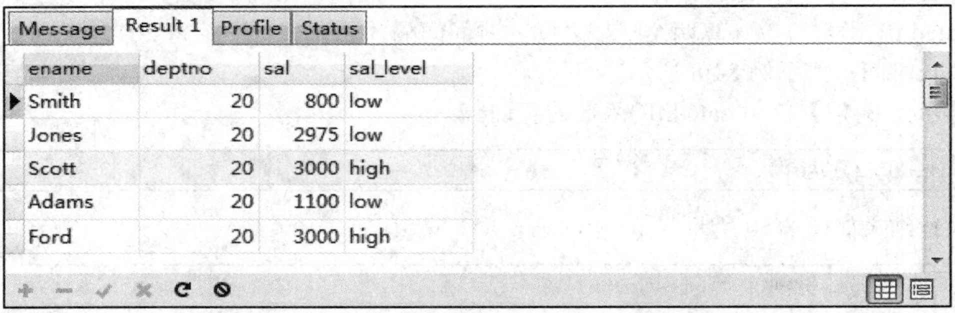

Message	Result 1	Profile	Status	
ename	deptno	sal	sal_level	
Smith	20	800	low	
Jones	20	2975	low	
Scott	20	3000	high	
Adams	20	1100	low	
Ford	20	3000	high	

图 8-51　示例 8-49 运行效果图

从图 8-51 中可以看到，部门编号"deptno"字段的值为 20 的 5 位员工中，"sal"字段的值小于 3000 的薪资水平为"low"，而大于等于 3000 的为"high"。

2）ifnull()函数的使用

在使用 IFNULL()函数之前，先来查询一下 emp 表中部门编号"deptno"字段的值为 30 的员工的年总收入(年薪+津贴)，其 SQL 语法如下：

```
select ename, deptno, job, sal*12+comm year_income from emp where deptno=30;
```

执行结果如图 8-52 所示。

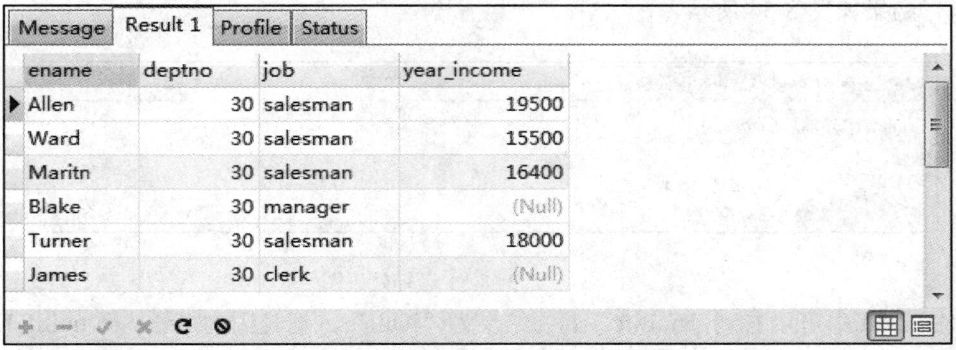

ename	deptno	job	year_income
Allen	30	salesman	19500
Ward	30	salesman	15500
Maritn	30	salesman	16400
Blake	30	manager	(Null)
Turner	30	salesman	18000
James	30	clerk	(Null)

图 8-52　查询员工年总收入运行效果图

从图 8-52 中可以看到，6 位员工中的两位的年总收入为“Null”，这是因为这两位的津贴“comm”字段的值为“Null”，因此导致“sal*12+comm”的最终结果为“Null”。但实际情况应该是当“comm”字段的值为“Null”时，“sal*12+comm”表达式应该为“sal*12+0”，而不是“sal*12+Null”，遇到这种情况可以使用 ifnull()函数来解决，其 SQL 语句如示例 8-50 所示。

【示例 8-50】使用 ifnull()函数的查询。

```
select ename, deptno, job, sal*12+ifnull(comm, 0) year_income from emp where deptno=30;
```

执行结果如图 8-53 所示。

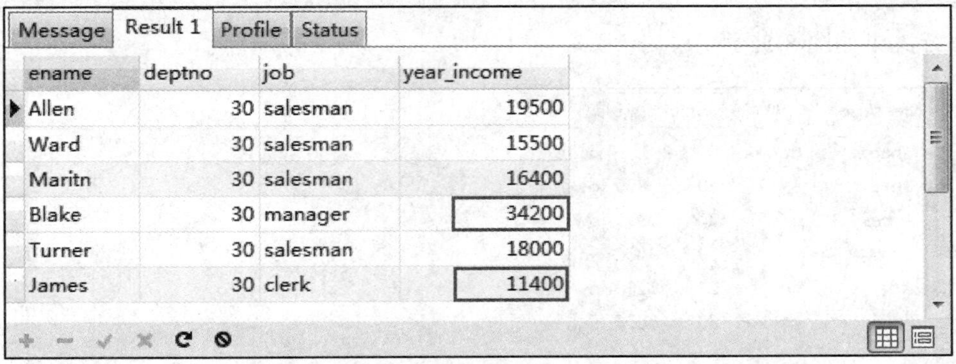

ename	deptno	job	year_income
Allen	30	salesman	19500
Ward	30	salesman	15500
Maritn	30	salesman	16400
Blake	30	manager	34200
Turner	30	salesman	18000
James	30	clerk	11400

图 8-53　示例 8-50 运行效果图

由图 8-53 与图 8-52 对比可知，使用 ifnull()函数后，已经完美地解决了之前两位员工年总收入为 Null 的问题。

3) nullif()函数的使用

nullif(value1, value2)函数可以判断 value1 是否等于 value2，如果相等则返回“Null”，否则返回“value1”。下面使用虚拟表 dual 来演示一下 nullif()函数的作用，如示例 8-51 所示。

【示例 8-51】使用 nullif()函数的查询。

```
select nullif(1,1), nullif(1,2) from dual;
```

执行结果如图 8-54 所示。

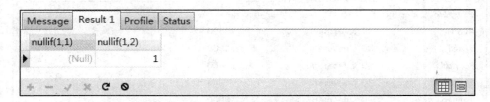

图 8-54　示例 8-51 运行效果图

从图 8-54 中可以看到，nullif(1, 1)的结果为"Null"，这是因为 1=1；而 nullif(1, 2)的结果为 1，因为 1≠2，所以返回函数第一个参数的值即 1。

4）case...when...then...()函数的使用

在示例 8-49 中，使用 IF()函数实现了薪资水平高低分类的需求，其实这个需求也可以使用 case...when...then...()函数来实现，如示例 8-52 所示。

【示例 8-52】使用 case...when...then...()函数的查询。

```
select ename, deptno, sal, case sal>=3000 when true then 'high' else 'low' end sal_level from emp where deptno=20;
```

或者：

```
select ename, deptno, sal, case when sal>=3000 then 'high' else 'low' end sal_level from emp where deptno=20;
```

执行结果如图 8-55 所示。

ename	deptno	sal	sal_level
Smith	20	800	low
Jones	20	2975	low
Scott	20	3000	high
Adams	20	1100	low
Ford	20	3000	high

图 8-55　示例 8-52 运行效果图

从图 8-55 中可以看到，使用 case...when...then...()函数也可以实现薪资水平高低分类的需求。

5. 其他函数

MySQL 除了提供前面讲解到的字符串函数、数值函数、日期与时间函数以及流程函数外，还提供了一些用于实现特殊功能的其他函数，并且在 MySQL 5.7 中，还新增了对 JSON 数据进行操作的函数。其中常用的 json 函数和其他函数分别如表 8-8、表 8-9 所示。

表 8-8 MySQL 中常用的 json 函数一览表

函 数	描 述
json_append()	在 JSON 文档中追加数据
json_insert ()	在 JSON 文档中插入数据
json_replace ()	替换 JSON 文档中的数据
json_remove ()	从 JSON 文档的指定位置移除数据
json_contains()	判断 JSON 文档中是否包含某个数据
json_search()	查找 JSON 文档中给定字符串的路径

表 8-9 MySQL 中常用的其他函数一览表

函 数	描 述
database()	返回当前数据库名
version()	返回当前 MySQL 的版本号
user()	返回当前登录的用户名
inet_aton(ip)	返回 IP 地址的数字表示
inet_ntoa	返回数字代表的 IP 地址
password(str)	实现对字符串 str 的加密操作
format(num, n)	实现对数字 num 的格式化操作，保留 n 位小数
convert(data, type)	实现将数据 data 转换成 type 类型的操作

对于表中所列出的各种函数，在此不再一一演示其用法，有兴趣的同学可以参考 MySQL 的官方文档。

8.5.2 使用多行函数的查询

多行函数是指对一组数据进行运算，针对这一组数据(多行记录)只返回一个结果，也称为分组函数。

在 MySQL 中，多行函数多为统计函数。在实际开发中通常会遇到一些需要对数据进行统计操作的需求，如统计各部门员工的人数、统计公司的最高或最低薪资等，此时就需要用到统计函数。MySQL 中常用的统计函数如表 8-10 所示。

表 8-10 MySQL 中常用的统计函数一览表

函 数	描 述
count()	统计表中记录的数目
sum()	计算指定字段值的总和
avg()	计算指定字段值的平均值
max()	统计指定字段值的最大值
min()	统计指定字段值的最小值

下面将详细讲解这 5 种统计函数的使用方式。

1. count()函数的使用

count()函数可以用来统计表中记录的总数目，也可以用来统计满足特定条件记录的数目，该函数的用法主要有以下三种形式：

(1) count(*)返回表中记录的总数目。

(2) count(exp)返回表达式 exp 值非空的记录数目。

(3) count(distinct(exp))返回表达式 exp 值不重复的、非空的记录数目。

下面通过一个示例来演示 count()函数的三种用法：查询 emp 表中记录的总数目，查询 emp 表中津贴 comm 字段的值不为空的记录数目，查询 emp 表中除了董事长 "King" 之外共有几位员工是领导(即查询 mgr 字段的值不重复且非空的记录数目)，查询 emp 表中包含董事长 "King" 在内共有几位员工是领导(即查询 mgr 字段的值不重复的记录数目，但允许字段的值为空)，其 SQL 语句如示例 8-53 所示。

【示例 8-53】使用 count()函数的查询。

```
select count(*), count(comm), count(distinct(mgr)), count(distinct(ifnull(mgr,0))) from emp;
```

执行结果如图 8-56 所示。

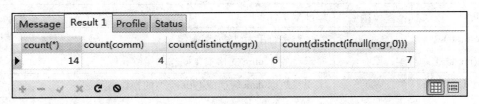

图 8-56　示例 8-53 运行效果图

从图 8-56 中可以看到，经过 count()函数的统计得到：emp 表中共有 14 条记录，emp 表中 comm 字段不为空的记录数目共有 4 条，emp 表中除了 "King" 之外共有 6 位员工是领导，emp 表中共有 7 位员工是领导(包含 "King")，统计结果与实际情况相符。

> **注意：**
> ● 除 count(*)外，count(exp)以及 count(distinct(exp))都会跳过空值而处理非空值。
> ● 可使用 ifnull()函数强制 count(exp)以及 count(distinct(exp))函数处理空值。

2. sum()与 avg()函数的使用

SUM()函数用来统计指定字段值的总和，当该字段没有任何记录时返回空，该函数的用法主要有如下两种形式：

(1) sum(exp)返回表达式值的总和。

(2) sum(distinct(exp))返回不重复的表达式 exp 值的总和。

avg()函数用来统计指定字段值的平均值，其用法与 sum()函数类似：

(1) avg(exp)返回表达式值的平均值。

(2) avg(distinct(exp))返回不重复的表达式 exp 值的平均值。

下面我们通过一个示例来演示 sum()和 avg()函数的用法：查询 emp 表中 sal 字段的值

的总和及平均值，查询 emp 表中"sal"字段的值的总和及平均值(去除重复值)，其 SQL 语句如示例 8-54 所示。

【示例 8-54】使用 sum()及 avg()函数的查询。

```
select sum(sal), avg(sal), sum(distinct sal), avg(distinct sal) from emp;
```

执行结果如图 8-57 所示。

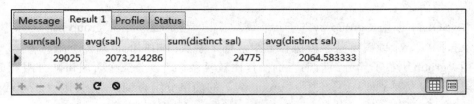

图 8-57　示例 8-54 运行效果图

从图 8-57 中可以看到，使用 sum(sal)函数统计的是 14 条记录 sal 字段的值的总和，avg(sal)统计的是 14 条记录"sal"字段的值的平均值；而使用 sum(distinct sal)和 avg(distinct sal)则统计的是 12 条记录"sal"字段的值的总和及平均值，因为在 emp 中存在 sal 字段的值相同的记录，使用"distinct"关键字去除重复记录后，就只剩下 12 条记录。

3. max()与 min()函数的使用

max()和 min()函数分别用来统计指定字段值的最大值和最小值，其用法如下所示：

(1) max(exp)返回表达式值的最大值。

(2) min(exp)返回表达式值的最小值。

下面通过一个示例来演示 max()和 min()函数的用法：查询 emp 表中 sal 字段的值的最大值和最小值，其 SQL 语句如示例 8-55 所示。

【示例 8-55】使用 max()及 min()函数的查询。

```
select max(sal), min(sal) from emp;
```

执行结果如图 8-58 所示。

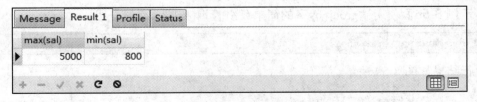

图 8-58　示例 8-55 运行效果图

从图 8-58 中可以看到，"sal"字段的最大值为 5000，最小值为 800，与事实相符。

> 注意：
> ● max()与 min()函数也可以搭配"distinct"关键字使用，但是执行结果与不使用"distinct"关键字相同，所以没有必要使用该关键字。
> ● max()与 min()函数在统计时会忽略值为"Null"的记录。

8.6　分　组　查　询

在实际开发中，通常要将表中的所有数据记录按照不同的类别进行分组，然后对分组后的数据进行统计计算。例如，统计员工表中男、女职工的人数，统计各部门员工的人数以及平均薪资等。

在 MySQL 中使用"group by"子句实现数据记录的分组，在"group by"子句中可以指定记录按照哪一个或者哪些字段进行分组，指定字段值相同的记录为一组。

使用"group by"子句分组后的查询操作比较复杂，所以分三个阶段讲解分组查询，这三个阶段的难度从易到难：① 使用"group by"的简单分组查询；② 使用"group by"与统计函数的分组查询；③ 使用"group by"与"having"的分组查询。

8.6.1　使用"group by"的简单分组查询

简单"group by"查询就是单独使用"group by"子句的查询(不使用统计函数或者"having"子句)，其 SQL 语法如下：

```
select column_name1[, column_name2, …]
from table_name
where where_condition
group by column_name3[, column_name4, …];
```

其中，"group by"后面可以指定一个或多个字段，如果指定的为一个字段"column_name3"，表示记录将按照该字段进行分组；如果指定的为多个字段"column_name3"和"column_name4"等，表示记录首先按照"column_name3"字段进行分组，然后针对每组按照"column_name4"字段进行分组，以此类推。

使用上述 SQL 语法来对 emp 表中的员工按照部门编号"deptno"字段进行分组，并显示员工的所有信息。其 SQL 语句如示例 8-56 所示。

【示例 8-56】使用"group by"的简单分组查询(按照单字段分组)。

```
select * from emp group by deptno;
```

执行结果如图 8-59 所示。

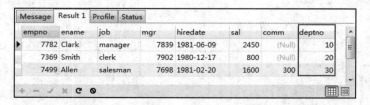

图 8-59　示例 8-56 运行效果图

从图 8-59 中可以看到，查询结果中只有三条记录，并且这三条记录的"deptno"字段的值分别为 10、20、30，说明记录已经按照"deptno"字段进行了分组，然后显示了每组中的一条记录。

使用“group by”子句对记录进行分组时，还可以指定多个字段，如对 emp 表中的记录首先按照部门编号“deptno”字段进行分组，然后按照职位“job”字段再对每组进行分组，并且显示员工的姓名、部门编号、职位及薪资信息。其 SQL 语句如示例 8-57 所示。

【示例 8-57】使用“group by”的简单分组查询(按照多字段分组)。

```
select ename, deptno, job, sal from emp group by deptno, job;
```

执行结果如图 8-60 所示。

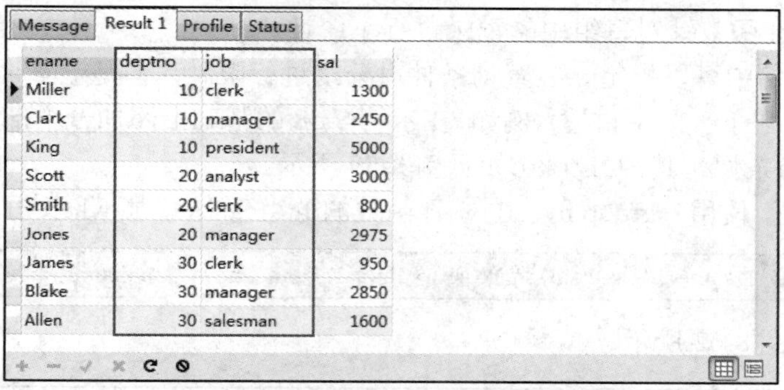

ename	deptno	job	sal
Miller	10	clerk	1300
Clark	10	manager	2450
King	10	president	5000
Scott	20	analyst	3000
Smith	20	clerk	800
Jones	20	manager	2975
James	30	clerk	950
Blake	30	manager	2850
Allen	30	salesman	1600

图 8-60　示例 8-57 运行效果图

从图 8-60 中可以看到，查询结果中有 9 条记录，这 9 条记录就表示了公司有 3 个部门，每个部门的职位有 3 种。

注意：在使用分组查询时，分组所依据的字段必须有相同值，否则分组没有任何实际意义。

8.6.2　使用“group by”与统计函数的分组查询

在上一节讲述的内容中，查询结果中只能显示每组的一条记录，意义并不大，因此“group by”子句通常配合统计函数来使用，以达到实现统计功能的分组查询，其 SQL 语法如下：

```
select [column_name1, column_name2, …,] function1()[, function2(),…]
from table_name
where where_condition
group by column_name3[, column_name4, …];
```

其中，“function1()”和“function2()”表示在分组查询中使用的统计函数。

下面使用上述 SQL 语法来对 emp 表中的员工按照部门编号“deptno”字段进行分组，并统计每个部门的人数、总月薪、平均月薪、最高月薪、最低月薪。其 SQL 语句如示例 8-58 所示。

【示例 8-58】使用“group by”与统计函数的分组查询。

```
select deptno, count(*), sum(sal), avg(sal), max(sal), min(sal) from emp group by deptno;
```

执行结果如图 8-61 所示。

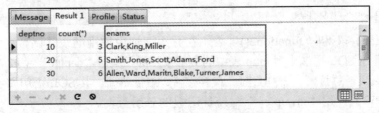

图 8-61　示例 8-58 运行效果图

从图 8-61 中可以看到，查询结果中只有 3 条记录，并且这 3 条记录的"deptno"字段的值分别为 10、20、30，说明记录已经按照 deptno 字段进行了分组。并且在使用"group by"分组后，使用统计函数针对每组中的记录进行了统计。

在 where 子句中可以指定一些查询条件对分组进行限制，但是该查询条件不能包含统计函数(具体原因在下一节中讲述)。例如，在示例 8-58 的基础上添加一个部门编号"deptno"不等于 10 的查询条件。其 SQL 语句如示例 8-59 所示。

【示例 8-59】 使用"group by"与统计函数的分组查询(增加 where 子句)。

```
select deptno, count(*), sum(sal), avg(sal), max(sal), min(sal) from emp where deptno<>10 group by deptno;
```

执行结果如图 8-62 所示。

Message	Result 1	Profile	Status			
deptno	count(*)	sum(sal)	avg(sal)	max(sal)	min(sal)
20	5	10875	2175	3000	800
30	6	9400	1566.666667	2850	950

图 8-62　示例 8-59 运行效果图

由图 8-62 与图 8-61 对比可知，查询结果中少了 deptno 为 10 的记录。

如果想要在查询结果中显示每组的指定字段，可以通过"group_concat()"函数来实现。例如，对 emp 表中的员工按照部门编号 deptno 字段进行分组，并显示每个部门的人数及员工姓名。其 SQL 语句如示例 8-60 所示。

【示例 8-60】 使用"group by"与"group_concat()"的分组查询。

```
select deptno, count(*), group_concat(ename) enams from emp group by(deptno);
```

执行结果如图 8-63 所示。

Message	Result 1	Profile	Status	
deptno	count(*)	enams		
10	3	Clark,King,Miller		
20	5	Smith,Jones,Scott,Adams,Ford		
30	6	Allen,Ward,Maritn,Blake,Turner,James		

图 8-63　示例 8-60 运行效果图

从图 8-63 中可以看到，在使用 group_concat()函数后，可以将每个部门的员工姓名成功地显示出来。

8.6.3　使用"group by"与"having"的分组查询

上一节提到在 where 子句中不能使用统计函数，换句话说，就是不能使用 where 子句来实现对分组的条件限制。这是因为"where"子句的执行顺序先于"group by"子句(在进行分组之前"where"子句已经执行了)，所以为了解决这个问题，MySQL 提供了另外一种语句专门用来实现对分组的条件限制，这就是本节要讲解的"having"子句。使用"having"子句的 SQL 语法如下：

```
select [column_name1, column_name2, …,] function1()[, function2(),…]
from table_name
where where_condition
group by column_name3[, column_name4, …]
having group_condition;
```

其中，"group_condition"表示针对分组的限制条件。

下面使用上述 SQL 语法来对 emp 表中的员工按照部门编号 deptno 字段进行分组，统计每个部门的人数、总月薪、平均月薪、最高月薪、最低月薪，并且排除平均月薪小于 2000 的部门。其 SQL 语句如示例 8-61 所示。

【示例 8-61】使用"group by"与"having"的分组查询。

```
select deptno, count(*), sum(sal), avg(sal), max(sal), min(sal) from emp group by deptno having
avg(sal)>=2000;
```

执行结果如图 8-64 所示。

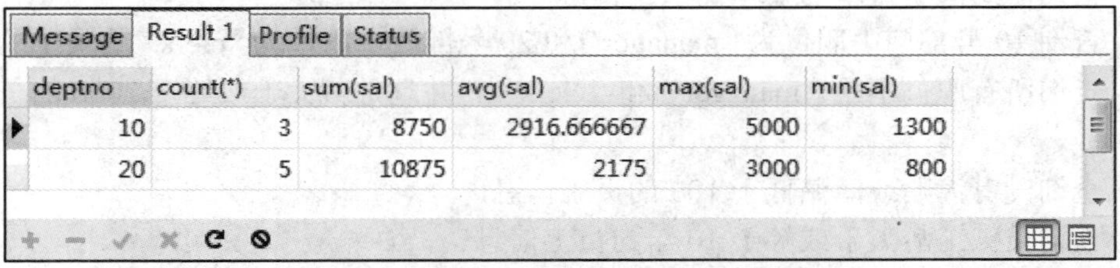

Message	Result 1	Profile	Status			
deptno	count(*)	sum(sal)	avg(sal)	max(sal)	min(sal)	
10	3	8750	2916.666667	5000	1300	
20	5	10875	2175	3000	800	

图 8-64　示例 8-61 运行效果图

从图 8-64 中可以看到，查询结果中只有两条记录，因为部门编号"deptno"字段的值为 30 的部门的平均月薪小于 2000，不满足 having 子句中指定的条件，因此被过滤掉了。

注意：
● MySQL 中各子句的执行过程由先到后依次为：from → where → group by → having → select → order by。
● where 过滤行，having 过滤分组，having 支持所有 where 操作。
● having 子句出现在 group by 子句之后，而 where 子句要出现在 group by 子句之前。

本 章 小 结

　　本章主要讲解了简单查询、排序、按条件查询、单行函数、多行函数、分组统计。其中简单查询包括：查询所有字段、查询指定字段、去除重复记录的查询、使用算术运算符的查询、使用字段别名的查询以及设置数据显示格式的查询。对查询结果排序使用的是"order by"子句，可以按照一个或多个字段进行排序。条件查询包括：使用比较运算符的查询、使用"[not] between …and…"的范围查询、使用"[not] in"的指定集合查询、使用"is [not] null"的空值查询、使用"[not] like"的模糊查询、使用"and"的多条件查询以及使用"or"的多条件查询。分组查询使用的是"group by"子句，"group by"子句通常与统计函数一起使用。本章应重点掌握条件查询和分组统计的使用。

练 习 题

　　1. 简述"where"子句与"having"子句的区别。

　　2. 简述 MySQL 中常用的函数有哪些。

　　3. 建立一张表，表中数据与本章讲解所使用的 emp 表中的数据相同。然后使用单表查询的 SQL 语句完成如下要求：

　　(1) 查询 20 号部门的所有员工信息。

　　(2) 查询津贴(comm 字段)高于月薪(sal 字段)的员工信息。

　　(3) 查询津贴高于月薪的 20%的员工信息。

　　(4) 查询 10 号部门中职位为"manager"和 20 号部门中职位为"clerk"的员工的信息。

　　(5) 查询所有职位不是"manager"和"clerk"，并且月薪大于或等于 2000 的员工详细信息。

　　(6) 查询没有津贴或津贴低于 100 的员工信息。

　　(7) 查询员工工龄大于或等于 10 年的员工信息。

　　(8) 查询员工信息，要求以全部字母大写的方式显示所有员工的姓名。

　　(9) 查询在 2 月份入职的所有员工信息。

　　(10) 显示所有员工的姓名、入职的年份和月份，按入职日期所在的月份排序，若月份相同则按入职的年份排序。

　　(11) 统计各个职位的人数与平均月薪。

　　(12) 统计每个部门中各个职位的人数与平均月薪。

　　(13) 统计平均月薪最高的部门编号(提示：使用部门编号分组后，按照平均月薪降序排序，之后只显示第一条记录)。

第九章　　多表查询操作

在第八章中讲述了单表查询操作，但是在实际开发中往往需要针对两张甚至更多张数据表进行操作，而这多张表之间需要使用主键和外键关联在一起，然后使用连接查询来查询多张表中满足要求的数据记录。

当相互关联的多张表中存在意义相同的字段时，便可以利用这些相同字段对多张表进行连接查询。连接查询主要分为交叉连接查询、自然连接查询、内连接查询和外连接查询四种。

MySQL 4.1 以后，提供了另外一种多表查询的方式，即子查询。当进行查询的条件是另外一个 select 语句查询的结果时，就会用到子查询。

本章将详细讲解交叉连接查询、自然连接查询、内连接查询、外连接查询以及子查询，为了方便大家理解，本章将使用两张表进行多表查询操作，这两张表分别为 emp 员工表和"dept"部门表。

首先先来创建一个新的数据库"chapter09"，然后创建一张名为"dept"的部门表，表中字段包括：deptno(部门编号)、dname(部门名称)、loc(部门所在地)，并为字段 deptno 设置主键约束。创建 dept 表的 SQL 语句如示例 9-1 所示。

【示例 9-1】创建 dept 部门表。

```
create table dept(
    deptno int(2) primary key,
    dname varchar(14),
    loc varchar(13)
);
```

执行结果如图 9-1 所示。

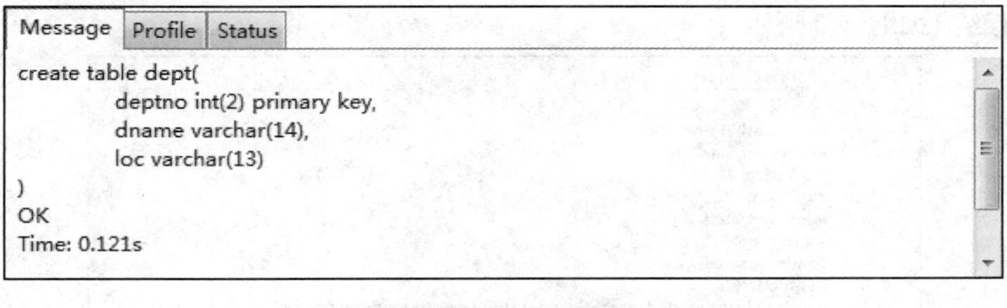

图 9-1　示例 9-1 运行效果图

dept 表创建成功后，在表中插入多条数据记录，其 SQL 语句如示例 9-2 所示。

【示例 9-2】为 dept 部门表同时插入多条数据。

```
insert into dept values
      (10, 'Accounting', 'New York'),
      (20, 'Research', 'Dallas'),
      (30, 'Sales', 'Chicago'),
      (40, 'Operations', 'Boston');
```

执行结果如图 9-2 所示。

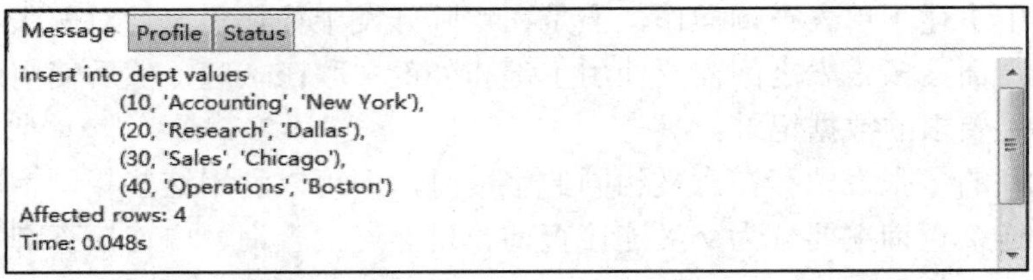

图 9-2　示例 9-2 运行效果图

在数据插入成功后，还需要创建一张名为"emp"的员工表，表中字段及插入的数据与第八章中的 emp 表基本相同，只是需要为"deptno"字段添加外键约束。创建 emp 表的 SQL 语句如示例 9-3 所示。

【示例 9-3】创建 emp 员工表。

```
create table emp(
      empno int(4) primary key,
      ename varchar(10),
      job varchar(9),
      mgr int(4),
      hiredate date,
      sal decimal(7,2),
      comm decimal(7,2),
      deptno int(2),
      constraint fk_deptno foreign key(deptno) references dept(deptno)
);
```

执行结果如图 9-3 所示。

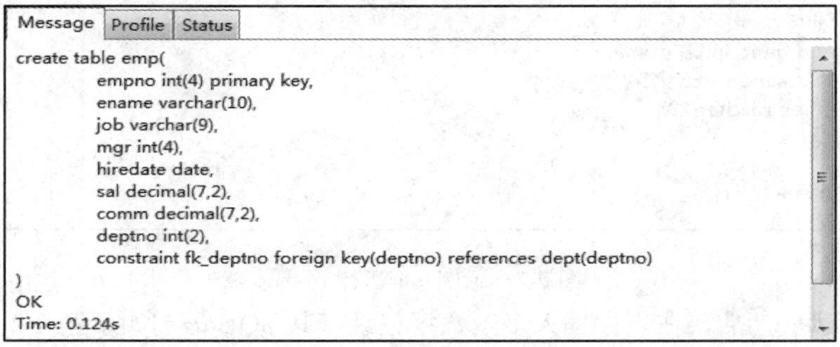

图 9-3　示例 9-3 运行效果图

emp 表创建成功后,在表中插入多条数据记录,其 SQL 语句参考第八章中的示例 8-2,在此不再做过多赘述。

现在两张表已经创建成功,并且通过部门编号 deptno 字段建立了连接,接下来就可以针对这两张表进行多表查询操作。

9.1 交叉连接查询

交叉连接(Cross Join)是对两个或者多个表进行笛卡尔积操作,笛卡尔积是关系代数中的一个概念,表示两个表中的每一行数据任意组合的结果。例如,有两个表,左表有 m 条数据记录,x 个字段,右表有 n 条数据记录,y 个字段,则执行交叉连接后将返回 m×n 条数据记录,x+y 个字段。笛卡尔积示意图如图 9-4 所示。

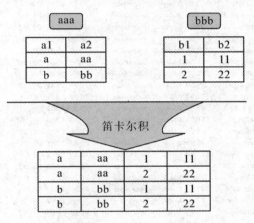

图 9-4 笛卡尔积示意图

交叉连接查询使用的是"cross join"关键字,其语法格式如下:

```
select * from table1 cross join table2;
```

其中,"cross join"用于连接要查询的两张表;"table1"和"table2"为要连接查询的两张表的名称。

使用上述 SQL 语法,对 dept 表和 emp 表进行交叉连接查询,其 SQL 语句如示例 9-4 所示。

【示例 9-4】交叉连接查询(笛卡尔积)。

```
select * from dept cross join emp;
```

执行结果如图 9-5 所示。

从图 9-5 中可以看到,显示结果中的记录总条数为 56、字段有 11 个。这是因为 dept 表中的记录有 4 条、字段有 3 个,emp 表中的记录有 14 条、字段有 8 个,所以显示结果中的记录条数为 4 × 14 = 56、字段数为 3 + 8 = 11;而显示结果中的前 3 个字段属于 dept 表,后 8 个字段属于 emp 表。

因为交叉连接只是执行笛卡尔积操作，并不会通过具体的查询条件对记录进行过滤，所以在实际开发中可以使用交叉连接生成大量的测试数据，除此之外，交叉连接查询的结果并无多大的实际意义。因此，需要使用下面要讲解的内连接和外连接查询操作对满足条件的记录进行筛选。

deptno	dname	loc	empno	ename	job	mgr	hiredate	sal	comm	deptno1
10	Accounting	New York	7369	Smith	clerk	7902	1980-12-17	800	(Null)	20
20	Research	Dallas	7369	Smith	clerk	7902	1980-12-17	800	(Null)	20
30	Sales	Chicago	7369	Smith	clerk	7902	1980-12-17	800	(Null)	20
40	Operations	Boston	7369	Smith	clerk	7902	1980-12-17	800	(Null)	20
10	Accounting	New York	7499	Allen	salesman	7698	1981-02-20	1600	300	30
20	Research	Dallas	7499	Allen	salesman	7698	1981-02-20	1600	300	30
30	Sales	Chicago	7499	Allen	salesman	7698	1981-02-20	1600	300	30
40	Operations	Boston	7499	Allen	salesman	7698	1981-02-20	1600	300	30
10	Accounting	New York	7521	Ward	salesman	7698	1981-02-22	1250	500	30
20	Research	Dallas	7521	Ward	salesman	7698	1981-02-22	1250	500	30
30	Sales	Chicago	7521	Ward	salesman	7698	1981-02-22	1250	500	30
40	Operations	Boston	7521	Ward	salesman	7698	1981-02-22	1250	500	30
10	Accounting	New York	7566	Jones	manager	7839	1981-04-02	2975	(Null)	20
20	Research	Dallas	7566	Jones	manager	7839	1981-04-02	2975	(Null)	20
30	Sales	Chicago	7566	Jones	manager	7839	1981-04-02	2975	(Null)	20
40	Operations	Boston	7566	Jones	manager	7839	1981-04-02	2975	(Null)	20
10	Accounting	New York	7654	Maritn	salesman	7698	1981-09-28	1250	1400	30
20	Research	Dallas	7654	Maritn	salesman	7698	1981-09-28	1250	1400	30
30	Sales	Chicago	7654	Maritn	salesman	7698	1981-09-28	1250	1400	30
40	Operations	Boston	7654	Maritn	salesman	7698	1981-09-28	1250	1400	30
10	Accounting	New York	7698	Blake	manager	7839	1981-05-01	2850	(Null)	30
20	Research	Dallas	7698	Blake	manager	7839	1981-05-01	2850	(Null)	30
30	Sales	Chicago	7698	Blake	manager	7839	1981-05-01	2850	(Null)	30
40	Operations	Boston	7698	Blake	manager	7839	1981-05-01	2850	(Null)	30
10	Accounting	New York	7782	Clark	manager	7839	1981-06-09	2450	(Null)	10
20	Research	Dallas	7782	Clark	manager	7839	1981-06-09	2450	(Null)	10
30	Sales	Chicago	7782	Clark	manager	7839	1981-06-09	2450	(Null)	10
40	Operations	Boston	7782	Clark	manager	7839	1981-06-09	2450	(Null)	10
10	Accounting	New York	7788	Scott	analyst	7566	1987-04-19	3000	(Null)	20
20	Research	Dallas	7788	Scott	analyst	7566	1987-04-19	3000	(Null)	20
30	Sales	Chicago	7788	Scott	analyst	7566	1987-04-19	3000	(Null)	20
40	Operations	Boston	7788	Scott	analyst	7566	1987-04-19	3000	(Null)	20
10	Accounting	New York	7839	King	president	(Null)	1981-11-17	5000	(Null)	10
20	Research	Dallas	7839	King	president	(Null)	1981-11-17	5000	(Null)	10
30	Sales	Chicago	7839	King	president	(Null)	1981-11-17	5000	(Null)	10
40	Operations	Boston	7839	King	president	(Null)	1981-11-17	5000	(Null)	10
10	Accounting	New York	7844	Turner	salesman	7698	1981-09-08	1500	0	30
20	Research	Dallas	7844	Turner	salesman	7698	1981-09-08	1500	0	30
30	Sales	Chicago	7844	Turner	salesman	7698	1981-09-08	1500	0	30
40	Operations	Boston	7844	Turner	salesman	7698	1981-09-08	1500	0	30
10	Accounting	New York	7876	Adams	clerk	7788	1987-05-23	1100	(Null)	20
20	Research	Dallas	7876	Adams	clerk	7788	1987-05-23	1100	(Null)	20
30	Sales	Chicago	7876	Adams	clerk	7788	1987-05-23	1100	(Null)	20
40	Operations	Boston	7876	Adams	clerk	7788	1987-05-23	1100	(Null)	20
10	Accounting	New York	7900	James	clerk	7698	1981-12-03	950	(Null)	30
20	Research	Dallas	7900	James	clerk	7698	1981-12-03	950	(Null)	30
30	Sales	Chicago	7900	James	clerk	7698	1981-12-03	950	(Null)	30
40	Operations	Boston	7900	James	clerk	7698	1981-12-03	950	(Null)	30
10	Accounting	New York	7902	Ford	analyst	7566	1981-12-03	3000	(Null)	20
20	Research	Dallas	7902	Ford	analyst	7566	1981-12-03	3000	(Null)	20
30	Sales	Chicago	7902	Ford	analyst	7566	1981-12-03	3000	(Null)	20
40	Operations	Boston	7902	Ford	analyst	7566	1981-12-03	3000	(Null)	20
10	Accounting	New York	7934	Miller	clerk	7782	1982-01-23	1300	(Null)	10
20	Research	Dallas	7934	Miller	clerk	7782	1982-01-23	1300	(Null)	10
30	Sales	Chicago	7934	Miller	clerk	7782	1982-01-23	1300	(Null)	10
40	Operations	Boston	7934	Miller	clerk	7782	1982-01-23	1300	(Null)	10

图 9-5　示例 9-4 运行效果图

9.2　自然连接查询

自然连接(Natural Join)查询是一种特殊的连接查询,该操作会在关系表生成的笛卡尔积记录中根据关系表中相同名称的字段进行记录的自动匹配(如果关系表中该字段的值相同则保留该记录,否则舍弃该记录),然后去除重复字段。

自然连接通过"natural join"关键字来实现连接查询,其 SQL 语法如下:

```
select column_name1, column_name2, …
from table1 natural join table2;
```

其中,"natural join"是自然连接所用到的关键字;"column_name1"和"column_name2"分别为要查询字段的名称。

使用上述 SQL 语法,对 dept 表和 emp 表进行自然连接查询,其 SQL 语句如示例 9-5 所示。

【示例9-5】自然连接查询。

```
select * from dept natural join emp;
```

执行结果如图 9-6 所示。

deptno	dname	loc	empno	ename	job	mgr	hiredate	sal	comm
10	Accounting	New York	7782	Clark	manager	7839	1981-06-09	2450	(Null)
10	Accounting	New York	7839	King	president	(Null)	1981-11-17	5000	(Null)
10	Accounting	New York	7934	Miller	clerk	7782	1982-01-23	1300	(Null)
20	Research	Dallas	7369	Smith	clerk	7902	1980-12-17	800	(Null)
20	Research	Dallas	7566	Jones	manager	7839	1981-04-02	2975	(Null)
20	Research	Dallas	7788	Scott	analyst	7566	1987-04-19	3000	(Null)
20	Research	Dallas	7876	Adams	clerk	7788	1987-05-23	1100	(Null)
20	Research	Dallas	7902	Ford	analyst	7566	1981-12-03	3000	(Null)
30	Sales	Chicago	7499	Allen	salesman	7698	1981-02-20	1600	300
30	Sales	Chicago	7521	Ward	salesman	7698	1981-02-22	1250	500
30	Sales	Chicago	7654	Maritn	salesman	7698	1981-09-28	1250	1400
30	Sales	Chicago	7698	Blake	manager	7839	1981-05-01	2850	(Null)
30	Sales	Chicago	7844	Turner	salesman	7698	1981-09-08	1500	0
30	Sales	Chicago	7900	James	clerk	7698	1981-12-03	950	(Null)

图 9-6　示例 9-5 运行效果图

从图 9-6 中可以看到,显示结果中只有一个 deptno 字段,由于该字段是 dept 表和 emp 表的相同字段,因此会去掉一个重复字段;而记录总数只有 14 条,这是因为自然连接会在两张表生成的笛卡尔积结果中过滤掉那些不满足"dept.deptno = emp.deptno"这个连接条件的记录。

> **注意:**
> ● 在使用自然连接时,根据两张表中的相同字段(字段名和字段类型必须相同)自动进行匹配,因此用户无权指定进行匹配的字段。
> ● 自然连接查询的结果中只会保留一个进行匹配的字段。
> ● 在使用自然连接时,可以配合 where 子句进行条件查询。

9.3　内连接查询

内连接(Inner Join)查询是使用频率最高的连接查询操作。所谓内连接，就是指在两张或多张表生成的笛卡尔积记录中筛选出与连接条件相匹配的数据记录，过滤掉不匹配的记录。也就是说，使用内连接查询的结果中只存在满足条件的记录。

内连接通过"inner join"关键字来实现连接查询，其 SQL 语法如下：

```
select column_name1, column_name2, …
from table1[[as] t1] [inner] join table2 [[as] t2]
on join_condition
[where where_condition];
```

其中，"inner join"是内连接所用到的关键字，"inner"可以省略；"t1"和"t2"分别为表"table1"和表"table2"的别名；"join_condition"为两个表的连接条件，该条件需要写在关键字"on"的后面；"column_name1"和"column_name2"为要查询字段的名称。

如果两个表中有同名字段，必须使用表名或者表别名区分，如 table1.name 表示 table1表中的 name 字段，而 table2.name 表示 table2 表中的 name 字段；而对于两张表中的不同字段，虽然可以不使用"表名."前缀，但是为了提高查询效率，推荐在所有字段前都加上"表名."前缀，这样在查询时就会去指定的表中查找该字段，而不需要在两张表中都查找。

内连接查询是一种典型的连接运算，在连接条件"join_condition"中使用"="、"<>"、">"、"<"等比较运算符来实现记录的筛选。内连接根据连接条件的不同可以分为等值连接和非等值连接。

9.3.1　等值连接查询

等值连接查询是在 on 子句的连接条件"join_condition"中使用"="比较运算符指定两张表中要进行匹配的字段，从而在两张表生成的笛卡尔积记录中筛选出满足条件的记录。

> **注意**：自然连接与等值连接是有区别的。区别如下：
> ● 自然连接中不能使用 on 子句任意指定匹配的连接条件，而等值连接可以。
> ● 自然连接会去掉重复的字段，而等值连接不会。

使用等值连接实现如下功能：查询每位员工的编号、姓名、职位、月薪、部门编号、部门名称、部门所在地。

在实现该功能之前，先来分析一下需求：

(1) 要查询的员工信息分别位于 emp 表和 dept 表中，因此需要使用连接查询。

(2) 要查询的员工编号(empno)、姓名(ename)、职位(job)、月薪(sal)位于 emp 表中；部门名称(dname)、部门所在地(loc)位于 dept 表中；部门编号(deptno)为两个表中的关联字段，因此连接条件应该为"emp.deptno = dept.deptno"。

在确定了要查询的表以及连接条件后，就可以书写 SQL 语句了，如示例 9-6 所示。

【示例9-6】内连接查询——等值连接。

```
select e.empno, e.ename, e.job, e.sal, d.deptno, d.dname, d.loc
from emp e inner join dept d
on e.deptno=d.deptno;
```

执行结果如图9-7所示。

empno	ename	job	sal	deptno	dname	loc
7782	Clark	manager	2450	10	Accounting	New York
7839	King	president	5000	10	Accounting	New York
7934	Miller	clerk	1300	10	Accounting	New York
7369	Smith	clerk	800	20	Research	Dallas
7566	Jones	manager	2975	20	Research	Dallas
7788	Scott	analyst	3000	20	Research	Dallas
7876	Adams	clerk	1100	20	Research	Dallas
7902	Ford	analyst	3000	20	Research	Dallas
7499	Allen	salesman	1600	30	Sales	Chicago
7521	Ward	salesman	1250	30	Sales	Chicago
7654	Maritn	salesman	1250	30	Sales	Chicago
7698	Blake	manager	2850	30	Sales	Chicago
7844	Turner	salesman	1500	30	Sales	Chicago
7900	James	clerk	950	30	Sales	Chicago

图9-7　示例9-6运行效果图

从图 9-7 中可以看到，显示结果中的记录共有 14 条，这是因为笛卡尔积中不满足"dept.deptno = emp.deptno"这个连接条件的记录已经被过滤掉了，并且成功地显示了指定的员工信息。

上述 SQL 语法是 SQL99 标准中制定的表连接方式，这种方式需要使用"join…on…"语句来实现连接查询。而在 SQL99 标准之前还有一个 SQL92 标准，在 SQL92 标准中可以使用另外一种方式来实现相同的功能，这种方式中表与表之间不需要使用 join 关键字连接，而是使用"，"隔开；连接条件也不需要写在 on 子句中，而是直接写在 where 子句中。其 SQL 语句如示例 9-7 所示。

【示例9-7】内连接查询——等值连接(SQL92 标准)。

```
select e.empno, e.ename, e.job, e.sal, d.deptno, d.dname, d.loc
from emp e, dept d
where e.deptno=d.deptno;
```

执行结果如图9-8所示。

由图 9-8 与图 9-7 对比可知，两种 SQL 语句的运行结果相同。但是推荐大家使用 SQL99 标准中的语法结构。这是因为在 SQL92 标准中，连接条件和查询条件均是放在 where 子句中，如果连接条件和查询条件数量较多时，会产生混淆；而 SQL99 标准中专门使用 on 子句来指定连接条件，使用 where 子句指定查询条件，不会产生混淆，可读性更高。

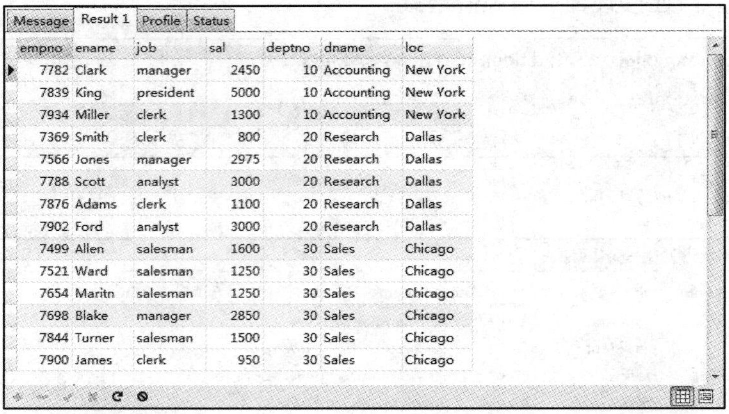

empno	ename	job	sal	deptno	dname	loc
7782	Clark	manager	2450	10	Accounting	New York
7839	King	president	5000	10	Accounting	New York
7934	Miller	clerk	1300	10	Accounting	New York
7369	Smith	clerk	800	20	Research	Dallas
7566	Jones	manager	2975	20	Research	Dallas
7788	Scott	analyst	3000	20	Research	Dallas
7876	Adams	clerk	1100	20	Research	Dallas
7902	Ford	analyst	3000	20	Research	Dallas
7499	Allen	salesman	1600	30	Sales	Chicago
7521	Ward	salesman	1250	30	Sales	Chicago
7654	Maritn	salesman	1250	30	Sales	Chicago
7698	Blake	manager	2850	30	Sales	Chicago
7844	Turner	salesman	1500	30	Sales	Chicago
7900	James	clerk	950	30	Sales	Chicago

图 9-8　示例 9-7 运行效果图

9.3.2　非等值连接查询

非等值连接查询是在 on 子句的连接条件"join_condition"中使用">"、">="、"<"、"<="、"<>"或者"!="这些表示不等关系的比较运算符指定两张表中要进行匹配的不等条件，从而在两张表生成的笛卡尔积记录中筛选出满足条件的记录。

使用非等值连接实现如下功能：查询员工编号大于领导编号的所有员工的编号、姓名、职位及领导的编号、姓名、职位。

在实现该功能之前，先来分析一下需求：

(1) 要查询的员工的编号、姓名、职位在员工表(emp 表)中；领导的编号、姓名、职位在领导表(emp 表)中(由于 emp 表综合了员工和领导的信息，因此 emp 表既是员工表也是领导表)。

(2) 需要连接的两张表为员工表(emp 表)和领导表(emp 表)。这是一种特殊的连接，称为自连接，即表与自身进行连接。

(3) 两张表的连接条件为：

员工表的领导编号(emp.mgr) = 领导表的领导编号(emp.empno)；

员工表的员工编号(emp.empno) > 领导表的领导编号(emp.empno)

在确定了要查询的表以及连接条件后，就可以书写 SQL 语句了，在 on 子句中指定的多个连接条件可以使用 and 或 or 连接起来(同时满足则使用 and，满足其中之一则使用 or)，如示例 9-8 所示。

【示例 9-8】内连接查询——非等值连接。

```
select e1.empno , e1.ename, e1.job ejob, e2.empno lno, e2.ename lname, e2.job ljob
from emp e1 inner join emp e2
on e1.mgr=e2.empno and e1.empno>e2.empno;
```

执行结果如图 9-9 所示。

从图 9-9 中可以看到，显示结果中的记录共有 6 条，这是因为在 on 子句中首先设置了"e1.mgr = e2.empno"这个连接条件，所以在 emp 表与 emp 表产生的笛卡尔积记录(共 14 × 14 条记录)中筛选出了满足条件的 14 条记录，然后再使用"e1.empno>e2.empno"这个连接条件，在剩余的 14 条记录中做筛选。

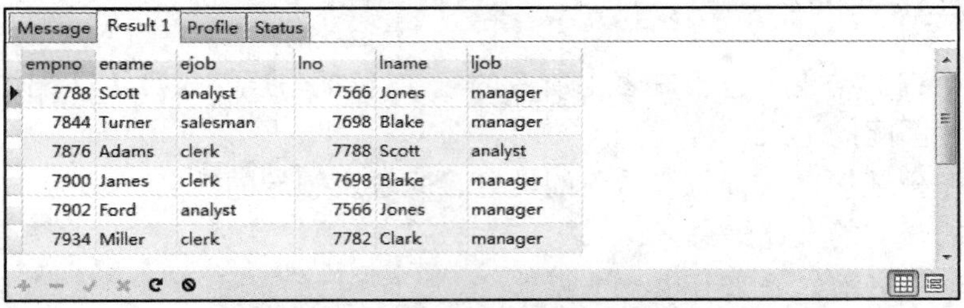

图 9-9 示例 9-8 运行效果图

使用 SQL92 标准中的语法结构来实现该功能，其 SQL 语句如示例 9-9 所示。

【示例 9-9】内连接查询——非等值连接(SQL92 标准)。

```
select e1.empno , e1.ename, e1.job ejob, e2.empno lno, e2.ename lname, e2.job ljob
from emp e1, emp e2
where e1.mgr=e2.empno and e1.empno>e2.empno;
```

执行结果如图 9-10 所示。

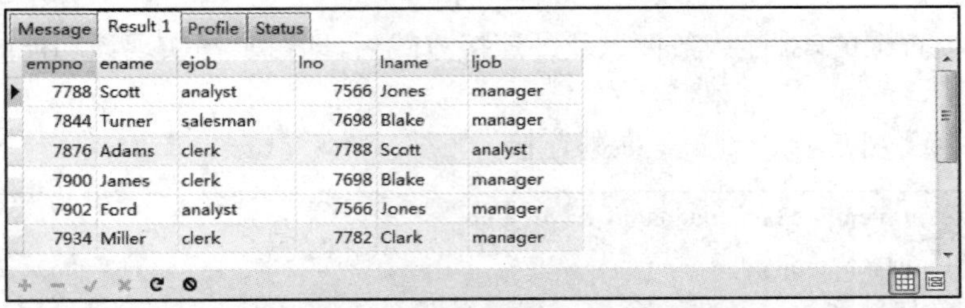

图 9-10 示例 9-9 运行效果图

由图 9-10 与图 9-9 对比可知，两种 SQL 语句的运行结果相同。

9.4 外连接查询

外连接(Outer Join)查询不仅能在两张或多张表生成的笛卡尔积记录中筛选出与连接条件相匹配的数据记录，还能根据用户指定保留部分不匹配的记录。按照不匹配记录来源的不同，可以将外连接分为左外连接和右外连接。

外连接查询通过"outer join"关键字来实现连接查询，其 SQL 语法如下：

```
select column_name1, column_name2, …
from table1[[as] t1] left|right [outer] join table2 [[as] t2]
on join_condition
[where where_condition];
```

其中，"outer join"是外连接所用到的关键字，而"outer"可以省略；"left|right"分别表示左外连接和右外连接；"table1"和"table2"为要连接查询的两张表的名称，其中"table1"称为左表，"table2"称为右表。

下面我们将针对这两种外连接进行详细介绍。

9.4.1　左外连接查询

左外连接查询的结果中包含左表中所有的记录(包括与连接条件不匹配的记录)以及右表中与连接条件匹配的记录。

下面使用左外连接来查询每位员工的姓名、职位及领导的姓名、职位，同时要显示姓名为"King"的员工的上述信息。

在实现该功能之前，先来分析一下需求：

(1) 要查询的员工的姓名、职位在员工表(emp 表)中；领导的姓名、职位在领导表(emp 表)中。

(2) 需要连接的两张表为员工表(emp 表)和领导表(emp 表)，即自连接。

(3) 两张表的连接条件为：

员工表的领导编号(emp.mgr) = 领导表的领导编号(emp.empno)

(4) 由于员工"King"没有领导("King"是公司的最高领导人)，因此匹配记录中并不包含该员工的信息，所以可以使用左外连接显示 emp 表中不匹配的记录，即员工"King"的相关信息记录。

在确定了要查询的表、连接条件以及外连接方式后，即可书写实现该功能的 SQL 语句，如示例 9-10 所示。

【示例 9-10】外连接查询——左外连接。

```
select e1.ename, e1.job ejob, e2.ename lname, e2.job ljob
from emp e1 left outer join emp e2
on e1.mgr=e2.empno;
```

执行结果如图 9-11 所示。

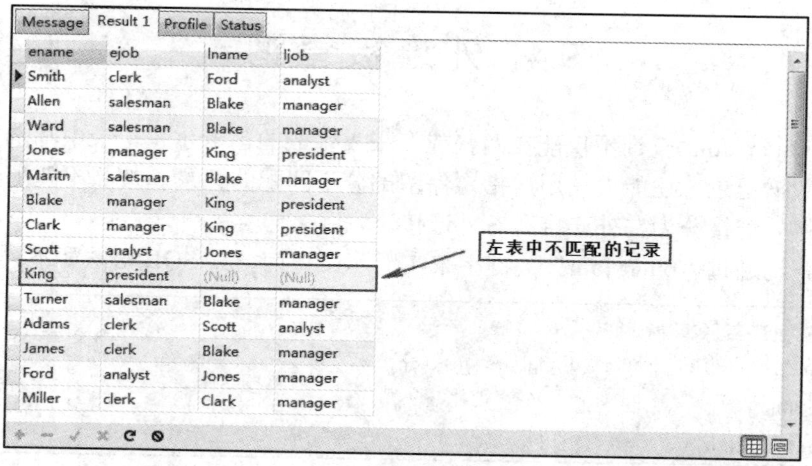

图 9-11　示例 9-10 运行效果图

从图 9-11 中可以看到，显示结果中的记录共有 14 条，其中包含了一条左表(emp 表)中不匹配的记录，即姓名为"King"的员工信息。如果使用相同的连接条件，但连接方式改为内连接的话，查询结果中将会只有 13 条记录，因为内连接只包含匹配的记录。

9.4.2　右外连接查询

右外连接查询的结果中包含右表中所有的记录(包括与连接条件不匹配的记录)以及左表中与连接条件匹配的记录。

下面使用右外连接来查询所有部门的详细信息及每个部门的平均月薪，包含没有员工的部门，并按照平均月薪由低到高排序。

在实现该功能之前，先来分析一下需求：

(1) 要查询的部门详细信息(部门编号、部门名称、部门所在地)在部门表(dept 表)中，而每个部门的平均月薪需要通过员工表(emp 表)获取。

(2) 需要连接的两张表为员工表(emp 表)和部门表(dept 表)。

(3) 两张表的连接条件为：

员工表的部门编号(emp.deptno) = 部门表的部门编号(dept.deptno)

(4) 由于部门表中存在部门编号为 40 的部门，而员工表中没有员工属于该部门，因此该部门为 dept 表中不匹配的记录，可以使用右外连接的方式显示其信息。

(5) 要查询每个部门的平均月薪需要使用"group by"子句按照部门编号分组查询，并使用"order by"子句对查询结果进行升序操作。

在确定了要查询的表、连接条件以及外连接方式后，即可书写实现该功能的 SQL 语句，如示例 9-11 所示。

【示例 9-11】外连接查询——右外连接。

```
select d.*, avg(e.sal) avg_sal
from emp e right outer join dept d
on e.deptno = d.deptno
group by deptno
order by avg_sal;
```

执行结果如图 9-12 所示。

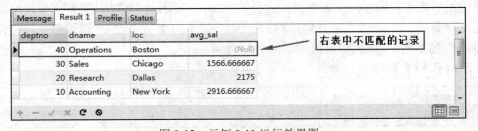

图 9-12　示例 9-11 运行效果图

从图 9-12 中可以看到，显示结果中的记录共有 4 条，其中包含了一条右表(dept 表)中不匹配的记录，即部门标号为 40 的部门信息，并且记录按照平均月薪升序排序。在示例 9-11 中，使用了分组查询，在此要注意"group by"子句应该放到"where"子句之后，但是此 SQL 语句没有"where"子句，所以直接放到"on"子句的后面即可。

左外连接和右外连接是可以相互转化的，例如，示例 9-11 中的右外连接可以使用如下的 SQL 语句转化为左外连接，而执行后的结果完全相同：

```
select d.*, avg(e.sal) avg_sal
from dept d left outer join emp e
on e.deptno = d.deptno
group by deptno
order by avg_sal;
```

9.5　子　查　询

子查询是 MySQL 4.1 提供的新功能，在此之前需要使用表的连接查询来实现子查询的功能。在多数情况下，表的连接查询可以优化子查询效率较低的问题。

所谓子查询，是指将一个查询(内层查询)语句嵌套在另外一个查询(外层查询)语句中，内层查询语句的结果为外层查询语句提供查询条件，内层查询要先于外层查询执行。

当进行查询的条件是另外一个"select"语句查询的结果时，就可以使用子查询。例如，查询比员工"Clark"月薪高的所有员工的信息，查询月薪高于平均月薪的所有员工的名字和月薪等。

子查询(内层查询)语句一般存在于 where 子句和 from 子句中，并且根据子查询返回的记录结果可以将子查询分为标量子查询、行子查询、列子查询、表子查询。下面针对这四种子查询进行详细讲解。

9.5.1　标量子查询

标量子查询指的是子查询(内层查询)返回的结果是一个单一值的标量，如一个数字或者一个字符串，这种方式是子查询中最简单的返回形式。在标量子查询中可以使用">"、">="、"<"、"<="、"="、"<>"或者"!="这些比较运算符对子查询的标量结果进行比较，通常子查询的位置在比较式的右侧。

完成如下需求：查询 emp 表中月薪比员工"Clark"高的员工信息。想要完成这个功能，就要先查询到员工"Clark"的月薪，然后在 where 子句中使用">"运算符比较每位员工与"Clark"的月薪。其 SQL 语句如示例 9-12 所示。

【示例 9-12】标量子查询。

```
select * from emp
where sal>(select sal from emp where ename='Clark');
```

执行结果如图 9-13 所示。

从图 9-13 中可以看到，显示结果中的记录共有 5 条，且每条记录的 sal 字段值均大于员工"Clark"的月薪 2450。示例 9-12 的 SQL 语句，首先会先执行子查询语句"select sal from emp where ename='Clark'"，得到的结果为 2450，然后再执行外层查询语句"select * from emp where sal>2450"，最终得到图 9-13 中的 5 条记录。

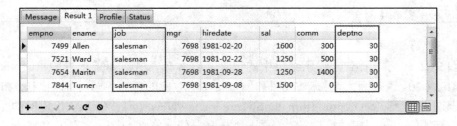

图 9-13　示例 9-12 运行效果图

9.5.2　行子查询

行子查询指的是子查询(内层查询)返回的结果集是 1 行 n(n≥1)列，该结果集通常来自于对表中某条记录的查询。在行子查询中也可以使用 ">"、">="、"<"、"<="、"="、"<>"或者 "!="这些比较运算符对子查询的结果进行比较，通常子查询的位置在比较式的右侧。

完成如下需求：查询 emp 表中职位和部门与员工 "Allen" 相同的员工信息。想要完成这个功能，就要先查询到员工 "Allen" 的职位和部门，然后在 where 子句中使用 "=" 运算符比较每位员工与 "Allen" 的职位和部门。其 SQL 语句如示例 9-13 所示。

【示例 9-13】行子查询。

```
select * from emp
where (job, deptno)=(select job, deptno from emp where ename='Allen');
```

执行结果如图 9-14 所示。

执行结果如图 9-14 所示。

从图 9-14 中可以看到，显示结果中的记录共有 4 条，并且每条记录的 "job" 字段的值和 "deptno" 字段的值分别为 "salesman" 和 30，与员工 "Allen" 的 "job" 字段和 "deptno" 字段相同。

9.5.3　列子查询

列子查询指的是子查询(内层查询)返回的结果集是 n(n≥1)行 1 列，该结果集通常来自于对表中某个字段的查询。在列子查询中可以使用 "in"、"any"、"some"、"all"、"exists"运算符(关键字)，不能直接使用 ">"、">="、"<"、"<="、"="、"<>"或者 "!="这些比较标量结果的比较运算符。

1. 使用"in"关键字的列子查询

使用"in"关键字的列子查询，在开发中经常遇到。"in"关键字的意思是"判定某个值是否在一个集合中，如果在就返回 true，否则返回 false，而该集合就是列子查询的结果集"。可以使用"not in"来实现外部查询条件不在子查询结果集中的操作。

下面完成如下需求：查询 emp 表中工作地点在"New York"或者"Dallas"的员工信息。想要完成这个功能，就要先在 dept 表中查询到"New York"和"Dallas"所对应的部门编号"deptno"字段，然后在 where 子句中使用"in"关键字判断员工的部门编号是否在子查询的结果集中。其 SQL 语句如示例 9-14 所示。

【示例 9-14】列子查询——使用"in"关键字。

```
select * from emp
    where deptno in
    (select deptno from dept where loc in ('New York', 'Dallas'));
```

执行结果如图 9-15 所示。

empno	ename	job	mgr	hiredate	sal	comm	deptno
7782	Clark	manager	7839	1981-06-09	2450	(Null)	10
7839	King	president	(Null)	1981-11-17	5000	(Null)	10
7934	Miller	clerk	7782	1982-01-23	1300	(Null)	10
7369	Smith	clerk	7902	1980-12-17	800	(Null)	20
7566	Jones	manager	7839	1981-04-02	2975	(Null)	20
7788	Scott	analyst	7566	1987-04-19	3000	(Null)	20
7876	Adams	clerk	7788	1987-05-23	1100	(Null)	20
7902	Ford	analyst	7566	1981-12-03	3000	(Null)	20

图 9-15　示例 9-14 运行效果图

从图 9-15 中可以看到，显示结果中的记录共有 8 条，并且每条记录的"deptno"字段的值为 10 或 20。这是因为"New York"和"Dallas"所对应的部门编号分别为"10"和"20"，所以子查询语句"select deptno from dept where loc in ('New York', 'Dallas')"返回的结果集为 (10, 20)，因此外层查询语句相当于"select * from emp where deptno in (10, 20)"。

2. 使用"any"或"some"关键字的列子查询

"any"关键字的意思是"对子查询返回的结果集中的任何一个数据，如果比较结果为 true，就返回 true，如果比较结果全部为 false，才会返回 false"。例如，"10 >any(12, 23, 5, 37)"，由于 10>5，因此该比较式的结果为 true，即只要 10 与集合中的任意一个数值的比较结果为 true，那么整个比较式就会返回 true。"some"是"any"的别名，很少使用。

"any"通常与比较运算符">"、">="、"<"、"<="、"="、"<>"或者"!="联合使用，其中：

"=any"：功能与"in"关键字相同；

">any"：大于子查询结果集中任意一个数据时返回 true，否则返回 false；也就是说，只要大于结果集中最小的数据即可返回 true；

"＞=any"：大于等于子查询结果集中任意一个数据时返回 true，否则返回 false，也就是说，只要大于等于结果集中最小的数据即可返回 true；

"＜any"：小于子查询结果集中任意一个数据时返回 true，否则返回 false，也就是说，只要小于结果集中最大的数据即可返回 true；

"＜=any"：小于等于子查询结果集中任意一个数据时返回 true，否则返回 false，也就是说，只要小于等于结果集中最大的数据即可返回 true；

"＜＞any"：不等于子查询结果中任意一个数据时返回 true，否则返回 false。

> **注意**："not in" 关键字表示与子查询结果集中所有数据都不匹配时才能返回 true，而 "＜＞any" 表示与子查询结果集中的任意一个数据不匹配即可返回 true。所以 "not in" 关键字相当于 "＜＞all"（后面会讲解 all 的用法），而与 "＜＞any" 不同。

下面完成如下需求：查询 emp 表中月薪低于任何一个 "clerk" 的月薪的员工信息。想要完成这个功能，就要先在 emp 表中查询到职位为 "clerk" 的所有员工的月薪，然后在 where 子句中使用 "＜any" 运算符判断员工的月薪是否小于子查询结果集中的最大值。其 SQL 语句如示例 9-15 所示。

【示例 9-15】列子查询——使用 "any" 关键字。

```
select * from emp
    where sal<any
    (select sal from emp where job='clerk');
```

执行结果如图 9-16 所示。

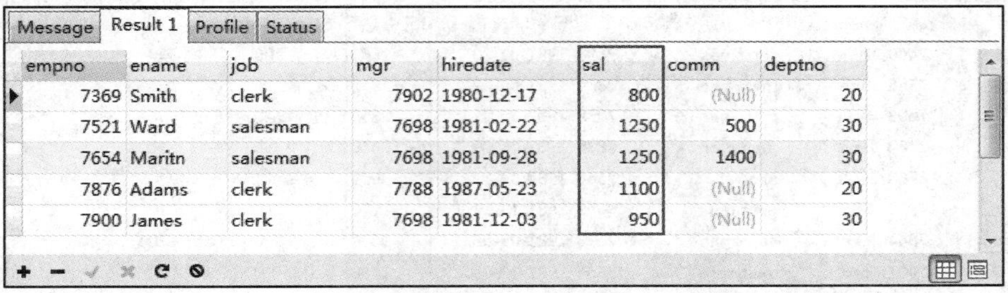

Message	Result 1	Profile	Status					
empno	ename	job	mgr	hiredate	sal	comm	deptno	
7369	Smith	clerk	7902	1980-12-17	800	(Null)	20	
7521	Ward	salesman	7698	1981-02-22	1250	500	30	
7654	Maritn	salesman	7698	1981-09-28	1250	1400	30	
7876	Adams	clerk	7788	1987-05-23	1100	(Null)	20	
7900	James	clerk	7698	1981-12-03	950	(Null)	30	

图 9-16　示例 9-15 运行效果图

从图 9-16 中可以看到，显示结果中的记录共有 5 条，并且每条记录的 sal 字段的值均小于 1300。这是因为子查询语句 "select sal from emp where job='clerk'" 返回的结果集为(800, 1100, 950, 1300)，所以外层查询语句相当于 "select * from emp where sal<any(800, 1100, 950, 1300)"，因此只要员工的月薪小于 1300 便可满足条件。

3. 使用 "all" 关键字的列子查询

"all" 关键字的意思是 "对于子查询返回的结果集中的所有数据，如果比较结果都为 true，才会返回 true，如果比较结果中有一个为 false，则返回 false"。例如，"10 >all(1, 2, 3, 4)"，由于 10 大于集合中的所有数据，因此该比较式的结果为 true，即只要 10 大于集合中的最大值，则返回 true，否则返回 false。

"all"关键字通常与比较运算符">"、">="、"<"、"<="、"<>"或者"!="联合使用，其中：

">all"：大于子查询结果集中所有数据时返回 true，否则返回 false，也就是说，只要大于结果集中最大的数据即可返回 true；

">=all"：大于等于子查询结果集中所有数据时返回 true，否则返回 false，也就是说，只要大于等于结果集中最大的数据即可返回 true；

"<all"：小于子查询结果集中所有数据时返回 true，否则返回 false，也就是说，只要小于结果集中最小的数据即可返回 true；

"<=all"：小于等于子查询结果集中所有数据时返回 true，否则返回 false，也就是说，只要小于等于结果集中最小的数据即可返回 true；

"<>all"：相当于"not in"关键字。

下面完成如下需求：查询 emp 表中月薪高于所有"clerk"的月薪的员工信息。想要完成这个功能，就要先在 emp 表中查询到职位为"clerk"的所有员工的月薪，然后在 where 子句中使用">all"运算符判断员工的月薪是否大于子查询结果集中的最大值。其 SQL 语句如示例 9-16 所示。

【示例 9-16】列子查询——使用"all"关键字。

```
select * from emp
  where sal>all
    (select sal from emp where job='clerk');
```

执行结果如图 9-17 所示。

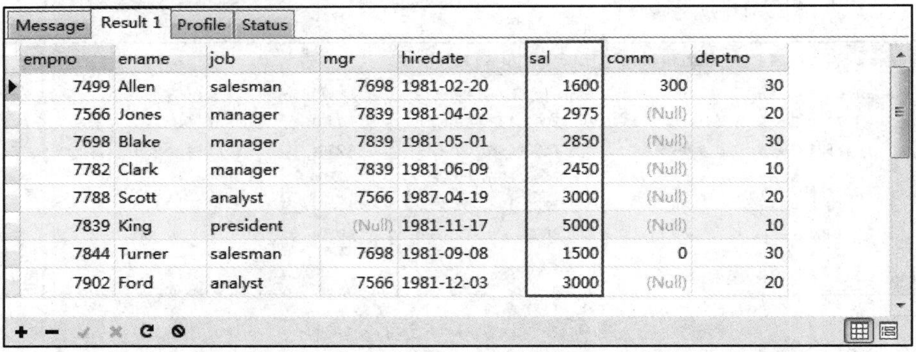

empno	ename	job	mgr	hiredate	sal	comm	deptno
7499	Allen	salesman	7698	1981-02-20	1600	300	30
7566	Jones	manager	7839	1981-04-02	2975	(Null)	20
7698	Blake	manager	7839	1981-05-01	2850	(Null)	30
7782	Clark	manager	7839	1981-06-09	2450	(Null)	10
7788	Scott	analyst	7566	1987-04-19	3000	(Null)	20
7839	King	president	(Null)	1981-11-17	5000	(Null)	10
7844	Turner	salesman	7698	1981-09-08	1500	0	30
7902	Ford	analyst	7566	1981-12-03	3000	(Null)	20

图 9-17　示例 9-16 运行效果图

从图 9-17 中可以看到，显示结果中的记录共有 8 条，并且每条记录的 sal 字段的值均大于 1300。这是因为子查询语句"select sal from emp where job='clerk'"返回的结果集为(800, 1100, 950, 1300)，所以外层查询语句相当于"select * from emp where sal>all(800, 1100, 950, 1300)"，因此只要员工的月薪大于 1300 便可满足条件。

4. 使用"exists"关键字的列子查询

"exists"关键字表示存在的意思。在使用"exists"关键字时，子查询语句返回的并不是查询记录的结果集，而是返回一个布尔值。如果子查询语句查询到满足条件的记录(至少返回一条记录)，则"exists"语句就返回 true，否则返回 false。当子查询返回的结果为 true

时，外层查询语句将进行查询，否则不进行查询。“not exists”关键字刚好与之相反。

下面来完成如下需求：查询 dept 表中有员工存在的部门的信息。想要完成这个功能，就要先在 emp 表中查询每个部门的员工信息，然后在 where 子句中使用“exists”关键字判断子查询中是否包含满足条件的记录。其 SQL 语句如示例 9-17 所示。

【示例 9-17】列子查询——使用“exists”关键字。

```
select * from dept
  where exists
    (select ename from emp where deptno=dept.deptno);
```

执行结果如图 9-18 所示。

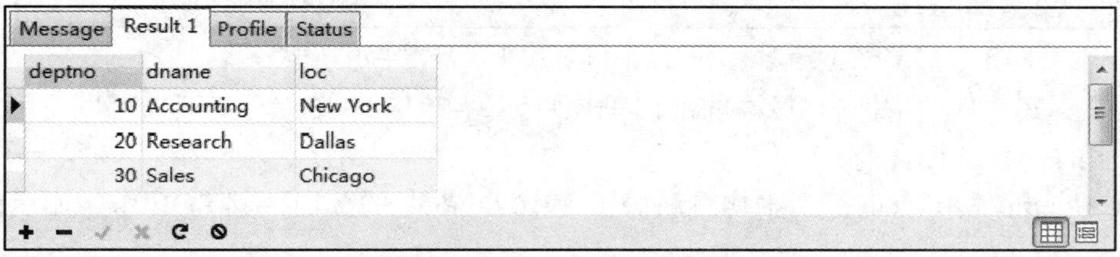

deptno	dname	loc
10	Accounting	New York
20	Research	Dallas
30	Sales	Chicago

图 9-18　示例 9-17 运行效果图

从图 9-18 中可以看到，显示结果中的记录共有 3 条，其中不包含部门编号为 40 的部门信息。这是因为当子查询语句“select ename from emp where deptno=dept.deptno”中的 dept.deptno 为 40 时，在 emp 表中并没有与之匹配的记录，从而导致子查询的结果中并没有任何记录，因此“exists”语句返回 false，此时外层查询并不执行。

9.5.4　表子查询

表子查询指的是子查询(内层查询)返回的结果集是 n 行 n 列(n≥1)，该结果集通常来自于对表中多条记录的查询。表子查询的结果集可以当做一张临时表来处理，因此这种子查询通常用在 from 子句中。

下面来完成如下需求：查询 emp 表中平均月薪最高的部门的编号和平均月薪。为了方便理解，分步来实现该功能：

(1) 查询 emp 表中所有部门的编号和平均月薪，其 SQL 语法如下：

```
select deptno, avg(sal) avg_sal from emp group by deptno;
```

执行结果如图 9-19 所示。

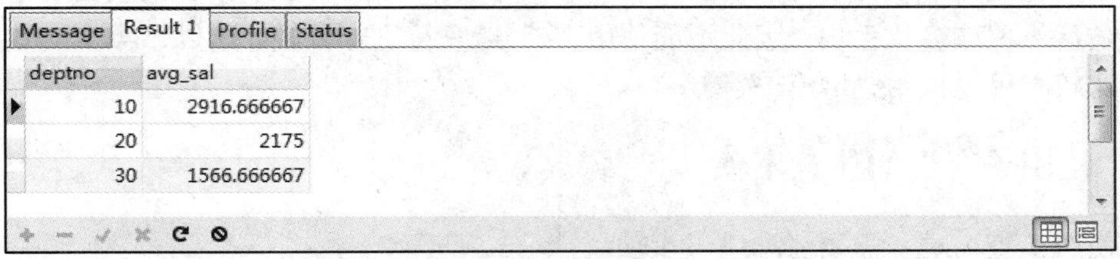

deptno	avg_sal
10	2916.666667
20	2175
30	1566.666667

图 9-19　查询 emp 表中的部门编号和平均月薪

　　从图 9-19 中可以看到，每个部门的编号以及平均月薪均已查询成功。

　　(2) 将步骤(1)中的查询结果当做一张名为 "sal_level" 的新表，然后在这张新表中查找出最高的平均月薪，其 SQL 语法如下：

```
select max(avg_sal) from
    (select deptno, avg(sal) avg_sal from emp group by deptno) sal_level;
```

　　执行结果如图 9-20 所示。

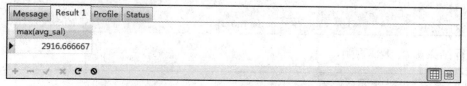

图 9-20　查询 sal_level 表中的最高平均月薪

　　从图 9-20 中可以看到，最高的部门平均月薪为 2916.666667，接下来可以使用在子查询中所学的内容进行查询。

　　(3) 在 emp 表中查询部门平均月薪等于 2916.666667 的部门。其 SQL 语句如示例 9-18 所示。

　　【示例 9-18】表子查询。

```
select deptno, avg(sal) avg_sal from emp
    group by deptno
    having avg(sal) like (
        select max(avg_sal) from
            (select deptno, avg(sal) avg_sal from emp group by deptno) sal_level);
```

　　执行结果如图 9-21 所示。

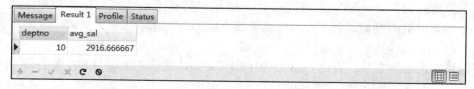

图 9-21　示例 9-18 运行效果图

　　从图 9-21 中可以看到，已经成功查询到平均月薪最高的部门编号为 10，该部门的平均月薪为 2916.666667。

　　大家可能注意到了一点：在示例 9-18 中，使用的是 "like" 关键字进行数值比较，这是因为平均值函数 avg(sal)得到的结果为 FLOAT 类型的数据，由于该类型数据的精度有可能会将最后一位或多位丢失，因此不能使用 "=" 运算符进行比较，所以该类型的数据在进行等值比较时可以使用 "like" 关键字。

9.5.5　使用子查询的注意事项

　　在使用子查询时，需要注意以下事项：

　　(1) 基于未知值的查询可以考虑使用子查询。

(2) 子查询必须包含在括号内。

(3) 建议将子查询放在比较运算符的右侧，以增强可读性。

(4) 如果子查询返回单行结果(标量子查询和行子查询)，则可以在外层查询中对其使用相应的单行记录比较运算符，如 ">"、">="、"<"、"<="、"="、"<>"或者 "!="。

(5) 如果子查询返回多行结果(列子查询和表子查询)，则此时不允许对其直接使用单行记录比较运算符，但可以使用 "in"、"any"、"some"、"all"、"exists"运算符。

9.6　多表查询练习

【练习 9-1】列出至少有 4 位员工的所有部门信息。

(1) 按部门分组，求出每个部门的员工数：

```
select deptno,count(empno) cou from emp group by deptno;
```

(2) 列出部门人数大于等于 4 的部门：

```
select deptno,count(empno) cou from emp group by deptno having cou>=4;
```

(3) 通过连接部门表，查询出部门的信息：

```
select d.*,ed.cou '部门人数' from dept d,
   (select deptno,count(empno) cou from emp group by deptno having cou>=4) ed
   where d.deptno=ed.deptno;
```

执行结果如图 9-22 所示。

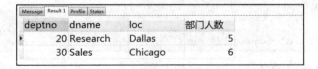

图 9-22　练习 9-1 运行效果图

【练习 9-2】列出工资比员工 "Smith" 高的员工信息。

(1) 求出 "Smith" 的工资：

```
select sal from emp where ename=upper('Smith');
```

(2) 查询所有符合条件的员工信息：

```
select * from emp
where sal>(select sal from emp where ename=upper('Smith') )
```

执行结果如图 9-23 所示。

empno	ename	job	mgr	hiredate	sal	comm	dept
7499	Allen	salesman	7698	1981-02-20	1600.00	300.00	
7521	Ward	salesman	7698	1981-02-22	1250.00	500.00	
7566	Jones	manager	7839	1981-04-02	2975.00	(Null)	
7654	Maritn	salesman	7698	1981-09-28	1250.00	1400.00	
7698	Blake	manager	7839	1981-05-01	2850.00	(Null)	
7782	Clark	manager	7839	1981-06-09	2450.00	(Null)	
7788	Scott	analyst	7566	1987-04-19	3000.00	(Null)	
7839	King	president	(Null)	1981-11-17	5000.00	(Null)	

图 9-23　练习 9-2 运行效果图

【练习 9-3】列出所有员工的姓名及其直接上级的姓名，没有领导的雇员也列出。
此程序属于自身关联查询：

```
select e.ename '雇员姓名',m.ename '领导姓名'
from emp e left join emp m on e.mgr=m.empno;
```

执行结果如图 9-24 所示。

雇员姓名	领导姓名
Smith	Ford
Allen	Blake
Ward	Blake
Jones	King
Maritn	Blake
Blake	King
Clark	King
Scott	Jones

图 9-24　练习 9-3 运行效果图

【练习 9-4】列出受雇日期早于其直接上级的所有员工的编号、姓名、部门名称。
(1) 自身关联，查找 mgr=empno 的同时还要比较 hiredate 字段，先查询编号、姓名：

```
select e.empno,e.ename
from emp e ,emp m
where e.mgr=m.empno and e.hiredate<m.hiredate
```

(2) 如果要加入部门的名称，则应该加入 dept 表，做表关联查询：

```
select e.empno,e.ename,d.dname
from emp e ,emp m,dept d
where e.mgr=m.empno and e.hiredate<m.hiredate and e.deptno=d.deptno
```

执行结果如图 9-25 所示。

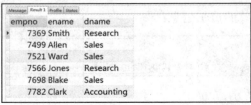

empno	ename	dname
7369	Smith	Research
7499	Allen	Sales
7521	Ward	Sales
7566	Jones	Research
7698	Blake	Sales
7782	Clark	Accounting

图 9-25　练习 9-4 运行效果图

【练习 9-5】列出所有"clerk"(办事员)的姓名及其部门名称、部门人数。

(1) 找出所有办事员的姓名及部门编号：

```
select ename,deptno from emp where job=upper('clerk');
```

(2) 如果要找到部门名称，则要使用部门表：

```
select e.ename,d.dname from emp e ,dept d
where job=upper('clerk') and e.deptno=d.deptno
```

(3) 部门人数要使用分组完成，一旦使用分组，肯定是用"group by"子句：

```
select e.ename,d.dname, ed.cou
from emp e ,dept d ,(select deptno,count(empno) cou from emp group by deptno) ed
where job=upper('clerk') and e.deptno=d.deptno and e.deptno=ed.deptno
```

执行结果如图 9-26 所示。

ename	dname	cou
Smith	Research	5
Adams	Research	5
James	Sales	6
Miller	Accounting	3

图 9-26　练习 9-5 运行效果图

【练习 9-6】列出最低工资大于 1500 的各种工作及从事此工作的全部雇员人数。

(1) 按工作分组，分组条件为最低工资大于 1500：

```
select job
   from emp
   group by job having min(sal)>1500
```

(2) 求全部的雇员人数：

```
select job,count(*)
from emp
where job in (select job from emp group by job having min(sal)>1500)
group by job
```

执行结果如图 9-27 所示。

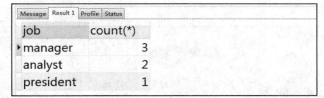

job	count(*)
manager	3
analyst	2
president	1

图 9-27　练习 9-6 运行效果图

【练习 9-7】列出在部门"Sales"(销售部)工作的员工的姓名，假定不知道销售部的部门编号。

(1) 通过 dept 表查询出销售部的部门编号：

```
select deptno from dept where dname='Sales';
```

(2) 将之前的查询作为子查询：

```
select ename
from emp
where deptno=(select deptno from dept where dname='Sales')
```

执行结果如图 9-28 所示。

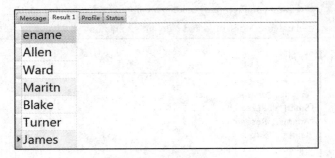

图 9-28   练习 9-7 运行效果图

【练习 9-8】列出工资高于公司平均工资的所有员工及所在部门、上级领导。

(1) 求出公司的平均工资：

```
select avg(sal) from emp;
```

(2) 列出工资高于平均工资的所有员工信息：

```
select * from emp
where sal > (select avg(sal) from emp)
```

(3) 与部门表关联，查询出所在部门的信息：

```
select e.*,d.dname,d.loc
from emp e,dept d
where sal > (select avg(sal) from emp) and e.deptno = d.deptno
```

(4) 查询出其上级领导：

```
select e.*,d.dname,d.loc
from emp e join dept d on e.deptno = d.deptno
left join emp m on e.mgr=m.empno
where e.sal > (select avg(sal) from emp)
```

执行结果如图 9-29 所示。

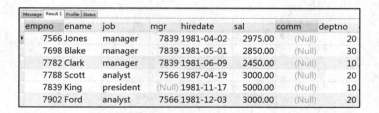

图 9-29 练习 9-8 运行效果图

【练习 9-9】列出与员工"Scott"从事相同工作的所有员工及其部门名称。

(1) 找出"Scott"的工作：

```
select job from emp where ename='Scott'
```

(2) 找出与其工作相同的员工：

```
select e.*
from   emp e
where job=( select job from emp where ename='scott')
```

(3) 获取联合部门表：

```
    select e.*,d.dname,d.loc
    from   emp e,dept d
    where   job=( select job from emp where ename='Scott')
    and    ename!='Scott'
    and e.deptno = d.deptno;
```

执行结果如图 9-30 所示。

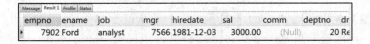

图 9-30 练习 9-9 运行效果图

【练习 9-10】列出工资高于在 30 号部门工作的所有员工的姓名、工资、部门名称。

(1) 使用">all"，比最大的还要大：

```
select ename,sal
from emp
where sal>all(select sal from emp where deptno =30) and deptno!=30;
```

(2) 与 dept 表关联，求出部门名称：

```
select e.ename,e.sal,d.dname,d.loc
from emp e,dept d
where e.sal>all(select sal from emp where deptno =30) and e.deptno!=30 and e.deptno=d.deptno;
```

执行结果如图 9-31 所示。

ename	sal	dname	loc
Jones	2975.00	Research	Dallas
Scott	3000.00	Research	Dallas
King	5000.00	Accounting	New York
Ford	3000.00	Research	Dallas

图 9-31　练习 9-10 运行效果图

【练习 9-11】列出每个部门的员工数量、部门名称、平均工资和平均服务期限。

(1) 列出在每个部门工作的员工数量：

```
select d.dname,count(e.empno)
from emp e,dept d
where e.deptno = d.deptno
group by d.dname
```

(2) 求出平均工资和平均服务期限：

```
select   avg(sal),d.dname,count(*),avg(datediff(sysdate(),hiredate)/365)
     from dept d join emp e on d.deptno=e.deptno
  group by d.dname
```

执行结果如图 9-32 所示。

avg(sal)	dname	count(*)	avg(datediff(sys
2175.000000	Research	5	34.95124000
1566.666667	Sales	6	37.22281667
2916.666667	Accounting	3	36.92423333

图 9-32　练习 9-11 运行效果图

【练习 9-12】列出所有员工的年工资，按年薪从低到高排序。

在处理年薪的时候，需要注意奖金，奖金要使用函数 ifnull()处理：

```
select ename,(sal+ifnull(comm,0))* 12 income
from emp
order by income
```

执行结果如图 9-33 所示。

ename	income
Smith	9600.00
James	11400.00
Adams	13200.00
Miller	15600.00
Turner	18000.00
Ward	21000.00

图 9-33　练习 9-12 运行效果图

【**练习 9-13**】求出部门名称中带"S"字符的部门员工的工资合计、部门人数。

(1) 查询部门表的部门名称，使用模糊查询，以确定部门的编号：

```
select deptno from dept where dname like '%S%'
```

(2) 使用以上的结果作为新的查询的条件：

```
select deptno,SUM(sal),COUNT(empno)
from emp
group by deptno
having deptno in (select deptno from dept where dname like '%S%');
```

执行结果如图 9-34 所示。

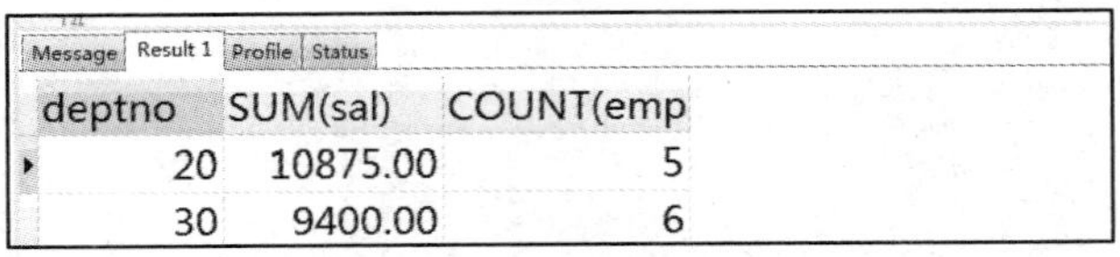

Message	Result 1	Profile	Status	
deptno	SUM(sal)	COUNT(emp	
20	10875.00	5	
30	9400.00	6	

图 9-34　练习 9-13 运行效果图

本 章 小 结

本章主要介绍了连接查询、子查询，其中连接查询主要分为交叉连接查询、自然连接查询、内连接查询和外连接查询这 4 种。子查询分为标量子查询、行子查询、列子查询、表子查询。本章应熟练掌握自然连接（"natural join"关键字）、内连接（"inner join"关键字）、左外连接（"left outer join"关键字）、右外连接（"right outer join"关键字）及子查询的使用，查询是数据库的难点及重点。

练 习 题

一、简答题

1. 简述连接操作的分类以及每种操作的特点。

2. 简述子查询在使用过程中的注意事项。

二、上机题

建立两张表，表中数据与本章讲解所使用的 emp 表和 dept 表中的数据相同。然后使用多表查询的 SQL 语句完成如下要求：

(1) 查询从事同一种职位但不属于同一部门的员工信息；

(2) 查询各个部门的详细信息以及部门人数、部门平均月薪；

(3) 查询 10 号部门员工以及领导的信息；

(4) 查询月薪为某个部门平均月薪的员工信息；

(5) 查询月薪高于本部门平均月薪的员工的信息；

(6) 查询月薪高于本部门平均月薪的员工的信息及其部门的平均月薪；

(7) 查询所有员工月薪都大于 1000 的部门的信息；

(8) 查询所有员工月薪都大于 1000 的部门的信息及其员工信息；

(9) 查询所有员工月薪都在 900～3000 之间的部门的信息；

(10) 查询所有月薪都在 900～3000 之间的员工所在部门的员工信息；

(11) 查询每个员工的领导所在部门的信息；

(12) 查询 30 号部门中月薪排序前三名的员工信息。

第十章 事 务

事务是用来维护数据库完整性的，它能够保证一系列的 MySQL 操作要么全部执行，要么全不执行，这里我们举一个例子来进行说明。例如转账操作：A 账户要转账给 B 账户，那么 A 账户上减少的钱数和 B 账户上增加的钱数必须一致，也就是说，A 账户的转出操作和 B 账户的转入操作要么全部执行，要么全不执行；如果其中一个操作出现异常而没有被执行，就会导致账户 A 和账户 B 的转入转出金额不一致的情况发生，而事实上这种情况是不允许发生的，所以为了防止这种情况的发生，就需要使用事务处理。

10.1 事 务 简 介

事务处理在各种管理系统中都有着广泛的应用，如人员管理系统中很多同步数据库操作大都需要用到事务处理。例如，在某公司的人员管理系统中，某个员工离职后需要删除该员工，此时既要删除该员工的基本资料，也要删除和该员工相关的信息(如邮箱等)因此删除该员工基本信息和相关信息的这些数据库操作语句就构成了一个事务，只有这些操作全部都执行才能保证删除该员工成功。

10.1.1 事务的概念

事务(Transaction)指的是一个操作序列，该操作序列中的多个操作要么都做，要么都不做，是一个不可分割的工作单位，是数据库环境中的逻辑工作单位，由 DBMS 中的事务管理子系统负责事务的处理。

目前常用的存储引擎有 InnoDB(MySQL 5.5 以后默认的存储引擎)和 MyISAM(MySQL 5.5 之前默认的存储引擎)，其中，InnoDB 支持事务处理机制，而 MyISAM 不支持。

10.1.2 事务的特性

事务处理可以确保事务性序列内的所有操作都成功完成，否则不会永久更新面向数据的资源。通过将一组相关操作组合为一个要么全部成功、要么全部失败的序列，可以简化错误恢复并使应用程序更加可靠。

但并不是所有的操作序列都可以称为事务，这是因为一个操作序列要成为事务，必须满足事务的原子性(Atomicity)、一致性(Consistency)、隔离性(Isolation)和持久性(Durability)。这四个特性简称为 ACID 特性。

1. 原子性

事务中的所有操作可以看成是一个原子，事务是应用中不可再分的最小的逻辑执行体。

使用事务对数据进行修改的操作序列，要么全部执行，要么全不执行。通常，某个事务中的操作都具有共同的目标，并且是相互依赖的。如果数据库系统只执行这些操作中的一部分，则可能会破坏事务的总体目标，而原子性消除了系统只处理部分操作的可能性。

2. 一致性

一致性是指事务执行的结果必须使数据库从一个一致性状态，变到另一个一致性状态。当数据库中只包含事务成功提交的结果时，数据库处于一致性状态。一致性是通过原子性来保证的。

例如，在转账时，只有保证转出和转入的金额一致才能构成事务。也就是说，事务发生前和发生后，数据的总额依然匹配。

3. 隔离性

隔离性是指各个事务的执行互不干扰，任意一个事务的内部操作对于其他并发的事务而言都是隔离的。也就是说，并发执行的事务之间既不能看到对方的中间状态，也不能相互影响。

例如，在转账时，只有当 A 账户中的转出和 B 账户中的转入操作都执行成功后才能看到 A 账户中的金额减少以及 B 账户中的金额增多，并且其他的事务对于该事务是不能产生任何影响的。

4. 持久性

持久性指事务一旦提交，对数据所做的任何改变都要记录到永久存储器中，通常是保存进物理数据库，即使数据库出现故障，提交的数据也应该能够恢复。但如果是由于外部原因导致的数据库故障，如硬盘被损坏，那么之前提交的数据则有可能会丢失。

10.2　事　务　控　制

在 MySQL 中，通过使用"start transaction"或"begin"、"commit"、"rollback"以及"set autocommit"等事务控制语句(TCL 语句)来实现事务的控制，其 SQL 语法如下：

```
start transaction|begin [work];
commit [work] [and [no] chain] [[no] release];
rollback [work] [and [no] chain] [[no] release];
set autocommit = {0 | 1};
```

其中：

"start transaction"或"begin"表示开启一个新的事务；

"commit"表示事务的提交，提交后数据的更改永久生效；

"rollback"表示事务的回滚，取消对数据的修改；

"chain"是定义在事务提交之后的操作，使用"chain"后会在当前事务结束后立即开启一个新的事务，并且与刚刚结束的事务的隔离级别相同，MySQL 默认使用的是 no chain

模式;

"release"表示在使用它后会在终止当前事务后,断开客户端与MySQL服务器端的连接,MySQL默认使用的是"no release"模式;

"set autocommit"是设置事务的提交方式。如果"set autocommit=0",表示事务的提交方式为手动,此时必须使用明确的TCL语句来控制事务;如果"set autocommit=1",表示事务的提交方式为自动(这是MySQL中默认的提交方式),也就是在这种方式下所写的每条SQL语句都会自动提交。

图10-1所示为数据库事务的生命周期,这张图能够帮助大家更好地理解事务执行的过程。

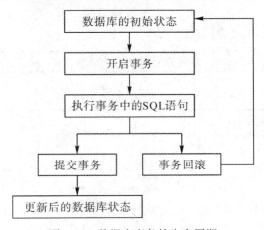

图10-1 数据库事务的生命周期

10.2.1 事务的开启

在默认情况下,MySQL启用的是自动提交模式。这意味着,一旦执行了更新(修改)表的语句,MySQL就会将更新存储在磁盘上,以使其永久保存,这种变化是不能回滚的。

如果需要对某些语句进行事务控制,则需要使用"start transaction"或者"begin"语句来手动开启一个事务。如果希望所有的事务都不是自动提交,则可以设置"set autocommit=0",这样就不用每次都使用"start transaction"或者"begin"语句来开启一个新的事务了。

为了更好地理解如何使用事务,下面通过转账的案例来说明。

首先创建一个新的数据库"chapter10",然后创建一张名为"account"的表,表中字段包括:id(账户 ID)、username(账户名)、balance(账户余额),并为字段"id"设置为主键约束。创建account表的SQL语句如示例10-1所示。

【示例10-1】创建account表。

```
create table account(
    id int primary key auto_increment,
    username varchar(30) not null,
    balance double
);
```

执行结果如图 10-2 所示。

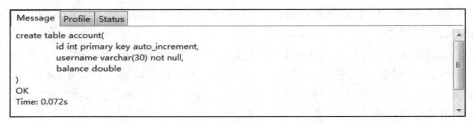

图 10-2　示例 10-1 运行效果图

account 表创建成功后，在表中插入两条数据记录，其 SQL 语句如示例 10-2 所示。

【示例 10-2】为 account 表同时插入两条数据。

```
insert into account (username, balance) values('张三', 2000),('李四', 2000);
```

执行结果如图 10-3 所示。

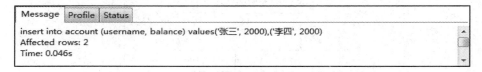

图 10-3　示例 10-2 运行效果图

在 account 表中插入数据的 SQL 语句执行成功后，使用"select"语句查看目前 account 表中的数据，其 SQL 语句如示例 10-3 所示。

【示例 10-3】查看 account 表中的数据。

```
select * from account;
```

执行结果如图 10-4 所示。

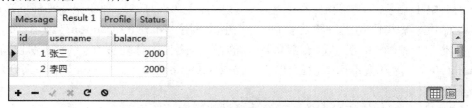

图 10-4　示例 10-3 运行效果图

从图 10-4 中可以看到，两条数据已经成功添加到 account 表中。下面使用事务来完成张三向李四转账的功能。

首先使用"start transaction"语句开启一个事务，然后使用两条"update"语句分别实现张三的账户余额减少 200 和李四的账户余额增加 200 的操作，以模拟账户的转账操作。其 SQL 语句如示例 10-4 所示。

【示例 10-4】开启转账事务。

```
start transaction;
update account set balance=balance-200 where username='张三';
update account set balance=balance+200 where username='李四';
```

执行结果如图 10-5 所示。

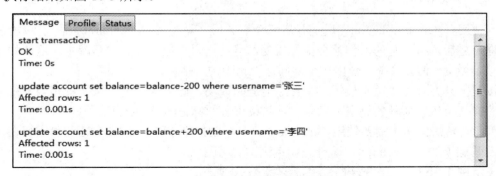

图 10-5 示例 10-4 运行效果图

从图 10-5 中可以看到，开启事务以及更新两个账户的 SQL 语句都已经执行成功了，接下来使用"select"语句来查看现在 account 表中的数据是否发生了变化。其 SQL 语法如下：

```
select * from account;
```

执行结果如图 10-6 所示。

Message	Result 1	Profile	Status
id	username	balance	
1	张三	1800	
2	李四	2200	

图 10-6 查看 account 表中的数据

从图 10-6 中可以看到，张三的账户余额减少了 200，而李四的账户余额增加了 200，那这是不是就说明转账事务已经完成了呢？下面关闭数据库，然后重新登录，再次使用"select"语句查询 account 表中的数据，执行结果如图 10-7 所示。

Message	Result 1	Profile	Status
id	username	balance	
1	张三	2000	
2	李四	2000	

图 10-7 再次查看 account 表中的数据

从图 10-7 中可以看到，当关闭数据库重新打开后，张三和李四的账户余额并没有发生任何变化。这是因为当使用"start transaction"语句开启一个事务后，该事物的提交方式不再是自动的，而是需要手动提交，而在示例 10-4 中，并没有使用事务提交语句"commit"，所以对 account 表中数据的修改并没有永久地保存到数据库中，也就是说，转账事务并没有执行成功。如果想要成功地完成转账操作，还需要使用下一小节中讲解的事务的提交。

10.2.2　事务的提交

当使用"start transaction"语句开启一个事务后，需要使用"commit"语句手动提交，只有提交之后，事务中的操作才会执行成功，从而被永久地保存到数据库中。这就相当于在删除一个文件时，系统会弹出一个询问是否删除的对话框，该对话框中有"是"和"否"两个按钮，只有点击"是"按钮，文件才能删除成功，此处的"是"按钮就相当于事务控制中的提交操作。事务的提交可以看成是结束事务的标记(事务执行成功)。

因此，转账案例中需要使用"commit"语句手动提交事务，其 SQL 语句只需要在示例 10-4 的基础上加上"commit"即可，如示例 10-5 所示。

【示例 10-5】提交转账事务。

```
start transaction;
update account set balance=balance-200 where username='张三';
update account set balance=balance+200 where username='李四';
commit;
```

执行结果如图 10-8 所示。

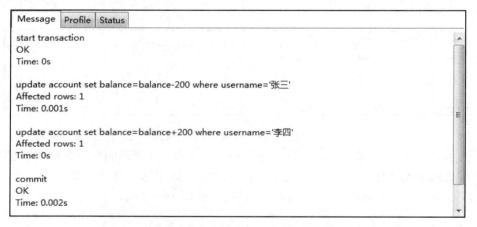

图 10-8　示例 10-5 运行效果图

从图 10-8 中可以看到，开启事务、更新两个账户余额以及事务提交的 SQL 语句都已经执行成功，接下来关闭数据库后重新打开，然后使用"select"语句来查看 account 表中的数据，执行结果如图 10-9 所示。

图 10-9　提交事务后查看 account 表中的数据

从图 10-9 中可以看到，在重启数据库后，张三的账户余额减少了 200，而李四的账户余额增加了 200，这就说明转账事务已经执行成功。

10.2.3　事务的回滚

　　事务的回滚也可以看成是结束事务的标记，但是回滚的事务并没有执行成功，而是让数据库恢复到了执行事务操作前的初始状态。当发现事务操作不合理时，就可以使用事务的回滚语句"rollback"，这就相当于在写文档时的撤销操作。需要注意的是，事务的回滚必须在事务提交之前，因为事务一旦提交就不能再进行回滚操作。

　　下面仍然使用转账案例来说明事务的回滚。目前 account 表中张三和李四的账户余额分别为 1800 和 2200，再次启动一个张三向李四转账 200 的事务，如示例 10-6 所示。

　　【示例 10-6】再次开启转账事务。

```
start transaction;
update account set balance=balance-200 where username='张三';
update account set balance=balance+200 where username='李四';
```

　　执行结果如图 10-10 所示。代码如下：

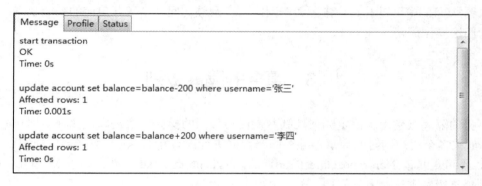

```
Message  Profile  Status
start transaction
OK
Time: 0s

update account set balance=balance-200 where username='张三'
Affected rows: 1
Time: 0.001s

update account set balance=balance+200 where username='李四'
Affected rows: 1
Time: 0s
```

图 10-10　示例 10-6 运行效果图

　　从图 10-10 中可以看到，开启事务、更新两个账户余额的 SQL 语句都已经执行成功了，接下来使用"select"语句来查看 account 表中的数据，执行结果如图 10-11 所示。

id	username	balance
1	张三	1600
2	李四	2400

图 10-11　再次开启转账事务后查看 account 表中的数据

　　从图 10-11 中可以看到，张三的账户余额减少了 200，李四的账户余额增加了 200。如果此时张三不想转账给李四了，由于事务还尚未提交，因此可以使用事务的回滚操作来撤销之前的操作，其 SQL 语句如示例 10-7 所示。

　　【示例 10-7】回滚转账事务。

```
rollback;
```

　　执行结果如图 10-12 所示。

图 10-12　示例 10-7 运行效果图

从图 10-12 中可以看到,事务回滚的 SQL 语句已经执行成功,接下来再次使用"select"
语句查看 account 表中的数据(不需要重启数据库),执行结果如图 10-13 所示。

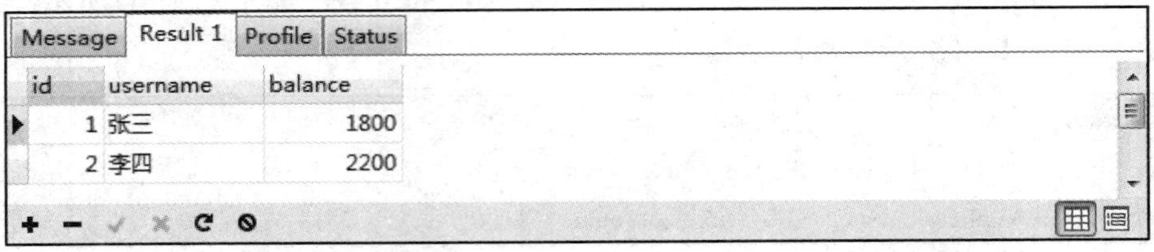

id	username	balance
1	张三	1800
2	李四	2200

图 10-13　事务回滚后查看 account 表中的数据

从图 10-13 中可以看到, 张三和李四的账户余额均回到事务开启前的初始状态, 说明
事务的回滚操作成功。

10.3　事务的隔离级别

事务的隔离级别用于决定如何控制并发读写数据的操作。数据库是允许多用户并发访
问的,如果多个用户同时开启事务并对同一数据进行读写操作,就有可能会出现脏读(Dirty
Read)、不可重复读(Non-repeatable Read)和幻读(Phantom Read)问题,所以 MySQL 中提供
了四种隔离级别来解决上述问题。

事务的隔离级别从低到高依次为"read uncommitted"(读取未提交内容)、"read
committed"(读取提交内容)、"repeatable read"(可重复读)以及"serializable"(可串行化),
隔离级别越低,越能支持高并发的数据库操作。这四种隔离级别指定了哪些事务数据的更
新其他事务可见,哪些事务数据的更新其他事务不可见。

下面我们将详细讲解这四种事务的隔离级别和可能出现的问题及其解决方案。

10.3.1　"read uncommitted"隔离级别

在"read uncommitted"(读取未提交内容)隔离级别下, 所有事务都可以看到其他事务
未提交的数据。由于该隔离级别等级最低, 无法避免任何问题的出现, 因此在实际开发中
很少使用。

读取其他事务未提交的数据也称为脏读(Dirty Read)。可以这样来理解脏读:A 事务在
更新一条记录, 但尚未提交前, B 事务读到了 A 事务更新后的记录, 那么 B 事务会产生对
A 事务未提交数据的依赖。一旦 A 事务回滚, 那么 B 事务读到的数据将是错误的脏数据。
例如, 小明的分数为 90, A 事务中把他的分数修改为 80, 但 A 事务尚未提交;与此同时,
B 事务正在读取小明的分数,读取到小明的分数为 80;随后, A 事务发生异常, 而回滚该

事务,那么小明的分数又回滚为 90;最后 B 事务读取到的小明分数为 80,这个数据即为脏数据,B 事务做了一次脏读。

通过上面的解释我们知道了脏读问题是很危险的。下面在示例 10-7 的基础上(张三账户余额 1800,李四账户余额 2200)使用转账案例来演示一下脏读问题。

演示脏读问题之前,需要开启两个查询窗口,分别表示张三账户(第一个查询窗口)和李四账户(第二个查询窗口),所有的操作均是在这两个查询窗口中交替进行的。

(1) 张三账户:在张三账户中开启一个张三向李四转 200 的转账事务,并执行事务中的操作,但不提交事务,其 SQL 语句如示例 10-8 所示。

【示例 10-8】脏读:张三账户开启并执行转账事务(不提交事务)。

```
start transaction;
update account set balance=balance-200 where username='张三';
update account set balance=balance+200 where username='李四';
```

执行结果如图 10-14 所示。

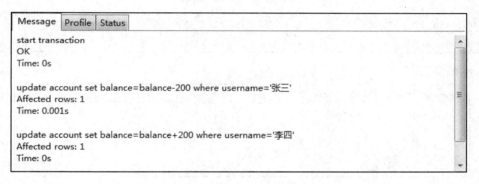

图 10-14　示例 10-8 运行效果图

从图 10-14 中可以看到,张三账户中开启并执行事务的 SQL 语句都已经执行成功,接下来切换到李四账户。

(2) 李四账户:将李四账户中的事务隔离级别设置为"read uncommitted",其 SQL 语句如示例 10-9 所示。

【示例 10-9】脏读:将李四账户的事务隔离级别设置为"read uncommitted"。

```
set session transaction isolation level read uncommitted;
```

执行结果如图 10-15 所示。

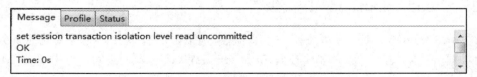

图 10-15　示例 10-9 运行效果图

从图 10-15 中可以看到,李四账户中设置事务隔离级别的 SQL 语句已经执行成功,下面使用"select"语句查看一下该账户的隔离级别,其 SQL 语句如示例 10-10 所示。

【示例 10-10】脏读：查看李四账户的事务隔离级别。

```
select @@transaction_isolation;
```

执行结果如图 10-16 所示。

图 10-16   示例 10-10 运行效果图

从图 10-16 中可以看到，李四账户中的事务隔离级别已经修改为"READ-UNCOMMITTED"。

(3) 李四账户：在李四账户中开启查询账户余额的事务并执行，其 SQL 语句如示例 10-11 所示。

【示例 10-11】脏读：李四账户开启并执行查询事务。

```
start transaction;
select * from account;
```

执行结果如图 10-17 所示。

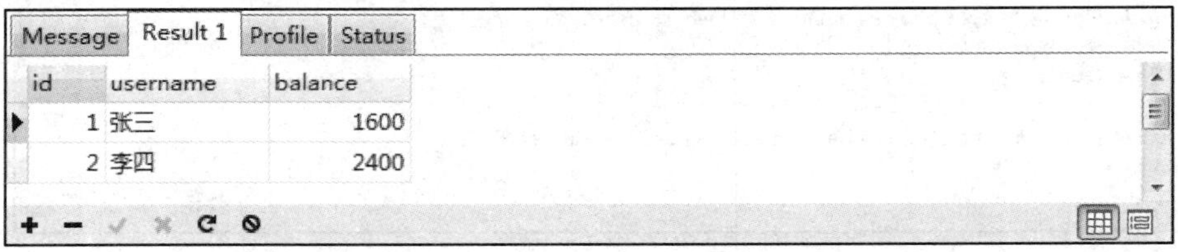

id	username	balance
1	张三	1600
2	李四	2400

图 10-17   示例 10-11 运行效果图

从图 10-17 中可以看到，虽然在张三账户中的事务还没有提交，但是在李四账户中却能查询到张三确实给李四转了 200。这是因为李四账户的隔离级别为"read uncommitted"，因此可以读取到张三账户中尚未提交的数据，此时如果张三账户中执行事务的回滚操作，那么李四账户得到的数据即为脏数据。

(4) 在演示结束后，将张三账户中的事务回滚，将李四账户中的事务提交。

为了防止脏读问题的出现，可以将李四账户的隔离级别设置为"read committed"，这就是下面要讲解的另外一种隔离级别。

10.3.2   "read committed" 隔离级别

在"read committed"(读取提交内容)隔离级别下，所有事务只能看到其他事务已经提交的数据。该隔离级别是大多数数据库(如 Oracle)默认的隔离级别，但并不是 MySQL 默认的隔离级别。该隔离级别可以避免脏读问题，但不能避免不可重复读(Non-repeatable Read)问题。

一个事务在读取某些数据后的一段时间后，再次读取这个数据，发现其读取出来的数据内容已经发生了改变，这就是不可重复读。可以这样理解不可重复读：A 事务第一次查看某些数据记录后，B 事务也访问了相同的数据并对其进行了修改，然后在 A 事务中再次查看这些数据，由于 B 事务的修改，就会导致 A 事务中前后两次读到的数据是不一样的。例如，在 A 事务中，读取到小明的分数为 90，操作没有完成，事务还没提交；与此同时，B 事务把小明的分数修改为 80，并提交了事务；然后，在 A 事务中，再次读取小明的分数，此时分数变为 80，在一个事务中前后两次读取的结果并不一致，导致了不可重复读。

下面先使用"read committed"隔离级别来解决"read uncommitted"隔离级别中出现的脏读问题，然后演示不可重复读问题。

(1) 李四账户：将李四账户中的事务隔离级别设置为"read committed"，其 SQL 语句如示例 10-12 所示。

【示例 10-12】解决脏读：将李四账户的事务隔离级别设置为"read committed"。

```
set session transaction isolation level read committed;
```

执行结果如图 10-18 所示。

图 10-18 示例 10-12 运行效果图

从图 10-18 中可以看到，李四账户中设置事务隔离级别的 SQL 语句已经执行成功，下面使用"select"语句查看一下该账户的隔离级别，其 SQL 语句如示例 10-13 所示。

【示例 10-13】解决脏读：查看李四账户的事务隔离级别。

```
select @@transaction_isolation;
```

执行结果如图 10-19 所示。

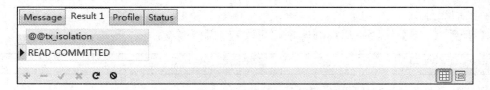

图 10-19 示例 10-13 运行效果图

从图 10-19 中可以看到,李四账户中的事务隔离级别已经修改为"READ-COMMITTED"。

(2) 李四账户：在李四账户中开启一个事务，并在该事务中查询账户余额，其 SQL 语句如示例 10-14 所示。

【示例 10-14】解决脏读：李四账户开启事务并查询账户余额。

```
start transaction;
select * from account;
```

执行结果如图 10-20 所示。

图 10-20　示例 10-14 运行效果图

从图 10-20 中可以看到，在李四账户开启的事务中第一次使用查询语句得到的结果中两个账户余额分别为 1800 和 2200。

(3) 张三账户：在张三账户中开启一个张三向李四转 200 的转账事务，并执行事务中的操作，但不提交事务，其 SQL 语句如示例 10-15 所示。

【示例 10-15】解决脏读：张三账户开启并执行转账事务(不提交事务)。

```
start transaction;
update account set balance=balance-200 where username='张三';
update account set balance=balance+200 where username='李四';
```

执行结果如图 10-21 所示。

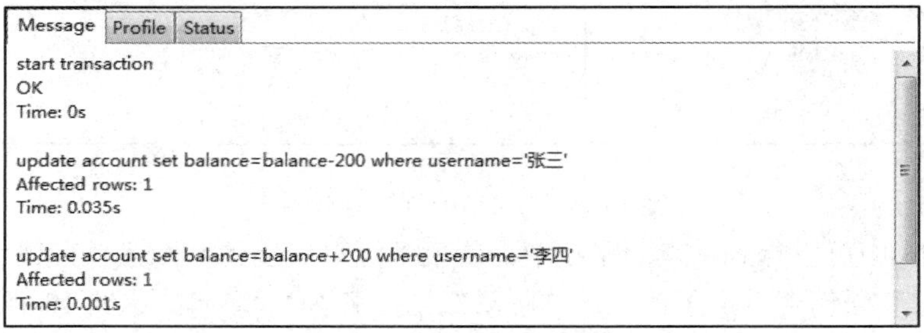

```
Message  Profile  Status

start transaction
OK
Time: 0s

update account set balance=balance-200 where username='张三'
Affected rows: 1
Time: 0.035s

update account set balance=balance+200 where username='李四'
Affected rows: 1
Time: 0.001s
```

图 10-21　示例 10-15 运行效果图

从图 10-21 中可以看到，张三账户中开启和执行事务的 SQL 语句都已经执行成功，接下来再次切换到李四账户。

(4) 李四账户：在李四账户开启的事务中，再次查询账户余额，其 SQL 语句如示例 10-16 所示。

【示例 10-16】解决脏读：李四账户再次查询账户余额。

```
select * from account;
```

执行结果如图 10-22(同图 10-20)所示。

图 10-22　示例 10-16 运行效果图

从图 10-22 中可以看到，虽然张三账户事务中的转账操作已经执行，但是由于张三账户尚未提交事务，因此在李四账户中并不能查询到张三账户尚未提交的数据内容，从而避免了脏读，但是仍然存在不可重复读问题。

(5) 张三账户：提交张三账户中的事务，其 SQL 语句如示例 10-17 所示。

【示例 10-17】不可重复读：张三账户提交事务。

```
commit;
```

执行结果如图 10-23 所示。

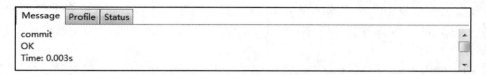

图 10-23　示例 10-17 运行效果图

从图 10-23 中可以看到，张三账户中的事务已经提交成功，之后再次切换到李四账户进行查询操作。

(6) 李四账户：在李四账户开启的事务中，我们再次使用"select"语句查询账户余额，其 SQL 语句如示例 10-18 所示。

【示例 10-18】不可重复读：在李四账户再次查询账户余额。

```
select * from account;
```

执行结果如图 10-24 所示。

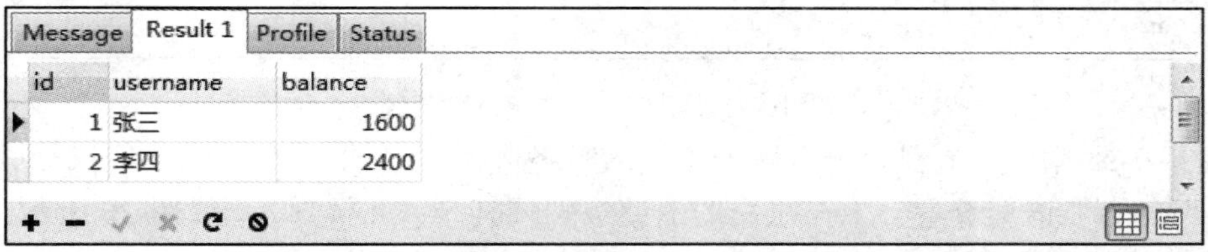

id	username	balance
1	张三	1600
2	李四	2400

图 10-24　示例 10-18 运行效果图

从图 10-24 中可以看到，张三和李四的账户余额已经分别变为 1600 和 2400，这是因为张三账户中的事务已经提交，而李四账户的隔离级别为"read committed"，因此可以读取张三账户中已经提交的数据。但是希望在同一个事务中的查询结果一致，而现在的查询结果明显与上一次查询的结果(如图 10-22 所示)不一致，也就是出现了不可重复读的问题。

(7) 在演示结束后，将李四账户中的事务提交。

为了防止不可重复读问题的出现，可以将李四账户的隔离级别设置为"repeatable read"，这就是下面要讲解的第三种隔离级别。

10.3.3　"repeatable read"隔离级别

"repeatable read"(可重复读)是 MySQL 数据库默认的隔离级别，该种隔离级别可以保证正在被当前事务操作的数据不被其他事务修改，也就是说，即使多用户并发访问同一组数据，在同一个事务中多次查看到的数据也是相同的。虽然这种隔离机制能够避免脏读和不可重复读的问题，却无法避免幻读(Phantom Read)问题。

一个事务按相同的查询条件查询之前查询过的数据时，却发现查询出来的结果集中记录的条数变多或者减少(由其他事务执行插入或删除操作导致的)，类似产生幻觉，这就是幻读。可以这样来理解幻读：A 事务对一个表中的所有数据记录进行了查询；同时，B事务修改了这个表中的数据，这种修改是向表中插入一条新的数据记录；然后在 A 事务中再次查询表中的所有记录，此时就会多出一条 B 事务刚刚插入的数据记录，导致幻读。例如，在一个班级表中分数为 90 分以上的学生有 15 人，那么在 A 事务中查询所有分数为 90 分以上的学生信息，查询结果为 15 条记录；此时，B 事务插入一条分数为 99 的学生记录；这时，A 事务再次读取 90 分以上的学生信息，查询结果为 16 条记录，此时产生了幻读。

下面先使用"repeatable read"隔离级别来解决"read committed"隔离级别中出现的不可重复读问题，然后演示幻读问题。

(1) 李四账户：将李四账户中的事务隔离级别设置为"repeatable read"，其 SQL 语句如示例 10-19 所示。

【示例 10-19】解决不可重复读：将李四账户的事务隔离级别设置为"repeatable read"。

```
set session transaction isolation level repeatable read;
```

执行结果如图 10-25 所示。

图 10-25　示例 10-19 运行效果图

从图 10-25 中可以看到，李四账户中设置事务隔离级别的 SQL 语句已经执行成功，下面使用"select"语句查看一下该账户的隔离级别，其 SQL 语句如示例 10-20 所示。

【示例 10-20】解决不可重复读：查看李四账户的事务隔离级别。

```
select @@transaction_isolation;
```

执行结果如图 10-26 所示。

图 10-26　示例 10-20 运行效果图

从图 10-26 中可以看到，李四账户中的事务隔离级别已经修改为"REPEATABLE-READ"。

(2) 李四账户：在李四账户中开启一个事务，并在该事务中查询账户余额，其 SQL 语句如示例 10-21 所示。

【示例 10-21】解决不可重复读：李四账户开启事务并查询账户余额。

```
start transaction;
select * from account;
```

执行结果如图 10-27 所示。

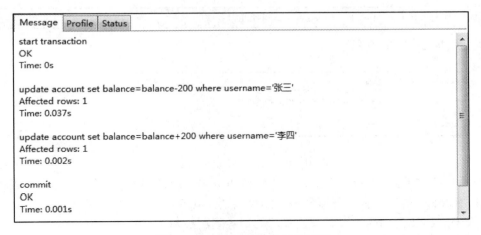

图 10-27 示例 10-21 运行效果图

从图 10-27 中可以看到，在李四账户开启的事务中第一次使用查询语句得到的结果中两个账户余额分别为 1600 和 2400。

(3) 张三账户：在张三账户中开启一个张三向李四转 200 的转账事务，执行并提交事务，其 SQL 语句如示例 10-22 所示。

【**示例 10-22**】解决不可重复读：张三账户开启、执行并提交转账事务。

```
start transaction;
update account set balance=balance-200 where username='张三';
update account set balance=balance+200 where username='李四';
commit;
```

执行结果如图 10-28 所示。

```
start transaction
OK
Time: 0s

update account set balance=balance-200 where username='张三'
Affected rows: 1
Time: 0.037s

update account set balance=balance+200 where username='李四'
Affected rows: 1
Time: 0.002s

commit
OK
Time: 0.001s
```

图 10-28 示例 10-22 运行效果图

从图 10-28 中可以看到，张三账户中开启、执行并提交事务的 SQL 语句都已经执行成功，接下来再次切换到李四账户。

(4) 李四账户：在李四账户开启的事务中，再次查询账户余额，其 SQL 语句如示例 10-23 所示。

【**示例 10-23**】解决不可重复读：李四账户再次查询账户余额。

```
select * from account;
```

执行结果如图 10-29 所示。

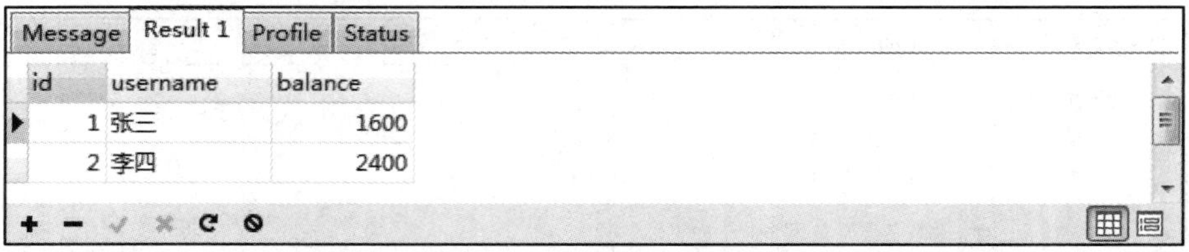

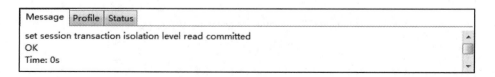

图 10-29   示例 10-23 运行效果图

从图 10-29 中可以看到，在李四账户开启的事务中，两次查询的结果一致。这是因为虽然张三账户中的转账事务已经提交，但是李四账户的隔离级别已经被设置为"repeatable read"，因此两次查询会看到相同的结果，从而避免了不可重复读问题。

(5) 在演示结束后，将李四账户中的事务提交。此时 account 表中张三和李四的账户余额分别为 1400 和 2600。

由于在 MySQL 中，InnoDB 存储引擎通过多版本并发控制(MVCC)机制解决了"repeatable read"隔离级别下的幻读问题，因此该隔离级别是可以避免幻读的。因此在演示幻读问题时，仍然需要将事务的隔离机制修改为"read committed"。

(1) 李四账户：将李四账户中的事务隔离级别设置为"read committed"，其 SQL 语句如示例 10-24 所示。

【示例 10-24】 幻读：将李四账户的事务隔离级别设置为"read committed"。

```
set session transaction isolation level read committed;
```

执行结果如图 10-30 所示。

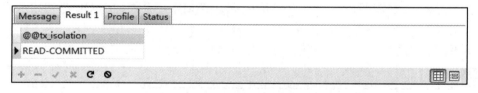

图 10-30   示例 10-24 运行效果图

从图 10-30 中可以看到，李四账户中设置事务隔离级别的 SQL 语句已经执行成功，下面使用"select"语句查看一下该账户的隔离级别，其 SQL 语句如示例 10-25 所示。

【示例 10-25】 幻读：查看李四账户的事务隔离级别。

```
select @@transaction_isolation;
```

执行结果如图 10-31 所示。

图 10-31   示例 10-25 运行效果图

从图 10-31 中可以看到,李四账户中的事务隔离级别已经修改为"READ-COMMITTED"。

(2) 李四账户:在李四账户中开启一个事务,并在该事务中查询账户余额,其 SQL 语句如示例 10-26 所示。

【示例 10-26】幻读:李四账户开启事务并查询账户余额。

```
start transaction;
select * from account;
```

执行结果如图 10-32 所示。

从图 10-32 中可以看到,查询结果中共有两条记录。

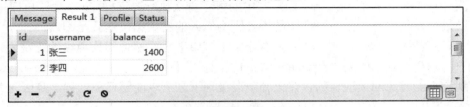

图 10-32　示例 10-26 运行效果图

(3) 张三账户:在张三账户中开启一个新的事务,该事务执行的操作为在 account 表中插入一条新的数据记录,操作执行完成后提交事务,其 SQL 语句如示例 10-27 所示。

【示例 10-27】幻读:张三账户开启、执行并提交插入事务。

```
start transaction;
insert into account(username, balance) values ('王五', 2000);
commit;
```

执行结果如图 10-33 所示。

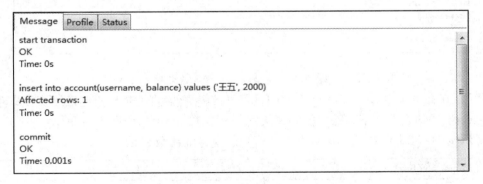

图 10-33　示例 10-27 运行效果图

从图 10-33 中可以看到,张三账户中的插入事务已经执行并提交成功,之后再次切换到李四账户进行查询操作。

(4) 李四账户:在李四账户开启的事务中,我们再次使用"select"语句查询账户余额,其 SQL 语句如示例 10-28 所示。

【示例 10-28】幻读:李四账户再次查询账户余额。

```
select * from account;
```

执行结果如图 10-34 所示。

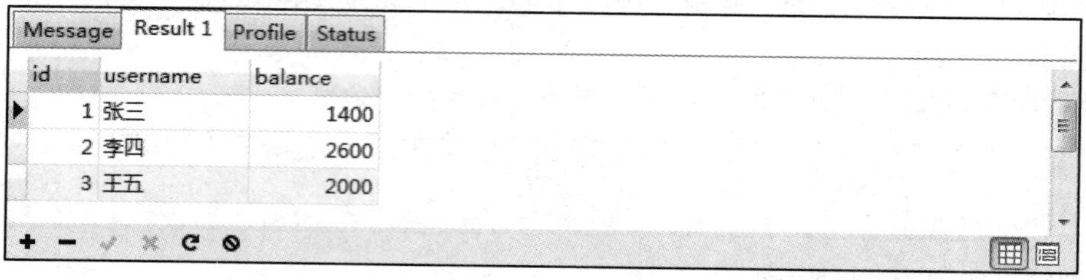

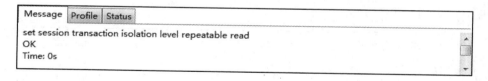

图 10-34　示例 10-28 运行效果图

从图 10-34 中可以看到，当李四账户中的事务再次执行查询操作时，得到的查询结果中有 3 条记录，其中包含张三账户中的事务刚刚插入的新数据，这就是幻读。

（5）演示结束后，将李四账户中的事务提交。如果想要避免幻读现象的出现，可以将李四账户的隔离级别修改为"repeatable read"。一定要明确一点：只有"repeatable read"隔离级别是不能避免幻读现象的，在该种隔离级别下之所以能够避免幻读，是因为 MVCC机制。

使用"repeatable read"隔离级别重复上述操作，看是否真的能够避免幻读问题。

（1）李四账户：将李四账户中的事务隔离级别设置为"repeatable read"，其 SQL 语句如示例 10-29 所示。

【示例 10-29】解决幻读：将李四账户的事务隔离级别设置为"repeatable read"。

```
set session transaction isolation level repeatable read;
```

执行结果如图 10-35 所示。

Message　Profile　Status

set session transaction isolation level repeatable read
OK
Time: 0s

图 10-35　示例 10-29 运行效果图

从图 10-35 中可以看到，李四账户中设置事务隔离级别的 SQL 语句已经执行成功，使用"select"语句查看一下该账户的隔离级别，其 SQL 语句如示例 10-30 所示。

【示例 10-30】解决幻读：查看李四账户的事务隔离级别。

```
select @@transaction_isolation;
```

执行结果如图 10-36 所示。

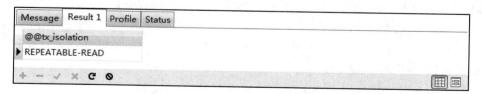

图 10-36　示例 10-30 运行效果图

从图10-36中可以看到,李四账户中的事务隔离级别已经修改为"REPEATABLE-READ"。

(2) 李四账户：在李四账户中开启一个事务,并在该事务中查询账户余额,其 SQL 语句如示例 10-36 所示。

【示例 10-31】解决幻读：李四账户开启事务并查询账户余额。

```
start transaction;
select * from account;
```

执行结果如图 10-37 所示。

从图 10-37 中可以看到,查询结果中共有 3 条记录。

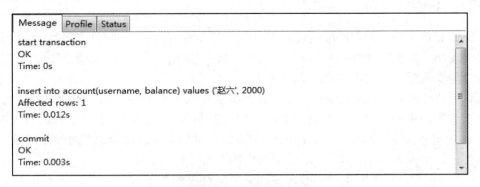

图 10-37　示例 10-31 运行效果图

(3) 张三账户：在张三账户中开启一个新的事务,该事务执行的操作为在 account 表中插入一条新的数据记录,操作执行完成后提交事务,其 SQL 语句如示例 10-32 所示。

【示例 10-32】幻读：张三账户开启、执行并提交插入事务。

```
start transaction;
insert into account(username, balance) values ('赵六', 2000);
commit;
```

执行结果如图 10-38 所示。

```
Message  Profile  Status
start transaction
OK
Time: 0s

insert into account(username, balance) values ('赵六', 2000)
Affected rows: 1
Time: 0.012s

commit
OK
Time: 0.003s
```

图 10-38　示例 10-32 运行效果图

从图 10-38 中可以看到,张三账户中的插入事务已经执行并提交成功,之后再次切换到李四账户进行查询操作。

(4) 李四账户：在李四账户开启的事务中,我们再次使用"select"语句查询账户余额,其 SQL 语句如示例 10-33 所示。

【示例 10-33】解决幻读：李四账户再次查询账户余额。

```
select * from account;
```

执行结果如图 10-39 所示。

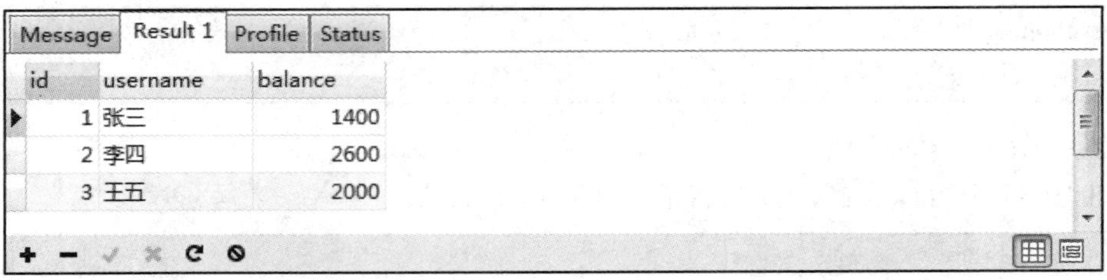

图 10-39　示例 10-33 运行效果图

从图 10-39 中可以看到，当李四账户中的事务再次执行查询操作时，得到的查询结果中仍然只有 3 条记录，其中并不包含张三账户中的事务刚刚插入的新数据，也就是说两次查询的结果是一致的，并没有出现幻读问题。

(5) 在演示结束后，将李四账户中的事务提交。

> 注意：
> ● 在 MySQL 中，InnoDB 存储引擎通过多版本并发控制(MVCC)机制解决了"repeatable read"隔离级别下的幻读问题，因此该隔离级别是可以避免幻读的。
> ● 不可重复读与幻读的主要区别在于：前者重点在于数据的修改，在同样的条件下，两次读取的数据值不一样；后者重点在于数据记录的新增或者删除(数据条数的变化)，在同样的条件下，两次读取的记录条数不一样。

10.3.4　"serializable"隔离级别

"serializable"(可串行化)隔离级别的水平是最高的，同时花费代价也最高，性能很低，一般很少使用。在该隔离级别下，由于强制事务按顺序执行(通过对操作数据加锁来实现)，因此可以避免脏读、不可重复读和幻读问题。

可以这样来理解"serializable"：如果 A 事务使用了"serializable"隔离级别，并在该事务中查询了表中的数据，但尚未提交；此时，B 事务如果想要在表中插入新的数据就只有等到 A 事务提交后，因此"serializable"隔离级别可能会导致大量的超时现象和锁竞争，不推荐使用。下面来演示一下"serializable"的使用。

(1) 李四账户：将李四账户中的事务隔离级别设置为"serializable"，其 SQL 语句如示例 10-34 所示。

【示例 10-34】将李四账户的事务隔离级别设置为"serializable"。

```
set session transaction isolation level serializable;
```

执行结果如图 10-40 所示。

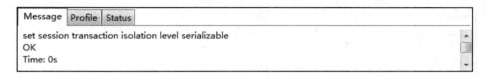

图 10-40 示例 10-34 运行效果图

从图 10-40 中可以看到，李四账户中设置事务隔离级别的 SQL 语句已经执行成功，下面使用"select"语句查看一下该账户的隔离级别，其 SQL 语句如示例 10-35 所示。

【示例 10-35】查看李四账户的事务隔离级别。

```
select @@transaction_isolation;
```

执行结果如图 10-41 所示。

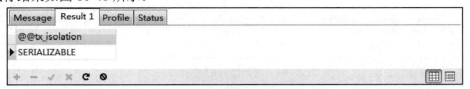

图 10-41 示例 10-35 运行效果图

从图 10-41 中可以看到，李四账户中的事务隔离级别已经修改为"SERIALIZABLE"。

(2) 李四账户：在李四账户中开启一个事务，并在该事务中查询账户余额，其 SQL 语句如示例 10-36 所示。

【示例 10-36】李四账户开启事务并查询账户余额。

```
start transaction;
select * from account;
```

执行结果如图 10-42 所示。

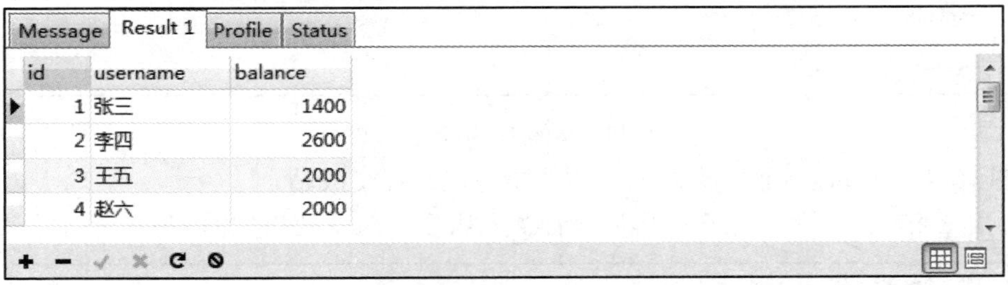

Message	Result 1	Profile	Status

id	username	balance
1	张三	1400
2	李四	2600
3	王五	2000
4	赵六	2000

图 10-42 示例 10-36 运行效果图

(3) 张三账户：在张三账户中开启一个新的事务，该事务执行的操作为在 account 表中插入一条新的数据记录，其 SQL 语句如示例 10-37 所示。

【示例 10-37】在张三账户开启并执行插入事务。

```
start transaction;
insert into account(username, balance) values ('孙七', 2000);
```

执行结果如图 10-43 所示。

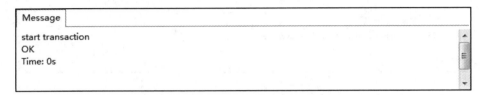

图 10-43　示例 10-37 运行效果图

从图 10-43 中可以看到，开启事务的 SQL 语句执行成功，但是插入记录的语句仍然在等待状态，如果继续等待，则会出现如图 10-44 所示的提示信息。

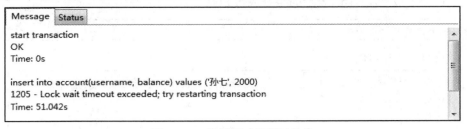

图 10-44　等待超时的提示信息

从图 10-44 中可以看到，插入记录的 SQL 语句在执行过程中出现了超时现象，这是由于李四账户中的事务级别为"serializable"，因此在李四账户尚未提交事务之前，其他事务是不能进行插入操作的。

(4) 李四账户：提交事务，其 SQL 语句如示例 10-38 所示。

【示例 10-38】向李四账户提交事务。

```
commit;
```

执行结果如图 10-45 所示。

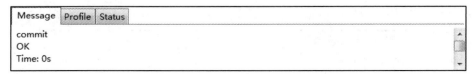

图 10-45　示例 10-38 运行效果图

从图 10-45 中可以看到，李四账户中的事务已经提交成功。

(5) 张三账户：在张三账户中再次执行插入操作，执行结果如图 10-46 所示。

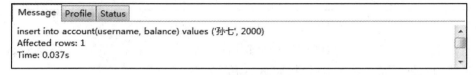

图 10-46　插入操作执行效果图

从图 10-46 中可以看到，在李四账户中的事务提交成功后，张三账户中的插入事务也能够正常执行。

(6) 演示结束后，将张三账户中的事务提交。

本 章 小 结

本章主要介绍了事务的概念和事务的特点，包括原子性(Atomicity)、一致性(Consistency)、隔离性(Isolation)和持久性(Durability)。重点介绍了事物的操作及事物的隔离级别。其中，事务的操作有开启新事务"start transaction"或"begin"、提交事务"commit"、回滚事务"rollback"；事务的隔离级别从低到高依次为"read uncommitted"、"read committed"、"repeatable read"以及"serializable"。通过本章的学习，应掌握对事务的操作及四种事务的隔离级别和可能出现的问题及其解决方案。

练 习 题

一、简答题

1. 简述事务的概念和特性。

2. 简述事务的隔离级别及其可能引发的问题。

二、上机题

1. 练习使用事务控制语句实现事务的开启、提交和回滚操作。

2. 依据 10.3 节中所讲解的内容，练习使用事务的四种隔离级别，体会这四种隔离级别的不同之处。

第十一章　视　　图

MySQL 从 5.0.1 版本开始支持视图。视图是一个虚拟表，其内容来自查询语句的结果集。视图可以增强数据库系统的安全性，因为使用视图的用户只能访问被允许查看的数据，而不是数据库中基础数据表(简称为基础表)的全部数据。下面将会详细讲解视图的概念、作用及与视图相关的创建、查看、修改、删除操作。

11.1　视　图　简　介

11.1.1　视图的概念

视图是一个从单张或多张基础表或其他视图中构建出来的虚拟表。同基础表一样，视图中也包含了一系列带有名称的列和行数据，但是数据库中只存放了视图的定义，也就是动态检索数据的查询语句，而并不存放视图中的数据，这些数据依旧存放于构建视图的基础表中，只有当用户使用视图时，才去数据库请求相对应的数据，即视图中的数据是在引用视图时动态生成的。因此，视图中的数据依赖于构建视图的基础表，如果基础表中的数据发生了变化，视图中相应的数据也会跟着改变。

11.1.2　使用视图的原因

既然视图来源于基础表，那为什么还要定义视图呢？这是因为合理地使用视图能够带来许多好处。

1. 简化用户操作

视图可以使用户将注意力集中在所关心的数据上，而不需要关心数据表的结构、数据表与其他表的关联条件以及查询条件等。

对数据库中数据的查询有时会非常复杂，如多表查询中的连接查询和子查询等，当这样的查询多次使用时，都需要编写相同的 SQL 语句，不仅增加用户的工作量，而且不一定能够保证每次编写的正确性。使用视图则可以将经常使用的复杂查询定义为一个视图，然后每次只需要在此视图上进行一些简单查询即可，大大简化了用户的操作难度。例如，那些定义了若干张表连接的视图，就可以将表与表之间的连接操作对用户隐藏起来，换句话说，用户所做的只是对一个虚拟表的简单查询，而这个虚拟表是如何得到的，使用视图的用户无需了解。

2. 对机密数据提供安全保护

有了视图，就可以在设计数据库应用系统时对不同的用户定义不同的视图，避免机密数据(如敏感字段)出现在不应该看到这些数据的用户视图上。这样，视图就自动提供了对机密数据的安全保护功能。例如，student 表涉及全校 15 个院系的学生数据，因此可以根据 student 表定义 15 个视图，每个视图只包含一个院系的学生数据，并且只允许每个院系的主任查询和修改本院系的学生视图。

通过视图，用户只能访问被允许访问的数据。对于表中的某些行或者某些列数据的限制是不能通过对表的权限管理(数据库对用户的权限管理)来实现的，但使用视图却可以轻松实现。

3. 提供一定程度上的数据逻辑独立性

数据的逻辑独立性是指当数据库中的表结构发生变化时，如增加新的关系或对原有的关系增加新的字段，用户的应用程序不会受影响。而一旦视图的结构确定后，就可以屏蔽基础表的结构变化对用户的影响，如基础表增加字段对视图没有任何影响。当然，视图只能在一定程度上提供数据的逻辑独立性，在基础表修改字段时，仍然需要通过修改视图来解决，但不会给用户造成很大的麻烦。

11.2 创 建 视 图

因为视图是一个从单张或多张基础数据表或其他视图中构建出来的虚拟表，所以视图的作用类似于对数据表进行筛选。因此，除了使用创建视图的关键字"create view"外，还必须使用 SQL 语句中的"select"语句来实现视图的创建。创建视图的 SQL 语法如下：

```
create [or replace] [algorithm = {undefined | merge | temptable}]
    view view_name [(column_list)]
    as select_statement
    [with [cascaded | local] check option];
```

其中：

"create view"：创建视图所使用的关键字；

"or replace"：可选项，若给定了"or replace"，则表示新视图将会覆盖掉数据库中同名的原有视图；

"algorithm"：可选项，表示视图选择的执行算法；

"undefined"：表示 MySQL 会自动选择视图的执行算法，当用户创建视图时，MySQL 默认使用一种 undefined 的处理算法，即在"merge"和"temptable"两种算法中自动选择其中的一种；

"merge"：视图的执行算法之一，这种算法会将引用视图的语句与视图定义合并起来，使得视图定义的某一部分取代语句的对应部分；

"temptable"：视图的执行算法之一，这种算法会将视图的结果置于临时表中，然后使用该临时表执行语句；

"view_name"：表示将要创建的视图名称；

"column_list"：可选项，表示视图中的字段列表，如果不指定字段列表，也就是在默认情况下，该字段列表与 select 子句中指定的字段列表相同；

"as"：用于指定视图要执行的操作；

"select_statement"：表示一条完整的查询语句，通过该查询语句可从若干张表或其他的视图中查询到满足条件的记录，这些记录就是视图中的数据；

"with check option"：可选项，用来限制插入或更新到视图中的记录；

"cascaded"：表示更新视图时需要满足与该视图相关的所有视图和表的条件，在没有指明时，该参数为默认值；

"local"：表示更新视图时只要满足该视图本身定义的条件即可。

在创建视图时，用户不仅需要有"create view"权限，还需要有查询所涉及数据的"select"权限；如果要查看视图，还需要有"show view"权限；如果使用"create or replace"命令，则还需要有"drop"权限；如果使用"alter view"命令，则需要有"super"权限。

在创建视图之前先做以下准备工作：

(1) 查看用户权限：首先来创建一个新的数据库"chapter11"，目前该数据库系统中的用户有两个(root 和 mysql)，我们使用的是 root 用户，然后使用"select"语句查看该数据库下的 root 用户权限，其 SQL 语句如示例 11-1 所示。

【示例 11-1】查看 root 用户的权限。

```
select select_priv, create_view_priv, show_view_priv, drop_priv, super_priv from mysql.user where
user='root';
```

执行结果如图 11-1 所示。

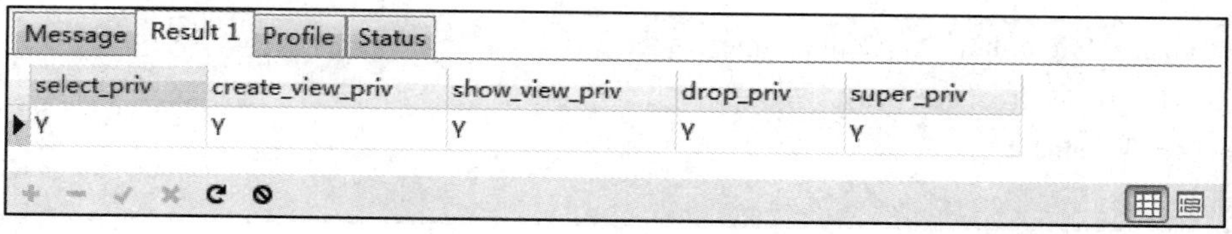

图 11-1　示例 11-1 运行效果图

示例 11-1 中"select_priv"、"create_view_priv"、"show_view_priv"、"drop_priv"、"super_priv"分别表示 select 权限、create view 权限、show view 权限、drop 权限以及 super 权限；"mysql.user"表示 MySQL 数据库下边的 user 表。从图 11-1 中可以看到，我们所使用的 root 用户具有以上五种权限（"Y"表示用户具有该权限，"N"表示用户没有该权限）。

(2) 创建测试表：创建一张名为"dept"的部门表和一张名为"emp"的员工表。

11.2.1　在单表上创建视图

通俗地讲，视图就是一条"select"语句执行后返回的结果集。所以我们在创建视图的时候，主要工作就是如何创建这条 SQL 查询语句。

下面使用视图实现隐藏 emp 表中的月薪"sal"字段和津贴"comm"字段的功能，其

SQL 语句如示例 11-2 所示。

【示例 11-2】在单表上创建 view1_emp 视图。

> create view view1_emp
>
> as select empno, ename, job, mgr, hiredate, deptno from emp;

执行结果如图 11-2 所示。

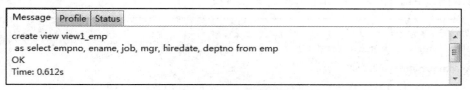

图 11-2　示例 11-2 运行效果图

在示例 11-2 中创建了名为"view1_emp"的视图，该视图是在 emp 表的基础上构建出来的，视图中包含的字段与"select"语句中的字段相同。在视图创建成功后，便可以将该视图当做数据表一样使用。下面查询一下该视图中的数据，其 SQL 语句如示例 11-3 所示。

【示例 11-3】查询 view1_emp 视图中的数据。

> select * from view1_emp;

执行结果如图 11-3 所示。

empno	ename	job	mgr	hiredate	deptno
7369	Smith	clerk	7902	1980-12-17	20
7499	Allen	salesman	7698	1981-02-20	30
7521	Ward	salesman	7698	1981-02-22	30
7566	Jones	manager	7839	1981-04-02	20
7654	Maritn	salesman	7698	1981-09-28	30
7698	Blake	manager	7839	1981-05-01	30
7782	Clark	manager	7839	1981-06-09	10
7788	Scott	analyst	7566	1987-04-19	20
7839	King	president	(Null)	1981-11-17	10
7844	Turner	salesman	7698	1981-09-08	30
7876	Adams	clerk	7788	1987-05-23	20
7900	James	clerk	7698	1981-12-03	30
7902	Ford	analyst	7566	1981-12-03	20
7934	Miller	clerk	7782	1982-01-23	10

图 11-3　示例 11-3 运行效果图

从图 11-3 中可以看到，视图与表非常相似，但是视图可以实现信息的隐藏，如 emp 表中的敏感字段"sal"和"comm"已经通过视图成功隐藏。

通过这个案例可以加深对视图的理解：视图就是一条"select"语句执行后返回的结果集，只不过是使用视图将这条"select"语句进行了封装，下次再需要进行相同的查询操作时，便可以直接使用该视图，而不需要再次编写相同的 SQL 语句，方便重用。

11.2.2　在多表上创建视图

　　视图还可以通过两张或更多的表来构建，下面在 emp 表和 dept 表的基础上来创建视图，该视图用来显示员工的编号、姓名、职位、部门编号、部门名称以及部门所在地信息，其 SQL 语句如示例 11-4 所示。

　　【示例 11-4】在多表上创建 view2_emp 视图。

```
create view view2_emp
  as select e.empno, e.ename, e.job, d.deptno, d.dname, d.loc
    from emp e inner join dept d
      on e.deptno=d.deptno;
```

　　执行结果如图 11-4 所示。

```
Message  Profile  Status
create view view2_emp
  as select e.empno, e.ename, e.job, d.deptno, d.dname, d.loc
    from emp e inner join dept d
      on e.deptno=d.deptno
OK
Time: 0.006s
```

图 11-4　示例 11-4 运行效果图

　　在示例 11-4 中创建了名为"view2_emp"的视图，该视图是在 emp 和 dept 两张表的基础上构建出来的(使用了内连接)。在视图创建成功后，查询一下该视图中的数据，其 SQL 语句如示例 11-5 所示。

　　【示例 11-5】查询 view2_emp 视图中的数据。

```
select * from view2_emp;
```

　　执行结果如图 11-5 所示。

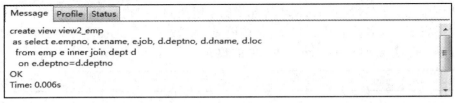

empno	ename	job	deptno	dname	loc
7782	Clark	manager	10	Accounting	New York
7839	King	president	10	Accounting	New York
7934	Miller	clerk	10	Accounting	New York
7369	Smith	clerk	20	Research	Dallas
7566	Jones	manager	20	Research	Dallas
7788	Scott	analyst	20	Research	Dallas
7876	Adams	clerk	20	Research	Dallas
7902	Ford	analyst	20	Research	Dallas
7499	Allen	salesman	30	Sales	Chicago
7521	Ward	salesman	30	Sales	Chicago
7654	Maritn	salesman	30	Sales	Chicago
7698	Blake	manager	30	Sales	Chicago
7844	Turner	salesman	30	Sales	Chicago
7900	James	clerk	30	Sales	Chicago

图 11-5　示例 11-5 运行效果图

从图 11-5 中可以看到，该视图成功显示了每位员工的部分信息及其所在部门的信息。下次如果需要再次查询这些内容或者在此基础上做一些其他操作时，便可直接使用该视图。

11.2.3　在其他视图上创建视图

除了在一张或者多张表的基础上创建视图，还可以根据其他视图来创建视图，下面在"view2_emp"的基础上创建一张名为"view3_emp"的新视图。该视图用来显示在"New York"工作的员工编号、姓名、职位、部门编号、部门名称信息，其 SQL 语句如示例 11-6 所示。

【示例 11-6】在其他视图上创建 view3_emp 视图。

```
create view view3_emp
  as select empno, ename, job, deptno, dname from view2_emp
    where loc='New York';
```

执行结果如图 11-6 所示。

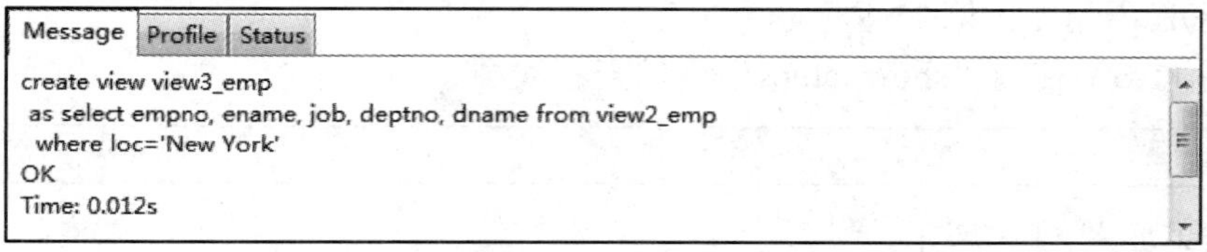

图 11-6　示例 11-6 运行效果图

从图 11-6 中可以看到，通过"view2_emp"视图创建的"view3_emp"视图的 SQL语句已经执行成功，下面使用"select"语句查看 view3_emp 视图中的数据，其 SQL 语句如示例 11-7 所示。

【示例 11-7】查询 view3_emp 视图中的数据。

```
select * from view3_emp;
```

执行结果如图 11-7 所示。

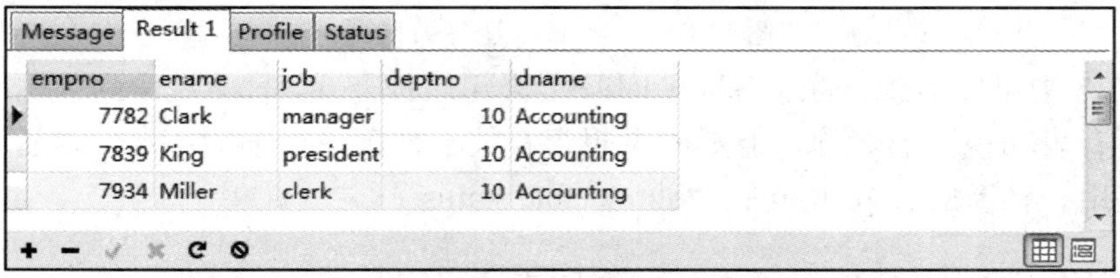

图 11-7　示例 11-7 运行效果图

从图 11-7 中可以看到，在"New York"工作的员工的指定信息已经显示在"view3_emp"视图中。

> **注意**：在创建视图时需要注意以下限制。
> ● 在 MySQL 5.7.7 之前，select_statement 中的 from 子句不能包含子查询。
> ● 创建视图所引用的表不能是临时表。
> ● 在 select_statement 中不能引用系统变量或者用户自定义变量。

11.3　查　看　视　图

视图在创建完成后，可能会需要查看视图的相关信息，在 MySQL 中有多种方式可以查看视图信息，如"show tables"语句、"show table status"语句、"describe"语句、"show create view"语句以及在 views 表中查看视图信息。在查看视图之前，首先要确保用户具有"show view"权限，由于在示例 11-1 中已经查询过 root 用户拥有该权限，因此下面直接使用 root 用户来演示各种查看"view1_emp"视图的方式。

11.3.1　使用"show tables"语句查看视图

使用"show tables"语句不仅能显示当前数据库中有哪些表，还能显示有哪些视图(因为视图的本质也是一张表，只不过是一张虚拟表而已)。查看数据库 chapter11 中存在的表和视图的 SQL 语句如示例 11-8 所示。

【示例 11-8】使用"show tables"语句查看视图。

```
show tables;
```

执行结果如图 11-8 所示。

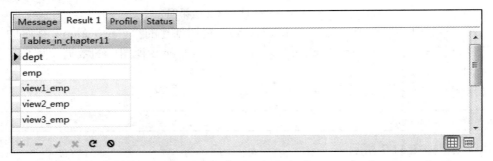

图 11-8　示例 11-8 运行效果图

从图 11-8 中可以看到，通过"show tables"语句这种方式，只能观察到数据库 chapter11 中存在的所有表和视图的名称，但是如果想查看关于视图更详细的信息，这种方式就不行了，需要使用一种新的 SQL 语句："show table status"。

11.3.2　使用"show table status"语句查看视图

"show table status"语句不仅能查看表的详细信息，还能查看视图的详细信息，其具体的语法格式如下：

```
show table status [{from | in} db_name] [like 'pattern'];
```

其中，"show table status"为查看视图详细信息所使用的固定语法格式；"dp_name"为可选项，表示要查询视图所在数据库的名称，如果省略该项，则表示在当前数据库中查找视图；"like"为进行视图名称匹配时所用的关键字；"pattern"在此可以理解为要查询的视图名称，视图名称要用单引号引起来；"like 'pattern'"为可选项，如果省略该项则会查询指定或默认数据库中所有的表和视图。

下面使用上述语法查看"view1_emp"视图的详细信息，其 SQL 语句如示例 11-9 所示。

【示例 11-9】使用"show table status"语句查看视图。

```
show table status like 'view1_emp';
```

执行结果如图 11-9 所示。

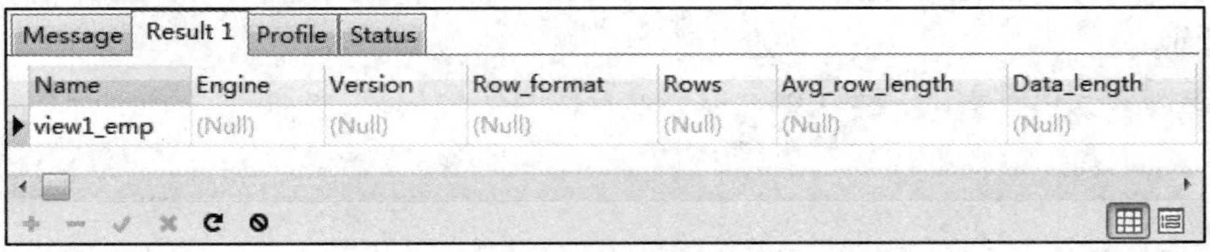

Name	Engine	Version	Row_format	Rows	Avg_row_length	Data_length
▶ view1_emp	(Null)	(Null)	(Null)	(Null)	(Null)	(Null)

图 11-9 示例 11-9 运行效果图

由于页面显示问题，图 11-9 中只显示了视图的一小部分信息，为了让大家能够完全地看到视图的详细信息，此处将信息整理了一份，并将每个字段表示的含义在其后标注，方便大家理解，如下所示：

```
        Name: view1_emp          #表示视图名称
      Engine: Null               #表示存储引擎
     Version: Null               #表示.frm 文件的版本号
  Row_format: Null               #表示行的存储格式
        Rows: Null               #表示行的数目
 Avg_row_length: Null            #表示平均行长度
 Data_length: Null               #表示数据文件的长度
Max_data_length: Null            #表示数据文件的最大长度
 Index_length: Null              #表示索引文件的长度
   Data_free: Null               #表示未使用的字节数目
Auto_increment: Null             #表示下一个自增的值
 Create_time: Null               #表示创建时间
 Update_time: Null               #表示最后一次更新时间
  Check_time: Null               #表示最后一次检查时间
   Collation: Null               #表示字符集
    Checksum: Null               #表示一致性校验
Create_options: Null             #表示额外选项
     Comment: View               #表示注解
```

11.3.3 使用"describe"语句查看视图

"describe"语句不仅能够查看表的设计信息，还能查看视图的设计信息，其具体的语法格式如下：

```
describe view_name;
```

或者可以使用简写的方式，如下所示：

```
desc view_name;
```

其中，"describe"为查看视图设计信息的固定语法格式，可以简写为"desc"；"view_name"为要查看的视图的名称。

下面使用上述 SQL 语法来查看"view1_emp"视图的设计信息，其 SQL 语句如示例 11-10 所示。

【示例 11-10】使用"describe"语句查看视图。

```
describe view1_emp;
```

或者：

```
desc view1_emp;
```

执行结果如图 11-10 所示。

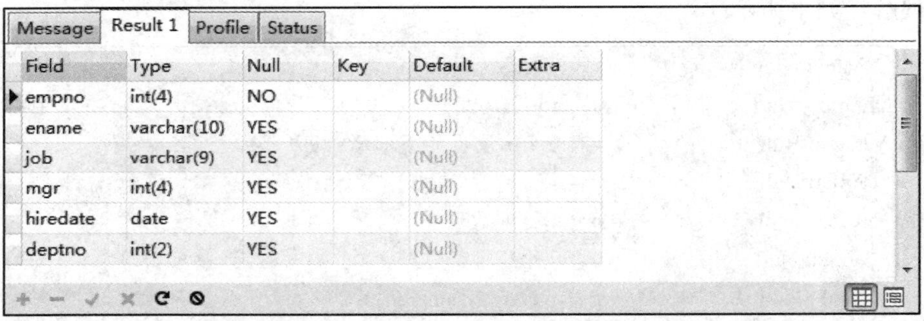

图 11-10　示例 11-10 运行效果图

从图 11-10 中可以看到，通过"describe"语句能够看到视图中的字段(Field)、数据类型及长度(Type)、是否允许空值(Null)、键的设置信息(Key)、默认值(Default)以及附加信息(Extra)。

11.3.4　使用"show create view"语句查看视图

如果想要查看某个视图的定义信息，需要使用"show create view"语句，其具体的语法格式如下：

```
show create view view_name;
```

其中，"show create view"为查看视图定义信息所使用的固定语法结构；"view_name"为要查看的视图名称。

下面使用上述语法结构查看"view1_emp"视图的定义信息，其 SQL 语句如示例 11-11 所示。

【示例 11-11】使用"show create view"语句查看视图。

```
show create view view1_emp;
```

执行结果如图 11-11 所示。

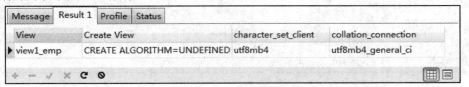

图 11-11 示例 11-11 运行效果图

从图 11-11 中可以看到，通过"show create view"语句能够看到视图名称(View)、视图的创建信息(Create View)、字符集(character_set_client)以及排序规则(collation_connection)。

由于页面显示问题，在图 11-11 中， "Create View"中的视图创建信息并不能完全展现出来，为了让大家能够清晰地看到该信息，此处将信息复制并整理了一份，如下所示：

CREATE ALGORITHM=UNDEFINED DEFINER='root'@'localhost' SQL SECURITY DEFINER VIEW 'view1_emp' AS select 'emp'.'empno' AS 'empno','emp'.'ename' AS 'ename','emp'.'job' AS 'job','emp'.'mgr' AS 'mgr','emp'.'hiredate' AS 'hiredate','emp'.'deptno' AS 'deptno' from 'emp'

11.3.5 在 views 表中查看视图

"information_schema"是 MySQL 自带的数据库之一。在这个数据库中有一张名为"views"的表，其中存储了视图的相关信息，所以可以通过该表来查看指定视图的信息。通过"views"表查看"view1_emp"视图信息的 SQL 语句如示例 11-12 所示。

【示例 11-12】在 views 表中查看视图。

```
select * from information_schema.views where table_name='view1_emp';
```

执行结果如图 11-12 所示。

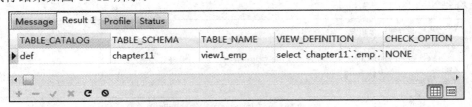

图 11-12 示例 11-12 运行效果图

由于页面显示问题，图 11-12 中只显示了视图的一小部分信息，为了让大家能够完全地看到视图的详细信息，此处将信息整理了一份，如下所示：

TABLE_CATALOG: def
TABLE_SCHEMA: chapter11
TABLE_NAME: view1_emp
VIEW_DEFINITION: select 'chapter11'.'emp'.'empno' AS 'empno', 'chapter11'.'emp'.'ename' AS 'ename', 'chapter11'.'emp'.'job' AS 'job', 'chapter11'.'emp'.'mgr' AS 'mgr', 'chapter11'.'emp'.'hiredate' AS 'hiredate', 'chapter11'.'emp'.'deptno' AS 'deptno' from 'chapter11'.'emp'

```
CHECK_OPTION: NONE
IS_UPDATABLE: YES
DEFINER: root@localhost
SECURITY_TYPE: DEFINER
 CHARACTER_SET_CLIENT: utf8
COLLATION_CONNECTION: utf8_general_ci
```

11.4　修 改 视 图

在视图被创建成功后，有时可能需要对其进行修改操作。MySQL 中提供了两种修改视图的方式："create or replace"语句以及"alter view"语句。下面将详细讲解这两种修改视图的方式。

11.4.1　使用"create or replace"语句修改视图

使用"create or replace"语句修改视图时，用户不仅需要有"create view"权限，还需要有查询所涉及数据的"select"权限以及"drop"权限，这些权限 root 用户已经具备，所以可以使用 root 用户演示"create or replace"语句的使用。

下面使用"create or replace"语句来修改"view1_emp"视图，将视图中的"empno"字段隐藏，其 SQL 语句如示例 11-13 所示。

【示例 11-13】使用"create or replace"语句修改视图。

```
create or replace view view1_emp
   as select ename, job, mgr, hiredate, deptno from emp;
```

执行结果如图 11-13 所示。

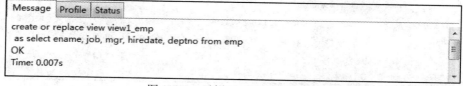

图 11-13　示例 11-13 运行效果图

从图 11-13 中可以看到，使用"create or replace"语句修改视图的 SQL 语句已经执行成功，下面使用"desc"语句来查看目前"view1_emp"视图中存在的字段，其 SQL 语句如示例 11-14 所示。

【示例 11-14】使用"desc"语句查看"view1_emp"视图中的字段。

```
desc view1_emp;
```

执行结果如图 11-14 所示。

由图 11-14 与图 11-10 对比可知，"view1_emp"视图中的"empno"字段已经被成功隐藏，也就是说，使用"create or replace"语句实现了视图的修改操作。

Message	Result 1	Profile	Status			
Field	Type	Null	Key	Default	Extra	
▶ ename	varchar(10)	YES		(Null)		
job	varchar(9)	YES		(Null)		
mgr	int(4)	YES		(Null)		
hiredate	date	YES		(Null)		
deptno	int(2)	YES		(Null)		

图 11-14　示例 11-14 运行效果图

11.4.2　使用 "alter view" 语句修改视图

"alter" 语句不仅能修改表，还能修改视图。在使用 "alter view" 语句修改视图时，需要用户具有 "super" 权限。使用 "alter" 语句修改视图的 SQL 语法如下：

```
alter [algorithm = {undefined | merge | temptable}]
    view view_name [(column_list)]
    as select_statement
    [with [cascaded | local] check option];
```

下面使用上述语法将 "view1_emp" 视图中的 "hiredate" 字段隐藏，其 SQL 语句如示例 11-15 所示。

【示例 11-15】使用 "alter view" 语句修改视图。

```
alter view view1_emp
    as select ename, job, mgr, deptno from emp;
```

执行结果如图 11-15 所示。

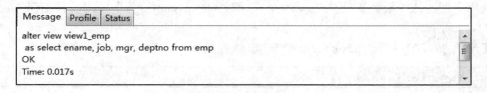

图 11-15　示例 11-15 运行效果图

从图 11-15 中可以看到，使用 "alter view" 语句修改视图的 SQL 语句已经执行成功，下面使用 "desc" 语句来查看目前 "view1_emp" 视图中存在的字段，其 SQL 语句如示例 11-16 所示。

【示例 11-16】使用 "desc" 语句再次查看 "view1_emp" 视图中的字段。

```
desc view1_emp;
```

执行结果如图 11-16 所示。

由图 11-16 与图 11-14 对比可知，"view1_emp" 视图中的 "hiredate" 字段已经被成功隐藏，也就是说，使用 "alter view" 语句实现了视图的修改操作。

Field	Type	Null	Key	Default	Extra
ename	varchar(10)	YES		(Null)	
job	varchar(9)	YES		(Null)	
mgr	int(4)	YES		(Null)	
deptno	int(2)	YES		(Null)	

图 11-16　示例 11-16 运行效果图

11.5　删 除 视 图

如果视图已经不需要再使用，就可以将其进行删除操作。删除视图使用的是"drop view"语句，该语句可以删除一个或者多个视图，但是首先要保证用户具有该视图的"drop"权限。

使用"drop view"语句删除视图的 SQL 语法如下：

```
drop view [if exists]
    view_name1 [, view_name2] ...
```

其中，"drop view"为删除视图所使用的固定语法；"if exists"为可选项，如果给定该项，可以保证即使指定要删除的视图有的不存在，系统也不会提示错误，而是只删除存在的视图，而如果省略该项，那么如果指定要删除的视图有的不存在，系统会提示错误，但是仍然会删除存在的视图；"view_name1"和"view_name2"表示要删除的视图名称，可以添加多个，各个名称之间使用逗号隔开。

目前，chapter11 数据库中存在三个视图："view1_emp"、"view2_emp"以及"view3_emp"。下面使用上述语法一次性删除"view2_emp"和"view3_emp"两个视图，其 SQL 语句如示例 11-17 所示。

【示例 11-17】使用"drop view"语句删除视图。

```
drop view view2_emp, view3_emp;
```

执行结果如图 11-17 所示。

图 11-17　示例 11-17 运行效果图

从图 11-17 中可以看到，使用"drop view"语句删除视图的 SQL 语句已经执行成功。下面使用"show tables"语句来查看目前 chapter11 数据库中存在的视图，其 SQL 语句如示例 11-18 所示。

【示例 11-18】使用"show tables"语句查看视图是否删除成功。

```
show tables;
```

执行结果如图 11-18 所示。

图 11-18　示例 11-18 运行效果图

由图 11-18 与图 11-8 对比可知，数据库中已经不存在"view2_emp"和"view3_emp"这两个视图，说明其已经被成功删除。

11.6　更 新 视 图

在前面的内容中，使用视图进行了查询操作，其实视图还可以进行更新操作，这些更新视图的操作包括增加(insert)、删除(delete)和更新(update)数据。但是视图是一张虚拟表，保存的只是视图的定义，而并不保存数据，所以所做的更新视图的操作实际上是对基本表的增加、删除和更新操作。下面将针对视图的三种更新操作以及更新视图时的限制条件进行详细讲解。

11.6.1　使用"insert"语句更新视图

删除现在的 view1_emp 视图，然后使用示例 11-2 中的 SQL 语句重新创建"view1_emp"视图。通过"view1_emp"视图向 emp 表中添加一条新的数据记录，"empno"、"ename"、"job"、"mgr"、"hiredate"、"deptno"字段的值分别为"8000"、"Tom"、"analyst"、"7566"、"1982-10-12"、"20"。其 SQL 语句如示例 11-19 所示。

【示例 11-19】使用"insert"语句更新视图。

```
insert into view1_emp values (8000, 'Tom', 'analyst', 7566, '1982-10-12', 20);
```

执行结果如图 11-19 所示。

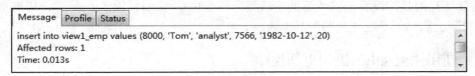

图 11-19　示例 11-19 运行效果图

从图 11-19 中可以看到，使用"insert"语句向视图中插入新的数据记录的 SQL 语句已经执行成功。下面使用"select"语句查看"view1_emp"视图中部门编号"deptno"为 20

的员工记录，看是否添加成功。其 SQL 语句如示例 11-20 所示。

【示例 11-20】使用"select"语句查看"view1_emp"视图中是否存在添加的数据。

```
select * from view1_emp where deptno=20;
```

执行结果如图 11-20 所示。

图 11-20 示例 11-20 运行效果图

从图 11-20 中可以看到，在查询结果中多了一条在示例 11-19 中插入的新的记录。接下来查询 emp 表中部门编号"deptno"为 20 的员工记录，查看 emp 表中是否添加了新的记录。其 SQL 语句如示例 11-21 所示。

【示例 11-21】使用"select"语句查看 emp 表中是否存在添加的数据。

```
select * from where deptno=20;
```

执行结果如图 11-21 所示。

图 11-21 示例 11-21 运行效果图

从图 11-21 中可以看到，在 emp 表的查询结果中多了一条在示例 11-19 中插入的新的记录(需要注意的是，没有插入数据的字段要允许空值)，说明使用"insert"语句更新视图的操作实际上影响的是创建视图的基本表。

11.6.2 使用"delete"语句更新视图

通过"view1_emp"视图删除 emp 表中 ename 为"Tom"的员工信息。其 SQL 语句如示例 11-22 所示。

【示例 11-22】使用"delete"语句更新视图。

```
delete from view1_emp where ename='Tom';
```

执行结果如图 11-22 所示。

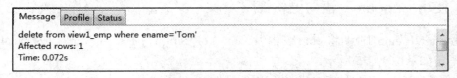

图 11-22　示例 11-22 运行效果图

从图 11-22 中可以看到，使用"delete"语句从视图中删除数据记录的 SQL 语句已经执行成功。下面使用"select"语句查看"view1_emp"视图中部门编号"deptno"为 20 的员工记录，看是否删除成功。其 SQL 语句如示例 11-23 所示。

【示例 11-23】使用"select"语句查看"view1_emp"视图中是否已经删除数据。

```
select * from view1_emp where deptno=20;
```

执行结果如图 11-23 所示。

empno	ename	job	mgr	hiredate	deptno
7369	Smith	clerk	7902	1980-12-17	20
7566	Jones	manager	7839	1981-04-02	20
7788	Scott	analyst	7566	1987-04-19	20
7876	Adams	clerk	7788	1987-05-23	20
7902	Ford	analyst	7566	1981-12-03	20

图 11-23　示例 11-23 运行效果图

由图 11-23 与图 11-20 对比可知，在"view1_emp"视图的查询结果中少了一条"ename"字段的值为"Tom"的数据记录，说明视图中的该数据已经删除成功。接下来查询 emp 表中部门编号"deptno"为 20 的员工记录，查看在 emp 表中是否删除了该记录。其 SQL 语句如示例 11-24 所示。

【示例 11-24】使用"select"语句查看 emp 表中是否已经删除数据。

```
select * from where deptno=20;
```

执行结果如图 11-24 所示。

empno	ename	job	mgr	hiredate	sal	comm	deptno
7369	Smith	clerk	7902	1980-12-17	800	(Null)	20
7566	Jones	manager	7839	1981-04-02	2975	(Null)	20
7788	Scott	analyst	7566	1987-04-19	3000	(Null)	20
7876	Adams	clerk	7788	1987-05-23	1100	(Null)	20
7902	Ford	analyst	7566	1981-12-03	3000	(Null)	20

图 11-24　示例 11-24 运行效果图

由图 11-24 与图 11-21 对比可知，在 emp 表的查询结果中少了 "ename" 为 "Tom" 的数据记录，说明使用 "delete" 语句更新视图的操作实际上影响的也是创建视图的基本表。

11.6.3 使用 "update" 语句更新视图

通过 "view1_emp" 视图将 emp 表中 "ename" 为 "Smith" 的员工职位修改为 "analyst"。其 SQL 语句如示例 11-25 所示。

【示例 11-25】使用 "update" 语句更新视图。

```
update view1_emp set job='analyst' where ename='Smith';
```

执行结果如图 11-25 所示。

图 11-25　示例 11-25 运行效果图

从图 11-25 中可以看到，使用 "update" 语句修改视图中数据记录的 SQL 语句已经执行成功。下面使用 "select" 语句查看 "view1_emp" 视图中员工姓名 "ename" 为 "Smith" 的员工记录，看是否修改成功。其 SQL 语句如示例 11-26 所示。

【示例 11-26】使用 "select" 语句查看 view1_emp 视图中是否已经修改数据。

```
select * from view1_emp where ename='Smith';
```

执行结果如图 11-26 所示。

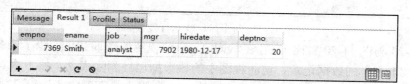

图 11-26　示例 11-26 运行效果图

从图 11-26 中可以看到，在 "view1_emp" 视图中 "ename" 为 "Smith" 的员工的职位 "job" 已经被修改为 "analyst"，说明视图中的该数据已经修改成功。接下来查询 emp 表中员工姓名 "ename" 为 "Smith" 的员工记录，查看 emp 表中是否对该记录进行了修改。其 SQL 语句如示例 11-27 所示。

【示例 11-27】使用 "select" 语句查看 emp 表中是否已经修改数据。

```
select * from emp where ename='Smith';
```

执行结果如图 11-27 所示。

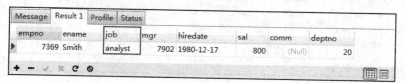

图 11-27　示例 11-27 运行效果图

从图 11-27 中可以看到，在 emp 表中"ename"为"Smith"的员工的职位"job"已经被修改为"analyst"，说明使用"update"语句更新视图的操作实际上影响的也是创建视图的基本表。

11.6.4 更新视图时的限制条件

虽然使用"insert"、"delete"以及"update"语句可以实现视图的更新操作，但并不是所有的视图都可以执行更新操作，因为视图的更新操作具有很多限制条件，当视图中包含如下所述的一种或者多种情况时，视图是不可以更新的：

(1) 视图中包含多行函数，如 sum()、min()、max()、count()等。下面根据 emp 表创建一个名为"view4_emp"的视图，在该视图中使用 count()函数，如示例 11-28 所示。

【示例 11-28】不可更新视图——使用 count()函数。

```
create view view4_emp as select count(*) from emp;
```

执行结果如图 11-28 所示。

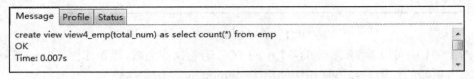

图 11-28　示例 11-28 运行效果图

从图 11-28 中可以看到，创建视图的 SQL 语句已经执行成功。接下来使用"update"语句将"total_num"字段的值修改为 10，其 SQL 语句如示例 11-29 所示。

【示例 11-29】不可更新视图——验证"view4_emp"视图是否能被更新。

```
update view4_emp set total_num=10 where total_num=14;
```

执行结果如图 11-29 所示。

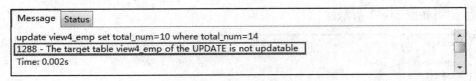

图 11-29　示例 11-29 运行效果图

从图 11-29 中可以看到，示例 11-29 中的 SQL 语句执行失败，错误原因是"view4_emp"视图是不可更新的，因为该视图中使用了多行函数 count()。

(2) 视图中包含"distinct"、"group by"、"having"、"union"或者"union all"关键字。下面根据 emp 表创建一个名为"view5_emp"的视图，在该视图中使用"having"关键字，如示例 11-30 所示。

【示例 11-30】不可更新视图——使用"group by"关键字。

```
create view view5_emp as select deptno from emp group by deptno;
```

执行结果如图 11-30 所示。

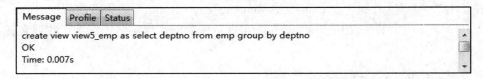

图 11-30　示例 11-30 运行效果图

从图 11-30 中可以看到，创建视图的 SQL 语句已经执行成功。接下来使用"delete"语句删除视图中部门编号"deptno"为 10 的记录，其 SQL 语句如示例 11-31 所示。

【示例 11-31】不可更新视图——验证"view5_emp"视图是否能被更新。

```
delete from view5_emp where deptno=10;
```

执行结果如图 11-31 所示。

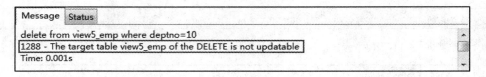

图 11-31　示例 11-31 运行效果图

从图 11-31 中可以看到，示例 11-31 中的 SQL 语句执行失败，错误原因是"view5_emp"视图是不可更新的，因为在该视图中使用了"group by"关键字。

(3) 视图中的"select"语句包含子查询。下面根据 emp 表创建一个名为"view6_emp"的视图，在该视图中的"select"语句中使用子查询，如示例 11-32 所示。

【示例 11-32】不可更新视图——在"select"语句中使用子查询。

```
create view view6_emp
    as select ename, job, deptno from emp
    where sal>(select sal from emp where ename='Clark');
```

执行结果如图 11-32 所示。

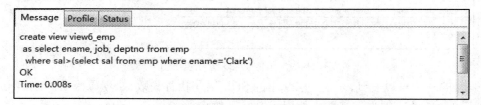

图 11-32　示例 11-32 运行效果图

从图 11-32 中可以看到，创建视图的 SQL 语句已经执行成功，该视图能够显示 emp 表中月薪比"Clark"高的员工姓名、职位及部门。接下来使用"delete"语句删除视图中的一条数据记录，其 SQL 语句如示例 11-33 所示。

【示例 11-33】不可更新视图——验证"view6_emp"视图是否能被更新。

```
delete from view6_emp where ename='Jones';
```

执行结果如图 11-33 所示。

Message
Status
delete from view6_emp where ename='Jones'
1288 - The target table view6_emp of the DELETE is not updatable
Time: 0.001s

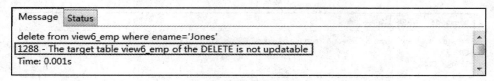

图 11-33 示例 11-33 运行效果图

从图 11-33 中可以看到，示例 11-33 中的 SQL 语句执行失败，错误原因是“view6_emp”视图是不可更新的，因为在该视图的“select”语句中使用了子查询。

(4) 视图引用的只是文字值(也称为常量视图，这种情况下，根本没有要更新的基础表)。下面创建一个名为“view7_emp”的视图，在该视图中字段的值为一个常量，如示例 11-34 所示。

【示例 11-34】不可更新视图——常量视图。

```
create view view7_emp as select pi() pi;
```

执行结果如图 11-34 所示。

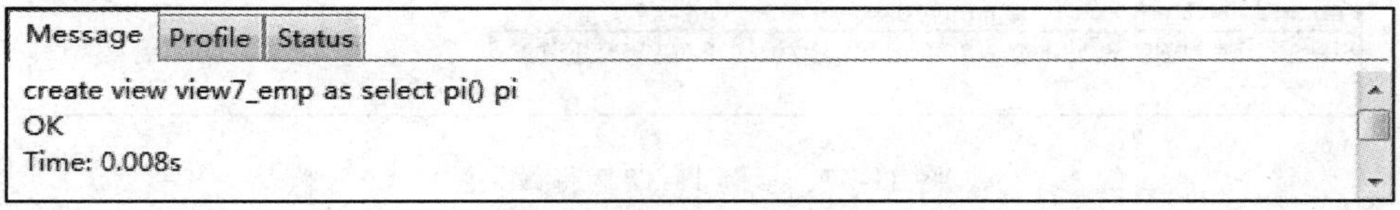

Message
Profile
Status
create view view7_emp as select pi() pi
OK
Time: 0.008s

图 11-34 示例 11-34 运行效果图

从图 11-34 中可以看到，创建视图的 SQL 语句已经执行成功，该视图中只有一个字段“pi”，并且该字段的值为常量。接下来使用“delete”语句删除该视图中的数据记录，其 SQL 语句如示例 11-35 所示。

【示例 11-35】不可更新视图——验证“view7_emp”视图是否能被更新。

```
delete from view7_emp where pi like 3.141593;
```

执行结果如图 11-35 所示。

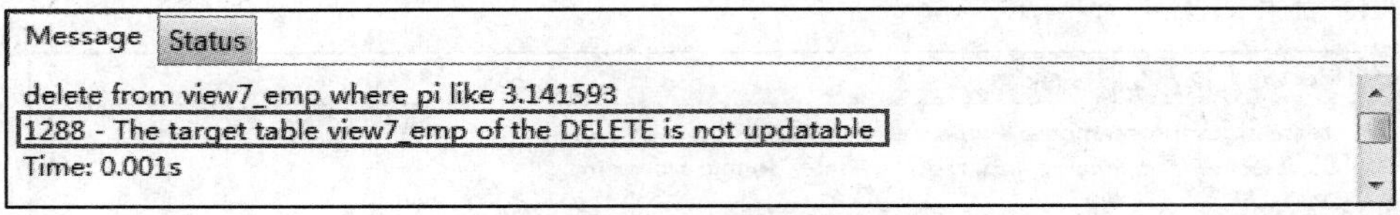

Message
Status
delete from view7_emp where pi like 3.141593
1288 - The target table view7_emp of the DELETE is not updatable
Time: 0.001s

图 11-35 示例 11-35 运行效果图

从图 11-35 中可以看到，示例 11-35 中的 SQL 语句执行失败，错误原因是“view7_emp”视图是不可更新的，因为该视图是常量视图。

(5) 视图是根据不可更新视图构建的。下面根据“view4_emp”视图构建一个名为“view8_emp”的新视图，如示例 11-36 所示。

【示例 11-36】不可更新视图——使用不可更新视图构建新视图。

```
create view view8_emp as select * from view4_emp;
```

执行结果如图 11-36 所示。

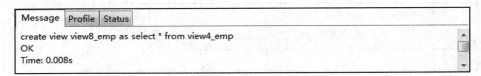

图 11-36　示例 11-36 运行效果图

从图 11-36 中可以看到，创建视图的 SQL 语句已经执行成功。接下来使用 "update"
语句将 "view8_emp" 视图中 "total_num" 字段的值修改为 10，其 SQL 语句如示例 11-37
所示。

【示例 11-37】不可更新视图——验证 "view8_emp" 视图是否能被更新。

update view8_emp set total_num=10 where total_num=14;

执行结果如图 11-37 所示。

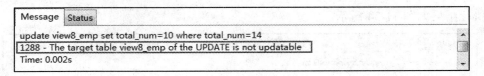

图 11-37　示例 11-37 运行效果图

从图 11-37 中可以看到，示例 11-37 中的 SQL 语句执行失败，错误原因是 "view8_emp"
视图是根据不可更新视图 "view4_emp" 构建的，因此 "view8_emp" 视图也是不可更新的。

(6) 在创建视图时指定了 "algorithm = temptable"。下面根据 emp 表创建一个名为 "view9_emp"
的视图，并指定该视图的 "algorithm" 参数值为 "temptable"，如示例 11-38 所示。

【示例 11-38】不可更新视图—— "algorithm = temptable"。

create algorithm=temptable view view9_emp
　　as select empno, ename, job, mgr, hiredate, deptno from emp;

执行结果如图 11-38 所示。

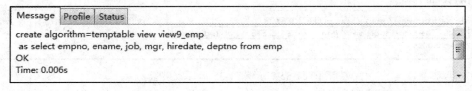

图 11-38　示例 11-38 运行效果图

从图 11-38 中可以看到，创建视图的 SQL 语句已经执行成功。接下来使用 "delete" 语
句删除视图中的一条数据记录，其 SQL 语句如示例 11-39 所示。

【示例 11-39】不可更新视图—— 验证 "view9_emp" 视图是否能被更新。

delete from view9_emp where ename='Jones';

执行结果如图 11-39 所示。

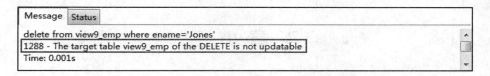

图 11-39　示例 11-39 运行效果图

从图 11-39 中可以看到，示例 11-39 中的 SQL 语句执行失败，错误原因是"view9_emp"视图是不可更新的，因为该视图中的"algorithm"参数值为"temptable"。

（7）如果视图是连接视图(在创建视图时使用了 join)，那么在更新视图时需要谨慎处理。下面使用一个案例(该案例中有些地方使用的是伪代码，更加方便理解)来详细说明。

① 首先创建测试表和视图，其 SQL 语法如下：

```
create table t1 (x integer);
create table t2 (c integer);
create view vmat as select sum(x) as s from t1;
create view vup as select * from t2;
create view vjoin as select * from vmat join vup on vmat.s=vup.c;
```

其中，"vmat"视图为不可更新视图(使用了多行函数 sum())，"vup"视图为可更新视图，"vjoin"视图为"vmat"和"vup"两个视图组成的连接视图。

② 使用"insert"更新视图的注意事项：如果要更新的视图是连接视图，那么必须保证组成该视图的所有组件都是可更新的。

如下所示的 SQL 语句，系统会提示错误，因为组成"vjoin"视图的"vmat"视图是不可更新视图。

```
insert into vjoin (c) values (1);
```

③ 使用"update"更新视图的注意事项：如果要更新的视图是连接视图，那么至少要保证组成该视图的一个基础视图必须是可更新的(这与"insert"不同)。

如下所示的 SQL 语句是正确的，因为字段 c 来自于连接视图中的可更新视图。

```
update vjoin set c=c+1;
```

但是下面的 SQL 语句系统会提示错误，因为字段"x"来自于连接视图中的不可更新视图。

```
update vjoin set x=x+1;
```

④ 使用"delete"更新视图的注意事项：如果要更新的视图是连接视图，那么不允许进行删除操作(这与"insert"和"update"不同)。

如下所示的 SQL 语句(伪代码)，系统会提示错误，因为"vjoin"是连接视图。

```
delete vjoin where ...;
```

本 章 小 结

本章主要介绍了视图的概念及其优点，重点介绍了视图的操作，包括创建视图、查看视图、修改视图和删除视图。其中创建视图可以在单表上创建视图、在多表上创建视图、在其他视图上创建视图。同时也介绍了使用"create or replace"、"alter view"语句修改视图；使用"drop view"语句删除视图；使用"insert"、"delete"、"update"语句更新视图。本章应掌握对视图的基本操作。

练 习 题

一、简答题

1. 简述视图的概念及其优点。

2. 简述视图更新时的限制条件有哪些？

二、上机题

1. 自己创建两张相互关联的表(可以参考本章的 emp 表和 dept 表)，分别练习在单表上创建视图、在多表上创建视图、在其他视图上创建视图。

2. 练习使用五种不同的方式查看创建的视图信息。

3. 练习使用两种不同的方式修改视图。

4. 练习使用"drop view"语句删除视图。

5. 练习使用"insert"、"delete"、"update"语句更新视图。

第十二章 用户管理

为了保证 MySQL 数据库中数据的安全性和完整性，MySQL 提供了一种安全机制，这种安全机制通过赋予用户适当的权限来提高数据的安全性。MySQL 用户主要包括两种：root 用户和普通用户。root 用户为超级管理员，拥有 MySQL 提供的所有权限，而普通用户的权限取决于该用户在创建时被赋予的权限有哪些。本章将详细讲解 MySQL 中的权限表、如何管理 MySQL 用户以及如何进行权限管理等内容。

12.1 权 限 表

在 4.2.1 节中提到过 MySQL 自带的数据库，其中有一个名为"mysql"的数据库，该数据库是 MySQL 软件的核心数据库，保存着许多关于权限的表(权限表)。这些权限表中比较重要的是 user 表、db 表，下面将详细讲解这些权限表。

12.1.1 mysql.user 表

mysql 数据库中最重要的一张表就是 user 表，user 表中存储了允许连接到服务器的用户信息以及全局级(适用于所有数据库)的权限信息。

user 表中有 45 个字段，根据存储内容的不同可以将这些字段分为四类：用户字段、权限字段、安全字段以及资源控制字段。

1. 用户字段

user 表中的用户字段只包括两个字段，每个字段的信息如表 12-1 所示。

表 12-1 user 表的用户字段信息一览表

字段名	数据类型	默认值	表示的含义
host	char(60)	无默认值	主机名
user	char(32)	无默认值	用户名

在 MySQL 5.7 之前，用户字段中还有一个名为"password"的字段用于存储用户的密码，但是在 MySQL 5.7 之后，密码存储在安全字段中的 authentication_string 字段。所以，如果用户想要与 MySQL 服务器建立连接，不仅要验证用户字段的信息，还要验证安全字段的信息。

2. 权限字段

user 表中的权限字段包含一系列以"_priv"结尾的字段，例如，在上一章中接触到的"select_priv"、"drop_priv"、"super_priv"、"create_view_priv"等，这些字段的取值决定了用户具有哪些权限，每个字段的信息如表 12-2 所示。

表 12-2　　user 表的权限字段信息一览表

字段名	数据类型	默认值	对应权限	权限的作用范围
select_priv	enum('N','Y')	N	select	表
insert_priv	enum('N','Y')	N	insert	表、字段
update_priv	enum('N','Y')	N	update	表、字段
delete_priv	enum('N','Y')	N	delete	表
index_priv	enum('N','Y')	N	index	表
alter_priv	enum('N','Y')	N	alter	表
create_priv	enum('N','Y')	N	create	数据库、表、索引
drop_priv	enum('N','Y')	N	drop	数据库、表、视图
grant_priv	enum('N','Y')	N	grant option	数据库、表、存储过程
create_view_priv	enum('N','Y')	N	create view	视图
show_view_priv	enum('N','Y')	N	show view	视图
create_routine_priv	enum('N','Y')	N	create routine	存储过程
alter_routine_priv	enum('N','Y')	N	alter routine	存储过程
execute_priv	enum('N','Y')	N	execute	存储过程
trigger_priv	enum('N','Y')	N	trigger	表
event_priv	enum('N','Y')	N	event	数据库
create_tmp_table_priv	enum('N','Y')	N	create temporary tables	表
lock_tables_priv	enum('N','Y')	N	lock tables	数据库
references_priv	enum('N','Y')	N	references	数据库、表
reload_priv	enum('N','Y')	N	reload	服务器管理
shutdown_priv	enum('N','Y')	N	shutdown	服务器管理
process_priv	enum('N','Y')	N	process	服务器管理
file_priv	enum('N','Y')	N	file	服务器主机上的文件
show_db_priv	enum('N','Y')	N	show datebases	服务器管理
super_priv	enum('N','Y')	N	super	服务器管理
repl_slave_priv	enum('N','Y')	N	replication slave	服务器管理
repl_client_priv	enum('N','Y')	N	replication client	服务器管理
create_user_priv	enum('N','Y')	N	create user	服务器管理
create_tablespace_priv	enum('N','Y')	N	create tablespace	服务器管理

　　由表 12-2 中数据可知，权限字段的数据类型为 enum('N','Y')，也就是说，权限字段的取值只能是"N"或者"Y"，其中，"N"表示用户没有该权限，"Y"表示用户有该权限，并且为了保证数据的安全性，这些权限字段的默认值均为"N"。

由于 user 表中存储的是全局级的权限信息，因此对于权限的设置可以作用于所有的数据库。

3. 安全字段

user 表中的安全字段用来存储用户的安全信息，每个字段的信息如表 12-3 所示。

表 12-3 user 表的安全字段信息一览表

字段名	数据类型	默认值	表示的含义
ssl_type	enum('','ANY','X509','SPECIFIED')	空字符串	ssl 加密
ssl_cipher	blob	无默认值	ssl 加密
x509_issuer	blob	无默认值	标识用户
x509_subject	blob	无默认值	标识用户
plugin	char(64)	mysql_native_password	存储验证用户登录的插件名称
authentication_string	text	Null	存储用户登录密码
password_expired	enum('N','Y')	N	设置密码是否允许过期
password_last_changed	timestamp	Null	存储上一次修改密码的时间
password_lifetime	smallint(5) unsigned	Null	设置密码自动失效的时间
account_locked	enum('N','Y')	N	存储用户的锁定状态

以 ssl 开头的字段是用来对客户端与服务器端的传输数据进行加密操作的。如果客户端连接服务器时不是使用 SSL 连接，那么在传输过程中，数据就有可能被窃取，因此从 MySQL 5.7 开始，为了数据的安全性，默认的用户连接方式就是 SSL 连接(需要注意的是本地连接不会使用 SSL 连接)。可以使用"show variables like 'have_ssl'"来查看当前的连接是不是 SSL 连接，如果"have_ssl"字段的值为"YES"则表示使用的是 SSL 连接，如果值为"DISABLED"表示没有使用 SSL 连接，此时可以手动开启 SSL 连接。

4. 资源控制字段

user 表中的资源控制字段用来控制用户使用的资源，每个字段的信息如表 12-4 所示。

表 12-4 user 表的资源控制字段信息一览表

字段名	数据类型	默认值	表示的含义
max_questions	int(11) unsigned	0	每小时允许执行查询操作的最大次数
max_updates	int(11) unsigned	0	每小时允许执行更新操作的最大次数
max_connections	int(11) unsigned	0	每小时允许用户建立连接的最大次数
max_user_connections	int(11) unsigned	0	每小时允许单个用户建立连接的最大次数

从表 12-4 中数据可知，四个资源控制字段的默认值均为 0，这表示没有任何的限制。

12.1.2 mysql.db 表

mysql 数据库中另外一张比较重要的表就是 db 表，db 表中存储了某个用户对相关数据库的权限(数据库级权限)信息。

　　db 表中有 22 个字段，根据存储内容的不同可以将这些字段分为两类：用户字段、权限字段。

1. 用户字段

　　db 表中的用户字段包括三个字段，每个字段的信息如表 12-5 所示。

表 12-5　　db 表的用户字段信息一览表

字段名	数据类型	默认值	表示的含义
host	char(60)	无默认值	主机名
user	char(64)	无默认值	用户名
db	char(32)	无默认值	数据库名

　　在 MySQL 5.6 之前 mysql 数据库中还有一张名为"host"的表，host 表中存储了某个主机对数据库的操作权限，配合 db 表对给定主机上数据库级操作权限做更细致的控制，但 host 表一般很少用，所以从 MySQL 5.6 开始就已经没有 host 表了。

2. 权限字段

　　db 表中的权限字段也是包含一系列以"_priv"结尾的字段，这些字段是数据库级字段，并不能操作服务器，因此 db 表中的权限字段是在 user 表的基础上减少了与服务器管理相关的权限，即 db 表的权限只包含表 12-2 中的前 19 项(从 select_priv 到 references_priv)。

12.1.3　其他权限表

　　前面讲了全局级权限表 user 和数据库级权限表 db，在 mysql 数据库中，除了这两张权限表之外，还有表级权限表 tables_priv 和列级权限表 columns_priv，其中，tables_priv 可以实现单张表的权限设置，columns_priv 则可以实现单个字段的权限设置。有兴趣的读者可以自己查看这两张表的表结构信息，在此就不再做过多赘述。

　　MySQL 用户通过身份认证后，会进行权限的分配，分配权限是按照 user 表、db 表、tables_priv 表、columns_priv 表的顺序依次进行验证。即先检查全局级权限表 user，如果 user 表中对应的权限为"Y"，则此用户对所有数据库的权限都为"Y"，将不再检查 db 表、tables_priv 表、columns_priv 表；如果 user 表中对应的权限为"N"，则到数据库级权限表 db 中检查此用户对应的具体数据库的权限，如果得到 db 表中对应的权限为"Y"，将不再检查 tables_priv 表、columns_priv 表；如果 db 表中对应的权限为"N"，则检查表级权限表 tables_priv 中此数据库对应的具体表的权限，以此类推。

12.2　用 户 管 理

　　用户管理是 MySQL 为了保证数据的安全性和完整性而提供的一种安全机制，通过用户管理可以实现让不同的用户访问不同的数据，而不是所有用户都可以访问所有的数据。

MySQL 中的用户管理机制包括用户登录与退出数据库、添加用户、删除用户、密码管理、权限管理等内容。下面将详细讲解这些内容。

12.2.1 用户登录与退出 MySQL 数据库

1. 用户登录 MySQL 数据库

在第二章中我们讲解了在 Windows 平台下如何登录 MySQL 数据库的方式，其中一种方式是直接使用 DOS 窗口来执行登录数据库的命令，但是登录命令中的参数并不完整，下面将介绍完整的登录数据库命令：

```
mysql -h hostname | hostIP -p port -u username -p dbname -e "SQL 语句"
```

其中，各个参数的含义如下：

(1) "-h"：指定连接 MySQL 服务器的主机名或 IP 地址，其中，"hostname"表示主机名，"hostIP"表示 IP 地址。

(2) "-p"：指定连接 MySQL 服务器的端口号，"port"即为指定的端口号。由于在安装 MySQL 软件时使用的是默认端口号 3306，因此如果该参数不指定的话，会默认连接 3306 端口。

(3) "-u"：指定登录 MySQL 服务器的用户名，"username"即为指定的用户名。

(4) "-p"：该参数会提示输入登录密码。

(5) "dbname"：指定要登录的数据库名。如果该参数不指定的话，也会进入 MySQL 数据库，但是还要使用 use 命令指定登录哪个数据库。

(6) "-e"：指定要执行的 SQL 语句。

在 DOS 窗口中，使用上述语法通过 root 用户登录到 MySQL 服务器的 chapter11 数据库，其具体的 DOS 命令如示例 12-1 所示。

【示例 12-1】使用 DOS 命令通过 root 用户登录 chapter11 数据库(1)。

```
mysql -h 127.0.0.1 -u root -p chapter11
```

在执行完上述命令后，系统会提示输入密码("Enter password")，在输入正确的密码后，就会进入 MySQL 中的 chapter11 数据库。执行结果如图 12-1 所示。

如果不想在系统给出"Enter password"的提示后输入密码，而是在命令行中直接输入，那么可以使用下面的命令，如示例 12-2 所示。

【示例 12-2】使用 DOS 命令通过 root 用户登录 chapter11 数据库(2)。

```
mysql -h 127.0.0.1 -u root -pbjsxt chapter11
```

上述命令中的"bjsxt"即为 root 用户的密码。在执行完上述命令后，系统将不再提示输入密码，而是直接进入 MySQL 中的 chapter11 数据库，但是此时用户会收到一条警告："Using a password on the command line interface can be insecure"，意思是说"在命令行输入密码是不安全的"。执行结果如图 12-2 所示。

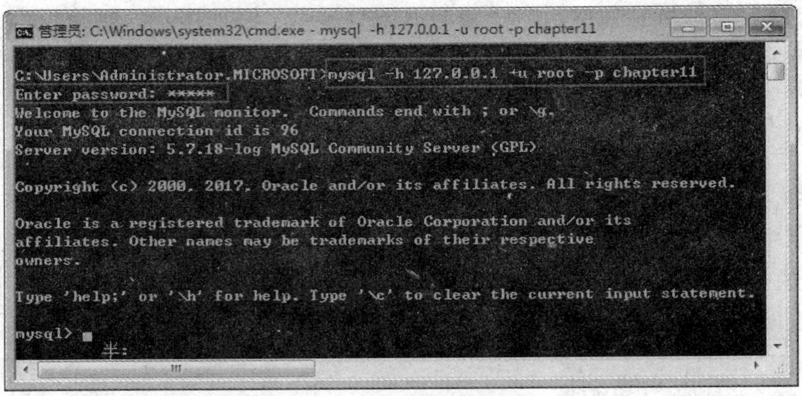

图 12-1　示例 12-1 运行效果图

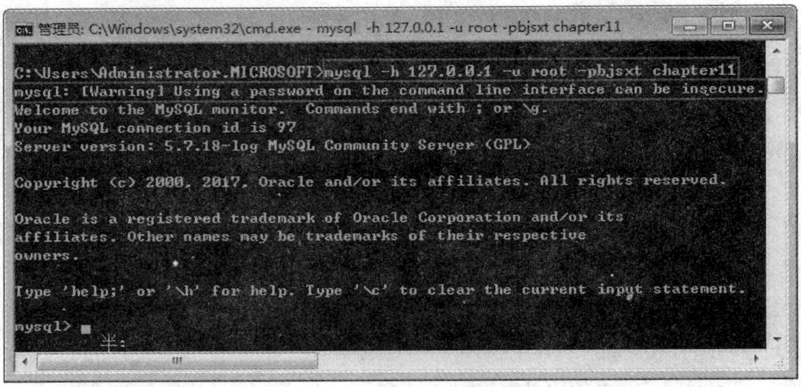

图 12-2　示例 12-2 运行效果图

登录 MySQL 数据库的命令中使用"-e"参数来添加要执行的 SQL 语句,如查询 chapter11 数据库中的 dept 表的所有数据记录,其命令如示例 12-3 所示。

【示例 12-3】使用 DOS 命令通过 root 用户登录 chapter11 数据库并执行 SQL 语句。

```
mysql -h 127.0.0.1 -u root -p chapter11 -e "select * from dept"
```

在执行上述命令后,系统会提示输入密码,在输入正确的密码后,查询结果就会显示出来,如图 12-3 所示。

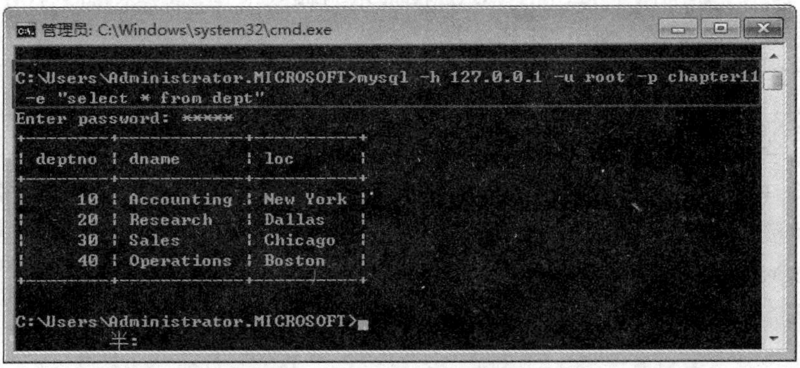

图 12-3　示例 12-3 运行效果图

注意：在命令行中执行 SQL 语句后，DOS 界面并没有进入 MySQL，而仍然在默认的路径下；但是如果命令行中没有 SQL 语句，DOS 界面则会进入 MySQL。

2. 用户退出 MySQL 数据库

退出 MySQL 数据库的命令有三种："exit"、"quit" 和 "\q"，其中，"\q" 为 "quit" 的缩写。在使用这三种方式退出 MySQL 数据库时，系统均会显示 "Bye" 字样，然后 DOS 窗口回到默认的路径下。

12.2.2　创建普通用户

MySQL 中的用户分为两种：root 用户和普通用户。root 用户是在安装 MySQL 软件时默认创建的超级用户，该用户具有操作数据库的所有权限。如果每次都使用 root 用户登录 MySQL 服务器并操作各种数据库是不合适的，因为这样无法保证数据的安全性，因此在实际开发中需要创建具有不同权限的普通用户来登录 MySQL 服务器。

创建普通用户有三种方式："create user"、"grant" 和 "insert"，这三种方式分别需要具有 "create user" 权限、"grant option" 权限和 "insert" 权限，这也就意味着需要使用 root 用户来创建普通用户。创建普通用户之前，先使用 root 用户登录 MySQL 自带的名为 "mysql" 的数据库，然后查看 user 表中存在的用户信息，其 SQL 语句如示例 12-4 所示。

【示例 12-4】查看 user 表中的用户信息(1)。

```
select host, user, authentication_string from user;
```

执行结果如图 12-4 所示。

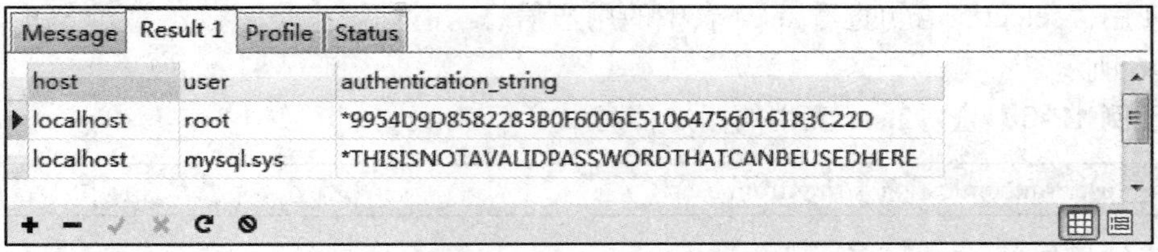

Message	Result 1	Profile	Status		
host	**user**	**authentication_string**			
▶ localhost	root	*9954D9D8582283B0F6006E51064756016183C22D			
localhost	mysql.sys	*THISISNOTAVALIDPASSWORDTHATCANBEUSEDHERE			

图 12-4　示例 12-4 运行效果图

从图 12-4 中可以看到，user 表中存在两个用户信息：一个是 root 用户；另一个是 mysql.sys 用户，其中，mysql.sys 用户是 MySQL 软件为了防止 root 用户被误删后导致错误而设置的一个用户。

下面分别使用三种不同的方式来创建普通用户。

1. 使用 "create user" 语句创建普通用户

使用 "create user" 语句创建普通用户需要具有全局级的 "create user" 权限或者对 mysql 数据库的 "insert" 权限。"create user" 语句可以同时创建多个用户，其 SQL 语法如下：

```
create uer [if not exists] 'username'@'hostname' [identified by [password] 'auth_string']
[, 'username'@'hostname' [identified by [password] 'auth_string']]...
```

其中，"create user"为创建用户所使用的固定语法；"if not exists"为可选项，如果指定该项，则在创建用户时，即使用户已存在，也不会提示错误，只会给出警告；"usename"为用户名；"hostname"为主机名，用于指定该用户在哪个主机上可以登录 MySQL 服务器(如果 hostname 取值为"localhost"，表示该用户只能在本地登录，不能在另外一台电脑上远程登录；如果想远程登录的话，需要将 hostname 的值设置改为"%"或者具体的主机名，其中，"%"表示在任何一台电脑上都可以登录)，"username"和"hostname"这两者共同组成一个完整的用户名；"identified by"用来设置用户的密码；"auth_string"即为用户设置的密码；"password"关键字用来实现对密码的加密功能(使用哈希值设置密码)，如果密码只是一个普通的字符串，则该项可以省略。

下面使用上述 SQL 语法创建一个只能在本地登录的普通用户，该用户名为"test1"，密码为"test1"，其 SQL 语句如示例 12-5 所示。

【示例 12-5】使用"create user"语句创建普通用户。

```
create user 'test1'@'localhost' identified by 'test1';
```

执行结果如图 12-5 所示。

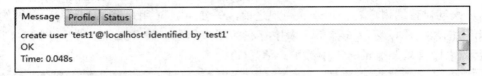

图 12-5　示例 12-5 运行效果图

从图 12-5 中可以看到，使用"create user"语句创建用户的 SQL 语句已经执行成功。接下来使用"select"语句查看 user 表中的用户信息，看该用户是否存在，其 SQL 语句如示例 12-6 所示。

【示例 12-6】查看 user 表中的用户信息(2)。

```
select host, user, authentication_string from user;
```

执行结果如图 12-6 所示。

图 12-6　示例 12-6 运行效果图

从图 12-6 中可以看到，user 表中多了一个"host"字段的值为"localhost"且"user"字段的值为"test1"的用户信息，这就是刚刚创建的用户。可以在 DOS 窗口中使用用户登录命令通过新创建的用户来登录 MySQL 数据库，其 SQL 语句如示例 12-7 所示。

【示例 12-7】在 DOS 窗口中使用 test1 用户登录 MySQL。

```
mysql -h 127.0.0.1 -u test1 -p
```

执行结果如图 12-7 所示。

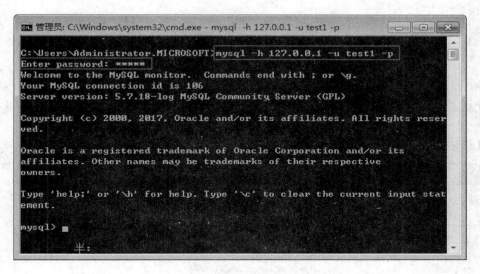

图 12-7　示例 12-7 运行效果图

从图 12-7 中可以看到，使用 test1 用户能够成功登录 MySQL 数据库。但是需要注意的是，使用"create user"语句创建的用户没有任何权限，如果想要该用户拥有某些权限，需要使用授予权限的 SQL 语句来实现。

12.2.3　删除普通用户

当 MySQL 数据库中的普通用户已经没有存在的必要时，需要将其删除。删除普通用户有两种方式：使用"drop user"语句和使用"delete"语句。下面将详细讲解这两种方式。

1. 使用"drop user"语句删除普通用户

在使用"drop user"语句删除普通用户时，需要具有全局级的"create user"权限或者对 MySQL 数据库的"delete"权限。"drop user"语句可以同时删除多个用户，其 SQL 语法如下：

```
drop uer [if exists] 'username'@'hostname'
[, 'username'@'hostname']...
```

其中，"drop user"为删除用户所使用的固定语法；"if exists"为可选项，如果指定该项，则在删除用户时，即使用户不存在，也不会提示错误，只会给出警告；"'username'@'hostname'"为要删除的用户。

使用上述语法删除"test1"用户，其 SQL 语句如示例 12-8 所示。

【示例 12-8】使用"drop user"语句删除普通用户。

```
drop user 'test1'@'localhost';
```

执行结果如图 12-8 所示。

图 12-8　示例 12-8 运行效果图

从图 12-8 中可以看到，使用"drop user"语句删除用户的 SQL 语句已经执行成功。接下来使用"select"语句查看 user 表中的用户信息，看该用户是否已经删除，其 SQL 语句如示例 12-9 所示。

【示例 12-9】查看 user 表中的用户信息(3)。

```
select host, user, authentication_string from user;
```

执行结果如图 12-9 所示。

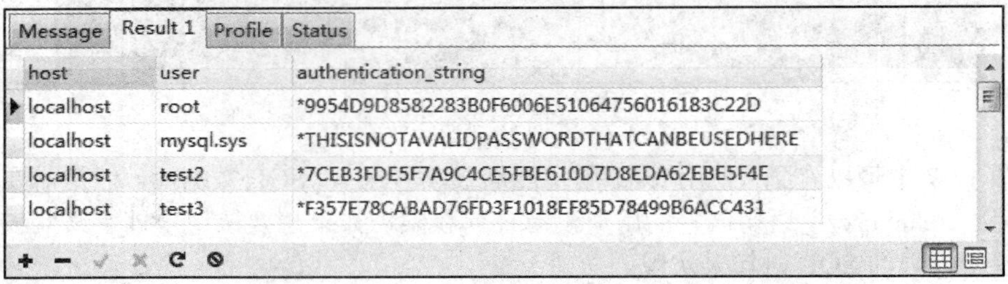

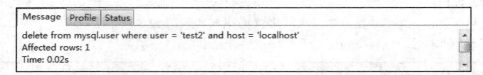

图 12-9　示例 12-9 运行效果图

由图 12-9 与图 12-6 对比可知，user 表中少了一个"host"字段的值为"localhost"且"user"字段的值为"test1"的用户信息，这就是刚刚使用"drop user"语句删除的用户。

2. 使用"delete"语句删除普通用户

可以直接使用"delete"语句在 user 表中删除数据记录来实现删除用户的操作。使用"delete"语句删除用户的 SQL 语法如下：

```
delete from mysql.user where user = 'username' and host = 'hostname';
```

下面使用上述语法删除"test2"用户，其 SQL 语句如示例 12-10 所示。

【示例 12-10】使用"delete"语句删除普通用户。

```
delete from mysql.user where user = 'test2' and host = 'localhost';
```

执行结果如图 12-10 所示。

图 12-10　示例 12-10 运行效果图

从图 12-10 中可以看到，使用"delete"语句删除用户的 SQL 语句已经执行成功。接下来再次使用"select"语句查看 user 表中的用户信息，看该用户是否已经删除，其 SQL 语句如示例 12-11 所示。

【示例 12-11】查看 user 表中的用户信息(4)。

```
select host, user, authentication_string from user;
```

执行结果如图 12-11 所示。

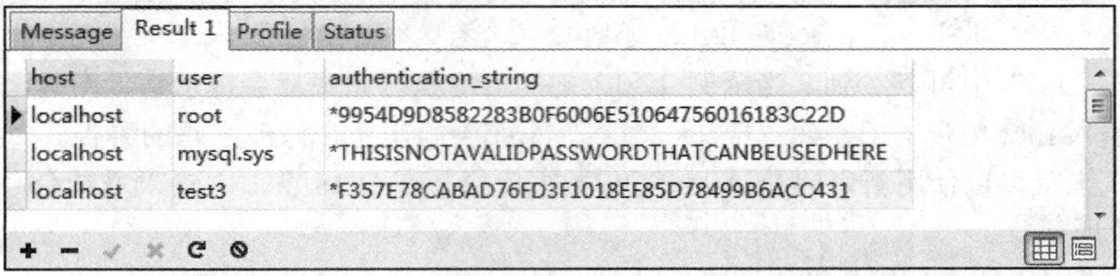

Message	Result 1	Profile	Status
host	user	authentication_string	
▶ localhost	root	*9954D9D8582283B0F6006E51064756016183C22D	
localhost	mysql.sys	*THISISNOTAVALIDPASSWORDTHATCANBEUSEDHERE	
localhost	test3	*F357E78CABAD76FD3F1018EF85D78499B6ACC431	

图 12-11 示例 12-11 运行效果图

由图 12-11 与图 12-9 对比可知，user 表中少了一个"host"字段的值为"localhost"且"user"字段的值为"test2"的用户信息，这就是刚刚使用"delete"语句删除的用户。

12.2.4 修改密码

不同的用户拥有不同的权限来操作数据库中的数据，一旦用户的密码泄露，则有可能造成数据库中数据的丢失或泄露，此时可以通过修改用户的密码来避免该问题的出现。在 MySQL 中 root 用户具有超级权限，可以修改自己和普通用户的密码，而普通用户只能修改自己的密码，下面将详细讲解如何修改 root 用户和普通用户的密码。

1. 修改 root 用户的密码

修改 root 用户的密码有三种方式：使用"mysqladmin"命令修改 root 用户的密码、使用"set"语句修改 root 用户的密码、使用"update"语句更新 mysql.user 表中的相关字段的值。

1) 使用"mysqladmin"命令修改 root 用户的密码

在 DOS 窗口中可以直接使用"mysqladmin"命令来修改 root 用户的密码，其 SQL 语法如下：

```
mysqladmin -u usename [-h hostname] -p password "new_password"
```

其中，"usename"为用户名；"-h hostname"为可选项，如果省略该项，则默认主机名为"localhost"；"password"为设置密码所使用的关键字，并不是旧密码；"new_password"为设置的新密码，该密码需要使用双引号引起来。

下面打开 DOS 窗口，使用上述语法将 root 用户的密码修改为"root"，其 DOS 命令如示例 12-12 所示。

【示例 12-12】使用 mysqladmin 命令修改 root 用户的密码。

```
mysqladmin -u root -p password "root"
```

执行结果如图 12-12 所示。

图 12-12　示例 12-12 运行效果图

从图 12-12 中可以看到，当示例 12-12 中的命令执行完成后会提示输入密码，注意此处应该输入 root 用户的旧密码"bjsxt"，然后系统会给出正在修改密码的警告。

接下来就可以使用新密码登录 MySQL 数据库了，在 DOS 窗口中输入登录命令，如示例 12-13 所示。

【示例 12-13】 使用新密码登录 root 用户(1)。

```
mysql -h 127.0.0.1 -u root -proot
```

执行结果如图 12-13 所示。

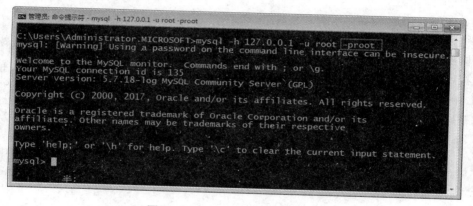

图 12-13　示例 12-13 运行效果图

从图 12-13 中可以看到，root 用户使用新密码"root"成功登录了 MySQL 数据库，说明使用"mysqladmin"命令可以成功修改 root 用户的密码。

2) 使用"set"语句修改 root 用户的密码

在使用 root 用户成功登录 MySQL 数据库后，还可以使用"set"语句修改 root 用户的密码，其 SQL 语法如下：

```
set password = 'new_password';
```

下面使用上述语法将 root 用户的密码重新修改为"bjsxt"，其 SQL 语句如示例 12-14 所示。

【示例 12-14】 使用"set"语句修改 root 用户的密码。

```
set password = 'bjsxt';
```

执行结果如图 12-14 所示。

图 12-14　示例 12-14 运行效果图

从图 12-14 中可以看到，使用"set"语句设置 root 用户密码的 SQL 语句已经执行成功，接下来使用"exit"命令退出 MySQL 数据库，然后使用 root 用户重新登录，其 DOS 命令如示例 12-15 所示。

【示例 12-15】使用新密码登录 root 用户(2)。

```
mysql -h 127.0.0.1 -u root -pbjsxt
```

执行结果如图 12-15 所示。

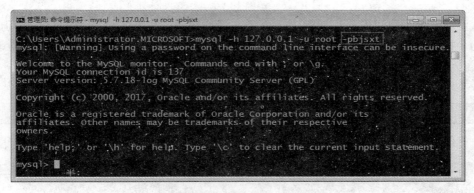

图 12-15　示例 12-15 运行效果图

从图 12-15 中可以看到，root 用户使用新密码"bjsxt"成功登录了 MySQL 数据库，说明使用"set"语句可以成功修改 root 用户的密码。

2. 使用 root 用户修改普通用户的密码

root 用户不仅能修改自己的密码，还能修改普通用户的密码，修改普通用户密码的方式有四种：使用"grant"语句修改普通用户的密码，使用"set"语句修改普通用户的密码，使用"update"语句更新 user 表中的相关字段的值以及使用"alter user"语句修改普通用户的密码。

在讲解这四种方式之前，首先要通过 root 用户登录 MySQL 数据库，然后通过 root 用户执行 SQL 语句来实现修改普通用户"test3"的密码。

1) 使用"set"语句修改普通用户的密码

在使用 root 用户成功登录 MySQL 数据库后，还可以使用"set"语句修改普通用户的密码，在"set"语句中需要指定普通用户的用户名及主机名，其 SQL 语法如下：

```
set password for 'username'@'hostname' = 'new_password';
```

或者：

```
set password for 'username'@'hostname' = password('new_password');
```

　　下面使用上述语法将 test3 用户的密码重新修改为 "test3"，其 SQL 语句如示例 12-16 所示。

　　【示例 12-16】使用 "set" 语句修改普通用户的密码。

```
set password for 'test3'@'localhost' = 'test3';
```

　　执行结果如图 12-16 所示。

图 12-16　示例 12-16 运行效果图

　　从图 12-16 中可以看到，使用 "set" 语句设置普通用户 test3 密码的 SQL 语句已经执行成功，接下来使用 "exit" 命令退出 MySQL 数据库，然后使用 test3 用户重新登录，其 DOS 命令如示例 12-17 所示。

　　【示例 12-17】使用新密码登录 test3 用户(1)。

```
mysql -h 127.0.0.1 -u test3 -ptest3
```

　　执行结果如图 12-17 所示。

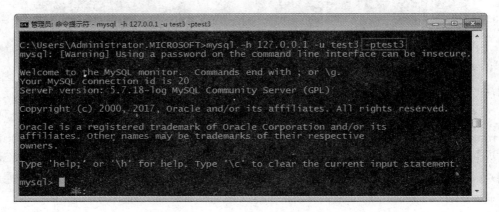

图 12-17　示例 12-17 运行效果图

　　从图 12-17 中可以看到，test3 用户使用新密码 "test3" 成功登录了 MySQL 数据库，说明 root 用户使用 "set" 语句可以成功修改普通用户的密码。

　　2）"alter user" 语句修改普通用户的密码

　　MySQL 中还提供了另外一种使用 root 用户修改普通用户密码的方式，就是使用 "alter user" 语句在切换用户的同时修改用户的密码，其 SQL 语法如下：

```
alter user [if exists] 'username'@'hostname' identified by 'new_password';
```

其中，"alter user"为切换用户所使用的固定语法；"'username'@'hostname'"即为切换的用户(同时也是需要修改密码的用户)；"new_password"为设置的新密码。

下面使用上述 SQL 语法将 test3 用户的密码重新修改为"test3"，其 SQL 语句如示例 12-18 所示。

【示例 12-18】使用"alter user"语句修改普通用户的密码。

```
alter user 'test3'@'localhost' identified by 'test3';
```

执行结果如图 12-18 所示。

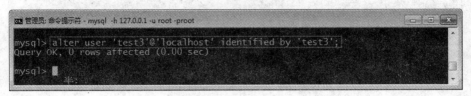

图 12-18　示例 12-18 运行效果图

从图 12-18 中可以看到，使用"alter user"语句修改普通用户 test3 密码的 SQL 语句已经执行成功，然后使用"exit"命令退出 MySQL 数据库，并使用 test3 用户重新登录，其 DOS 命令如示例 12-19 所示。

【示例 12-19】使用新密码登录 test3 用户(2)。

```
mysql -h 127.0.0.1 -u test3 -ptest3
```

执行结果如图 12-19 所示。

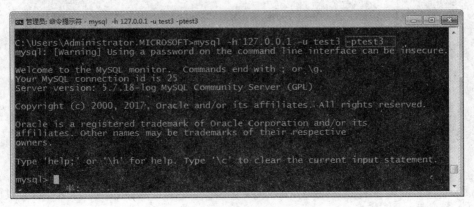

图 12-19　示例 12-19 运行效果图

从图 12-19 中可以看到，test3 用户使用新密码"test3"成功登录了 MySQL 数据库，说明 root 用户使用"alter user"语句可以成功修改普通用户的密码。

3. 普通用户修改自己的密码

普通用户密码的修改不仅可以借助于 root 用户，还可以自己通过"set"语句来修改，其 SQL 语法如下：

```
set password = 'new_password';
```

　　首先需要使用 test3 用户登录到 MySQL 数据库，然后使用上述语法将 test3 用户的密码重新修改为"bjsxt"，其 SQL 语句如示例 12-20 所示。

　　【示例 12-20】普通用户使用"set"语句修改自己的密码。

```
set password = 'bjsxt';
```

　　执行结果如图 12-20 所示。

图 12-20　示例 12-20 运行效果图

　　从图 12-20 中可以看到，普通用户 test3 使用"set"语句设置自己密码的 SQL 语句已经执行成功，接下来使用"exit"命令退出 MySQL 数据库，然后使用 test3 用户重新登录，其 DOS 命令如示例 12-21 所示。

　　【示例 12-21】使用新密码登录 test3 用户(3)。

```
mysql -h 127.0.0.1 -u test3 -pbjsxt
```

　　执行结果如图 12-21 所示。

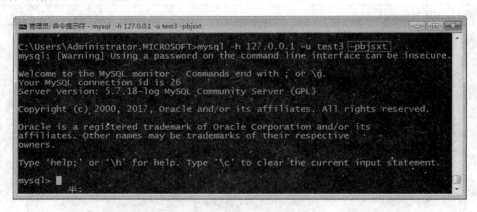

图 12-21　示例 12-21 运行效果图

　　从图 12-21 中可以看到，test3 用户使用新密码"bjsxt"成功登录了 MySQL 数据库，说明普通用户使用"set"语句可以成功修改自己的密码。

12.2.5　找回密码

　　通过前面内容的学习，相信大家都已经学会了如何修改 root 用户和普通用户的密码，那么如果密码丢失了怎么办？普通用户的密码一旦丢失，可以使用 root 用户直接对其进行修改即可。root 用户的密码一旦丢失，可以使用下面的步骤重新设置 root 用户的密码：

　　(1) 停止 MySQL 服务。在服务列表窗口中关闭 MySQL 服务，或者以管理员身份打开 DOS 窗口，输入停止 MySQL 服务的命令，其命令如示例 12-22 所示。

【示例 12-22】停止 MySQL 服务。

```
net stop MySQL80
```

执行结果如图 12-22 所示。

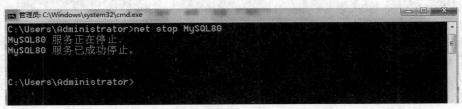

图 12-22 示例 12-22 运行效果图

(2) 创建一个文本文件，内含一条密码修改命令，文件内容如示例 12-23 所示。

【示例 12-23】文件内容。

```
ALTER USER 'root'@'localhost' IDENTIFIED BY '123';
```

文件如图 12-23 所示。

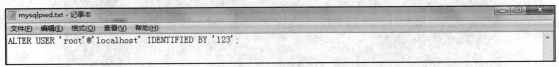

图 12-23 修改 root 用户密码文件

(3) 执行上述的密码修改命令文件，其命令如示例 12-24 所示。

【示例 12-24】执行上述的密码修改命令文件。

```
mysqld --init-file=e:/mysqlpwd.txt  --console
```

执行结果如图 12-24 所示。

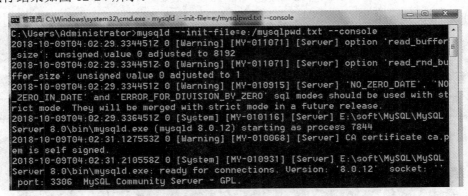

图 12-24 示例 12-24 运行效果

【示例 12-25】启动 MySQL 服务。

```
net start MySQL80
```

执行结果如图 12-25 所示。

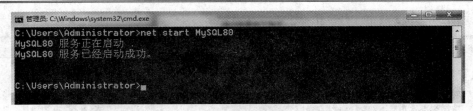

图 12-25　示例 12-25 运行效果图

（4）登录 MySQL 数据库。在 DOS 窗口中直接输入"mysql"命令来登录 MySQL 数据库，如示例 12-26 所示。

【示例 12-26】登录 MySQL 数据库。

```
mysql –h127.0.0.1 –uroot -p
```

输入文件中初始化的密码"123"，执行结果如图 12-26 所示。

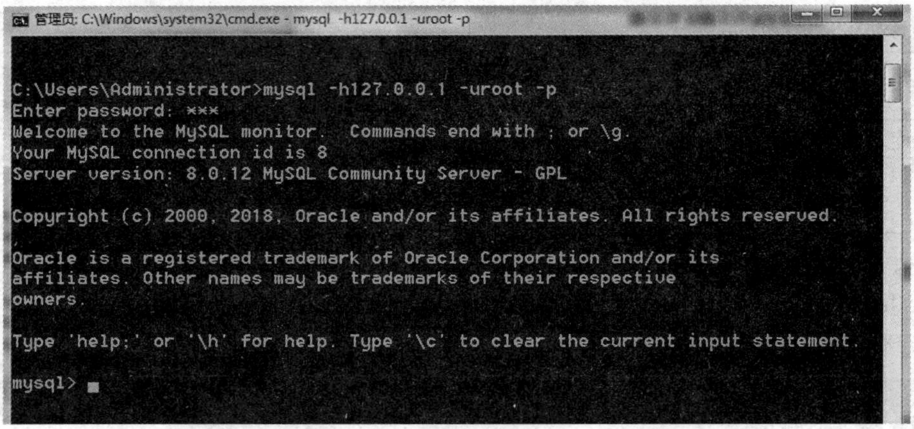

图 12-26　示例 12-26 运行效果图

（5）重新设置 root 用户的密码。在数据库登录成功后，便可以使用"update"语句来重新设置 root 用户的密码。下面将 root 用户的密码设置为"root"，其 SQL 语句如示例 12-27 所示。

【示例 12-27】重新设置 root 用户的密码。

```
set password='root'
```

执行结果如图 12-27 所示。

图 12-27　示例 12-27 运行效果图

（6）退出 MySQL 数据库重新登录。在刷新权限表的 SQL 语句执行成功后，使用"exit"退出 MySQL 数据库，然后使用 root 用户重新登录 MySQL 数据库，其 DOS 命令如示例 12-28 所示。

【示例 12-28】使用新密码登录 root 用户。

```
mysql -h 127.0.0.1 -u root -proot
```

执行结果如图 12-28 所示。

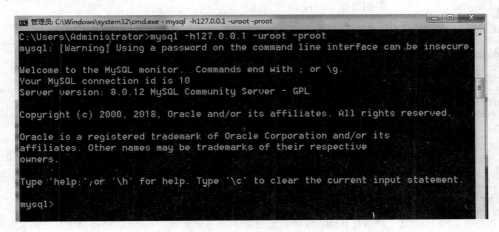

图 12-28   示例 12-28 运行效果图

通过上述 6 个步骤的操作就可以成功解决 root 用户密码丢失的问题了。

12.3 权 限 管 理

MySQL 通过权限管理机制可以给不同的用户授予不同的权限，从而确保数据库中数据的安全性。权限管理机制包括查看权限、授予权限以及收回权限，下面将针对这些内容进行详细的讲解。

12.3.1 各种权限介绍

MySQL 服务器将权限信息存储在系统自带的 mysql 数据库的权限表中，当 MySQL 服务器启动时会将这些权限信息读取到内存中，并通过这些内存中的权限信息决定用户对数据库的访问权限。

表 12-6 列出了 MySQL 中提供的权限以及每种权限的含义及作用范围。

表 12-6   MySQL 提供的权限一览表

权限名	权限的含义	权限的作用范围
all [privileges]	指定权限等级的所有权限	除了 grant option 和 proxy 以外的所有权限
alter	修改表	表
alter routine	修改或删除存储过程	存储过程

权限名	权限的含义	权限的作用范围
create	创建数据库、表、索引	数据库、表、索引
create routine	创建存储过程	存储过程
create tablespace	创建、修改或删除表空间、日志文件组	服务器管理
create temporary tables	创建临时表	表
create user	创建、删除、重命名用户以及收回用户权限	服务器管理
create view	创建或修改视图	视图
delete	删除表中记录	表
drop	删除数据库、表、视图	数据库、表、视图
event	在事件调度里面创建、更改、删除、查看事件	数据库
execute	执行存储过程	存储过程
file	读写 mysql 服务器上的文件	服务器主机上的文件
grant option	为其他用户授予或收回权限	数据库、表、存储过程
index	创建或删除索引	表
insert	向表中插入记录	表、字段
lock tables	锁定表	数据库
process	显示执行的线程信息	服务器管理
proxy	某用户称为另外一个用户的代理	服务器管理
references	创建外键	数据库、表
reload	允许使用"flush"语句	服务器管理
replication client	允许用户询问服务器的位置	服务器管理
replication slave	允许 SLAVE 服务器读取主服务器上的二进制日志事件	服务器管理
select	查询表	表
show datebases	查看数据库	服务器管理
show view	查看视图	视图
shutdown	关闭服务器	服务器管理
super	超级权限(允许执行管理操作)	服务器管理
trigger	操作触发器	表
update	更新表	表、字段
usage	没有任何权限	无

表 12-6 中的这些权限请大家不要死记硬背，只需要了解即可。

12.3.2 查看权限

查看用户权限时，可以使用"select"语句查询权限表中(如 user 表、db 表等)的相应权限字段，但是这种方式太过繁琐。因此通常使用"show grants"语句来查看指定用户的权限，使用这种方式时需要具有对 mysql 数据库的"select"权限，其 SQL 语法如下：

```
show grants for 'username'@'hostname';
```

其中，"show grants"为查看权限所使用的固定语法格式；"'username'@'hostname'"用来指定要查看的用户。

下面使用 root 用户登录 mysql 数据库，然后使用上述 SQL 语法查看超级用户 root 的权限，其 SQL 语句如示例 12-29 所示。

【示例 12-29】查看 root 用户的权限。

```
show grants for 'root'@'localhost';
```

执行结果如图 12-29 所示。

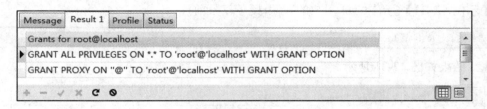

图 12-29　示例 12-29 运行效果图

从图 12-29 中可以看到，root 不仅具有"ALL"权限，还具有"PROXY"权限(在创建代理用户时会用到该权限)，并且拥有授权其他用户的权限(通过使用"with grant option"子句达到授权其他用户的目的，并且授予其他用户的权限必须是自己具备的权限)。

12.3.3 授予权限

使用"grant"语句授予了新建用户权限，在本节中将使用"grant"语句授予已存在用户的权限。使用"grant"语句需要具有"grant option"权限，所以可以使用 root 用户来授予其他用户权限，其 SQL 语法如下：

```
grant priv_type [(column_list)][, priv_type [(column_list)]]... on db_name.table_name
    to 'username'@'hostname' [identified by [password] 'auth_string']
        [, 'username'@'hostname' [identified by [password] 'auth_string']]...
            [with {grant option | resource_option} ...];
```

其中，"priv_type"表示权限的类型；"column_list"为字段列表，表示权限作用于哪些字段；"grant option"参数表示该用户可以将自己拥有的权限授予其他用户；"resource_option"参数有四种取值，分别为："max_queries_per_hour count"(用来设置每小时允许执行查询操作的最大次数)、"max_updates_per_hour count"(用来设置每小时允许执行更新操作的最大次数)、"max_connections_per_hour count"(用来设置每小时允许用户建立连接的最大次数)、"max_user_connections count"(用来设置每小时允许单个用户建立连接的最大次数)。

下面先使用"create user"语句创建一个没有任何权限的用户 test4,其 SQL 语句如示例 12-30 所示。

【示例 12-30】创建没有任何权限的 test4 用户。

```
create user 'test4'@'localhost' identified by 'test4';
```

执行结果如图 12-30 所示。

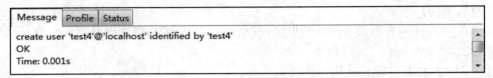

图 12-30　示例 12-30 运行效果图

从图 12-30 中可以看到,创建 test4 的 SQL 语句已经执行成功,下面使用"show grants"语句查看用户 test4 当前的权限,其 SQL 语句如示例 12-31 所示。

【示例 12-31】查看 test4 用户的权限(授予权限前)。

```
show grants for 'test4'@'localhost';
```

执行结果如图 12-31 所示。

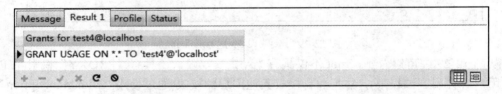

图 12-31　示例 12-31 运行效果图

从图 12-31 中可以看到,刚刚创建的用户 test4 的权限类型为"USAGE",即没有任何权限。下面就可以使用"grant"语句授予该用户权限,如示例 12-32 所示。

【示例 12-32】授予 test4 用户权限。

```
grant select, insert, delete on *.* to 'test4'@'localhost' with grant option;
```

执行结果如图 12-32 所示。

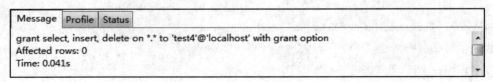

图 12-32　示例 12-32 运行效果图

从图 12-32 中可以看到,授予用户 test4 权限的 SQL 语句已经执行成功,接下来再次使用示例 12-31 中的"show grants"语句查看 test4 的权限,其 SQL 语句如示例 12-33 所示。

【示例 12-33】查看 test4 用户的权限(授予权限后)。

show grants for 'test4'@'localhost';

执行结果如图 12-33 所示。

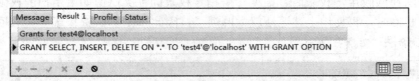

图 12-33 示例 12-33 运行效果图

由图 12-33 与图 12-31 对比可知，test4 用户已经对所有数据库中的所有表具有了查询（"select"）、插入（"insert"）、删除（"delete"）的权限，并且可以将这些权限授予其他的用户（"grant option"）。

12.3.4 收回权限

当发现某个用户拥有了不该拥有的权限时，需要收回该用户的权限，在 MySQL 中使用 "revoke" 语句来收回用户的权限，其 SQL 语法如下：

revoke priv_type [(column_list)][, priv_type [(column_list)]]... on db_name.table_name
from 'username'@'hostname'[, 'username'@'hostname']...;

下面使用上述语法收回用户 test4 对所有数据库中所有表的 "delete" 权限，其 SQL 语句如示例 12-34 所示。

【示例 12-34】收回 test4 用户的 "delete" 权限。

revoke delete on *.* from 'test4'@'localhost';

执行结果如图 12-34 所示。

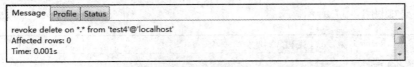

图 12-34 示例 12-34 运行效果图

从图 12-34 中可以看到，收回用户 test4 的 "delete" 权限的 sql 语句已经执行成功，接下来使用 "show grants" 语句查看 test4 的权限，其 SQL 语句如示例 12-35 所示。

【示例 12-35】查看 test4 用户的权限(收回 "delete" 权限后)。

show grants for 'test4'@'localhost';

执行结果如图 12-35 所示。

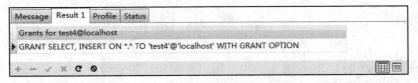

图 12-35 示例 12-35 运行效果图

　　　由图 12-35 与图 12-33 对比可知，test4 用户对所有数据库中的所有表的 delete 权限已经被收回。

　　　上述语法在回收用户权限时，需要一一指定权限的种类，但如果用户的权限比较多，并且要全部收回时，再使用上述语法就太麻烦了，因此 MySQL 提供了一种收回用户所有权限的 SQL 语法，如下所示：

```
revoke all [privileges], grant option
from 'username'@'hostname'[, 'username'@'hostname']...;
```

　　　下面使用上述 SQL 语法收回用户 test4 的所有权限(select、insert 以及 grant option 权限)，其 SQL 语句如示例 12-36 所示。

　　　【示例 12-36】收回 test4 用户的所有权限。

```
revoke all, grant option from 'test4'@'localhost';
```

　　　执行结果如图 12-36 所示。

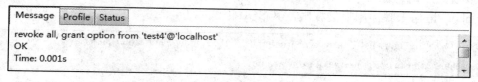

图 12-36　示例 12-36 运行效果图

　　　从图 12-36 中可以看到，收回用户 test4 所有权限的 SQL 语句已经执行成功，接下来使用"show grants"语句查看 test4 的权限，其 SQL 语句如示例 12-37 所示。

　　　【示例 12-37】查看 test4 用户的权限(收回所有权限后)。

```
show grants for 'test4'@'localhost';
```

　　　执行结果如图 12-37 所示。

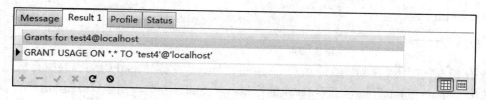

图 12-37　示例 12-37 运行效果图

　　　从图 12-37 中可以看到，用户 test4 的权限类型已经变为"USAGE"，即没有任何权限，说明成功收回了该用户的所有权限。

本 章 小 结

　　　本章介绍了 user 表、db 表的表结构、用户管理和权限管理，其中，user 表中有 45 个字段，根据存储内容的不同，可以将这些字段分为用户字段、权限字段、安全字段以及资源控制字段。db 表中有 22 个字段，根据存储内容的不同，可以将这些字段分为用户字段、权限字段。用户管理包括创建用户、删除用户、修改 root 用户和普通用户的密码。权限管理包括查看权限、授予权限以及收回权限。通过对本章内容的学习，读者应熟练掌握使用命令对用户和权限进行管理。

练　习　题

1. 简述 user 表中字段的分类及作用。

2. root 用户的密码如果丢失，如何找回？

3. 创建一个名为"bjsxt"的本地登录用户，密码为"123456"，并且该用户没有任何权限。

4. 将用户"bjsxt"的密码修改为"bjsxt123"。

5. 授予用户"bjsxt"对所有数据库中所有表的查询、插入、更新、删除以及授予其他用户权限的权限。

6. 收回用户"bjsxt"的所有权限。

7. 删除用户"bjsxt"。

第十三章　存　储　过　程

本章介绍什么是存储过程、为什么要使用存储过程以及如何使用存储过程，并介绍创建和使用存储过程的基本语法。

13.1　存储过程简介

13.1.1　存储过程的概念

通过前面章节的学习，已经知道 SQL 是一种非常便利的语言。从数据库抽取数据，或者对特定的数据集更新时，都能通过简洁直观的代码实现。

但是这个所谓的"简洁"也是有限制的，SQL 基本上是一个命令实现一个处理，是非程序型语言。

首先解释一下什么是程序型语言。程序型语言指为了达到某个目的，将处理流程通过多个命令来编写的程序语言。而非程序型语言是不能编写处理流程的。

在不能编写流程的情况下，所有的处理只能通过一个个命令来实现。当然，通过使用连接及子查询，即使使用 SQL 的单一命令也能实现一些高级的处理，但是，其局限性是显而易见的。例如，在 SQL 中就很难实现针对不同条件进行不同的处理以及循环等功能，或者有的需求本身就不可能实现。就算勉强实现，让 SQL 去做其不擅长的工作，SQL 命令本身就会变得越来越复杂。

此时就出现了存储过程(Stored Procedure)这个概念，简单地说，存储过程就是数据库中保存(Stored)的一系列 SQL 命令(Procedure)的集合。我们可以将其看成是相互之间有关系的 SQL 命令组织在一起形成的一个小程序。

请注意上面的措辞，我们用了"组织"这个词，这是因为这些 SQL 命令通常并非简单地组合在一起，而是可以使用各种条件判断、循环控制等来实现简单的 SQL 命令不能实现的复杂功能。

13.1.2　存储过程的好处

存储过程可以实现一些其他功能。例如，接受调用方的一些参数，经过存储过程的处理后，将结果返回给调用者。下面归纳了使用存储过程的一些好处。

1. 提高执行性能

通常存储过程有助于提高应用程序的性能。当创建的存储过程被编译之后，就存储在数据库中。但是，MySQL 实现的存储过程略有不同。MySQL 存储过程按需编译。在编译之后，MySQL 将其放入缓存中。每个连接的高速缓存区由 MySQL 负责维护。如果应用程序在单个连接中多次使用存储过程，则使用编译版本。

2. 可减轻网络负担

使用存储过程，复杂的数据库操作可以在数据库服务器中完成。只需要从客户端(或应用程序)传递给数据库必要的参数就行，比起需要多次传递 SQL 命令本身，这大大减轻了网络负担。特别是在应用程序与数据库服务器之间通过网络通信时，能够减少相互之间的通信量，大幅度提高整体性能。

3. 可防止对表的直接访问

存储过程可以禁止对表本身的访问，只赋予用户对相关存储过程的访问权限。限制客户端只能通过存储过程才能访问表，可以提前防止对表的一些预想不到的操作。

4. 可将数据库的处理"黑匣子"化

当构建应用程序时，在应用程序中对数据库进行复杂的处理，是降低程序可读性的重要原因。但是，如果将这些处理以存储过程的形式编写，并保存在数据库中，应用程序的处理将会简洁许多。

应用程序中完全不用考虑存储过程的内部详细处理过程，只需要知道调用哪个存储过程就可以了。

与视图一样，在使用存储过程之前，也请务必确认一下 MySQL 的版本，存储过程的功能是在 MySQL 5.0 以后才被支持的。

13.2　使用存储过程

以上我们已经了解了存储过程的作用，下面通过实例详细介绍如何在数据库中使用存储过程。

13.2.1　创建存储过程

创建存储过程使用 create procedure 命令，具体语法格式如下：

```
create procedure 存储过程名(
参数的种类      参数名      数据类型,参数,
参数的种类 2    参数名 2    数据类型,参数 2…)
begin
    //代码
end
```

存储过程的意义是将要处理的内容封装到一块代码中，给这块代码起一个名字，即存储过程名。存储过程名可以自由指定，但是请注意不要与已经存在的函数重名。通常在存储过程名前加上[sp_]这样的开头，以区别数据库中的其他对象。处理内容必须在"begin"

与"end"语句之间编写(严格来说,如果处理内容只有一条语句,则是可以省略"begin/end"语句的。但是单一语句的存储过程几乎没有,也没有必须创建这样的存储过程。如果现阶段只有一条语句,为了将来好扩展,最好加上"beging/end"语句)。

调用存储过程时可以指定参数,参数是存储过程与调用方进行信息交换的中介。但是存储过程的参数与普通函数的参数有差别。在函数中,参数只用于向函数中传入信息。但是,存储过程的参数可以分为输入参数(接收调用方的数据)和输出参数(向调用方返回处理结果)。定义时在具体参数前指定"in"、"out"、"inout"其中的之一(在输入参数时可省略"in"),由"in"、"out"、"inout"参数决定到底是输入参数还是输出参数。"inout"参数既是输入型参数,也是输出型参数。

下面就创建一个对表 emp 的雇员姓名(ename)列进行模糊检索的存储过程。命名为"sp_search_emp"。当参数省略时,取得表 emp 的所有数据,如示例 13-1 所示。

【示例 13-1】创建一个对表 emp 的雇员姓名(ename)列进行模糊检索的存储过程。代码如下:

```
delimiter $
create procedure sp_search_emp(in p_name varchar(20))
begin
    if p_name is null or p_name=" then
        select * from emp;
    else
        select * from emp where ename like p_name;
    end if;
end
$
```

执行结果如图 13-1 所示。

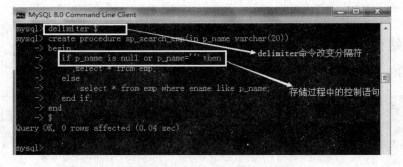

图 13-1　示例 13-1 运行效果图

观察上面的创建过程,既有我们熟悉的"select"检索语句,又有以前没有见过的"if…else…end"命令(之后详细讲解)。另外,大家肯定注意到了"create procedure"命令前后的"delimiter"命令。通过"delimiter"命令改变分隔符。"delimiter"命令是改变 MySQL监视器中使用的 SQL 语句分隔符的命令。默认的分隔符是[;]。但是,存储过程本身就是命令的集合,其中一定会含有[;]。如果保持原来默认的分隔符,究竟是"create procedure"命令的结束符，还是存储过程内部 SQL 语句的结束符，MySQL 监视器是无法分清的。

所以，在开始定义存储过程前，首先将默认的分隔符变成另一个完全无关的符号，只要不与其他关键字发生歧义，什么样的字符都可以，通常习惯使用“$”。在完成了“create procedure”命令后，再一次将分隔符恢复为默认状态。分隔符的改变只在 MySQL 监视器启动期间有效，在重新启动 MySQL 监视器后，分隔符会自动恢复到默认状态。

13.2.2 执行存储过程

MySQL 称存储过程的执行为调用，因此 MySQL 执行存储过程的语句为“call”。“call”语句接受存储过程的名字以及需要传递给它的参数。下面调用创建好的存储过程“sp_search_emp”。

【示例 13-2】检索雇员姓名中包含“S”的雇员。代码如下：

```
call sp_search_emp('%S%');
```

执行结果如图 13-2 所示。

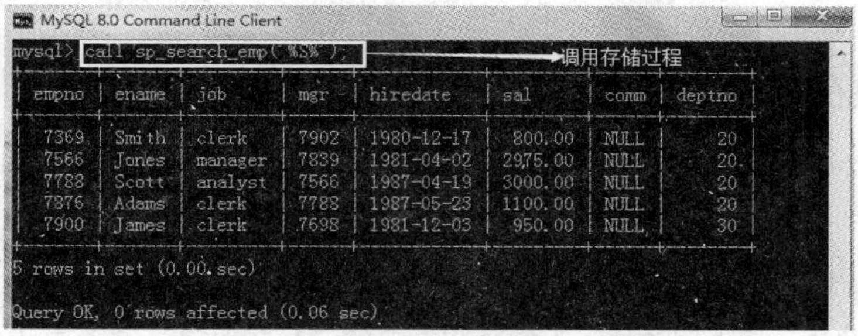

empno	ename	job	mgr	hiredate	sal	comm	deptno
7369	Smith	clerk	7902	1980-12-17	800.00	NULL	20
7566	Jones	manager	7839	1981-04-02	2975.00	NULL	20
7788	Scott	analyst	7566	1987-04-19	3000.00	NULL	20
7876	Adams	clerk	7788	1987-05-23	1100.00	NULL	20
7900	James	clerk	7698	1981-12-03	950.00	NULL	30

5 rows in set (0.00 sec)

Query OK, 0 rows affected (0.06 sec)

图 13-2 示例 13-2 运行效果图

【示例 13-3】检索所有的雇员。代码如下：

```
call sp_search_emp('');
```

执行结果如图 13-3 所示。

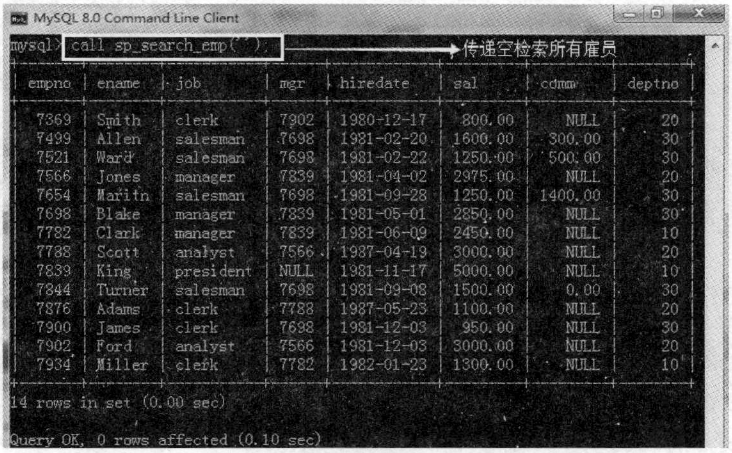

empno	ename	job	mgr	hiredate	sal	comm	deptno
7369	Smith	clerk	7902	1980-12-17	800.00	NULL	20
7499	Allen	salesman	7698	1981-02-20	1600.00	300.00	30
7521	Ward	salesman	7698	1981-02-22	1250.00	500.00	30
7566	Jones	manager	7839	1981-04-02	2975.00	NULL	20
7654	Maritn	salesman	7698	1981-09-28	1250.00	1400.00	30
7698	Blake	manager	7839	1981-05-01	2850.00	NULL	30
7782	Clark	manager	7839	1981-06-09	2450.00	NULL	10
7788	Scott	analyst	7566	1987-04-19	3000.00	NULL	20
7839	King	president	NULL	1981-11-17	5000.00	NULL	10
7844	Turner	salesman	7698	1981-09-08	1500.00	0.00	30
7876	Adams	clerk	7788	1987-05-23	1100.00	NULL	20
7900	James	clerk	7698	1981-12-03	950.00	NULL	30
7902	Ford	analyst	7566	1981-12-03	3000.00	NULL	20
7934	Miller	clerk	7782	1982-01-23	1300.00	NULL	10

14 rows in set (0.00 sec)

Query OK, 0 rows affected (0.10 sec)

图 13-3 示例 13-3 运行效果图

在调用存储过程时，如果出现参数数目不符(多或者少)的情况，将会显示错误信息。因此，即使参数为空字符串，也是不能省略的，根据存储过程“sp_search_emp”的定义，此处将参数指定为 null(即 call sp_search_emp(null))也可以检索出所有的雇员信息。执行结果如图 13-4 所示。

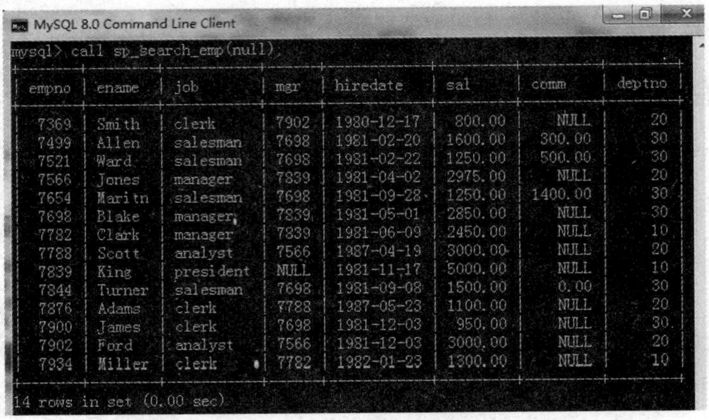
MySQL 8.0 Command Line Client

mysql> call sp_search_emp(null);

empno	ename	job	mgr	hiredate	sal	comm	deptno
7369	Smith	clerk	7902	1980-12-17	800.00	NULL	20
7499	Allen	salesman	7698	1981-02-20	1600.00	300.00	30
7521	Ward	salesman	7698	1981-02-22	1250.00	500.00	30
7566	Jones	manager	7839	1981-04-02	2975.00	NULL	20
7654	Maritn	salesman	7698	1981-09-28	1250.00	1400.00	30
7698	Blake	manager	7839	1981-05-01	2850.00	NULL	30
7782	Clark	manager	7839	1981-06-09	2450.00	NULL	10
7788	Scott	analyst	7566	1987-04-19	3000.00	NULL	20
7839	King	president	NULL	1981-11-17	5000.00	NULL	10
7844	Turner	salesman	7698	1981-09-08	1500.00	0.00	30
7876	Adams	clerk	7788	1987-05-23	1100.00	NULL	20
7900	James	clerk	7698	1981-12-03	950.00	NULL	30
7902	Ford	analyst	7566	1981-12-03	3000.00	NULL	20
7934	Miller	clerk	7782	1982-01-23	1300.00	NULL	10

14 rows in set (0.00 sec)

图 13-4　运行效果图

13.2.3　创建存储过程的要点

在介绍了关于存储过程的基本概念之后，下面讨论一下创建存储过程时必不可少的输出参数。

1. 定义输出 out 参数

前面已经说过，在存储过程中不仅可以定义接受值的输入参数，还可以定义向调用方返回处理结果用的输出参数。

下面我们将上一节中定义的存储过程“sp_search_emp”进行一下改造，将取得的雇员数通过输出参数“p_cnt”返回。在此将改造后的存储过程命名为“sp_search_emp2”，如示例 13-4 所示。

【示例 13-4】将取得的雇员数通过输出参数“p_cnt”返回。代码如下：

```
delimiter $
create procedure sp_search_emp2(in p_name varchar(20),out p_cnt int)
begin
    if p_name is null or p_name='' then
        select * from emp;
    else
        select * from emp where ename like p_name;
    end if;
    select found_rows() into p_cnt;
end
$
delimiter ;
```

执行结果如图 13-5 所示。

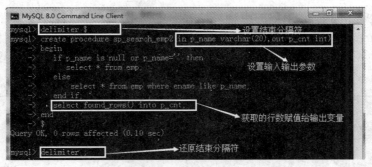

图 13-5 示例 13-4 运行效果图

使用"found_rows()"函数取得前一条"select"语句中检索出的记录数。"found_rows()"函数取得记录数使用"select…into"命令将其设置到变量 p_cnt 中。

"select…into"命令用于将"select"语句中取得的结果设置到指定的变量(存储过程中的变量就像是存储数据的临时容器，输入/输出参数也是变量的一种)中，具体语法如下：

```
select 列名 1... into 变量名 1,... from 表名 where 语句等...
```

在上述的"select…into"语句语法中，除了"into"后面的语句是追加的以外，其他的语法规则与普通的"select"语句完全一致。但是，请注意此处的"select"语句必须保证只检索出一条记录或者一个值(也不能设置跨越多行的值)。

在存储过程"sp_search_emp2"中只抽出了单一的列，设置了一个变量，如果抽出了多个列，如同语法中显示那样，就必须对应准备多个变量。

在创建完成了存储过程后，可以像下述的例子一样调用它。当指定 out 参数时，在参数名的开头加上"@"。这时处理结果将存到变量 num 中，然后使用"select @num"语句显示变量"num"。

【示例 13-5】测试 out 参数调用存储过程。代码如下：

```
call sp_search_emp2('%S%',@num);
```

执行结果如图 13-6 所示。

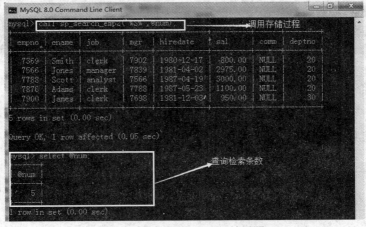

图 13-6 示例 13-5 运行效果图

2. 定义 inout 参数

inout 参数是 in 和 out 参数的组合。这意味着调用程序可以传递参数，并且存储过程可以修改 inout 参数并将新值传递回调用程序。以下示例演示如何在存储过程中使用 inout 参数。

【示例 13-6】使用 inout 参数。代码如下：

```
delimiter $
create procedure sp_counter(inout count int(4),in inc int(4))
begin
    set count=count+inc;
end
$
delimiter ;
SET @counter = 1;
CALL sp_counter(@counter,5);
SELECT @counter;
```

执行结果如图 13-7 所示。

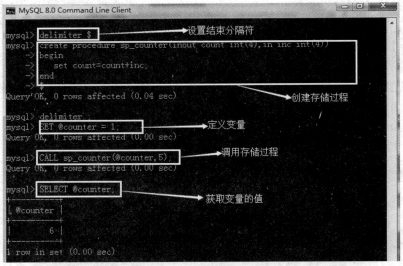

图 13-7　示例 13-6 运行效果图

3. 使用 if 命令实现多重条件分支

存储过程并非只是简单的 SQL 命令集合体，还可以通过使用各种控制语句来实现更复杂的处理，如条件分支选择语句，其语法结构如下：

(1) 单分支：

```
if 条件  then
    //代码
end if;
```

(2) 双分支:

```
if 条件 then
    代码 1
else
    代码 2
end if;
```

(3) 多分支:

```
if 条件 then
    代码 1
elseif 条件 then
    代码 2
else
    代码 3
end if;
```

在上面的存储过程"sp_search_emp"与"sp_search_emp2"中使用了"if…else"命令的单一条件分支,其实"if"命令不仅可以用于这种单一条件的分支的情况,使用 elseif 分支块后,还可以用于实现多重条件分支。

在下面的示例中,输入参数"p_n",如果输入 1,则输出"春天",以此类推,输入 2⇒"夏天",输入 3⇒"秋天",输入 4⇒"冬天",输入其他数字⇒"其它",如示例 13-7 所示。

【示例 13-7】测试多重条件分支。代码如下:

```
delimiter $
create procedure sp_season (n int)
  begin
    if n=1 then
    select '春天' as '季节';
    elseif n=2 then
    select '夏天' as '季节';
    elseif n=3 then
    select '秋天' as '季节';
    elseif n=4 then
    select '冬天' as '季节';
    else
    select '其它' as '季节';
    end if;
end$
delimiter ;
call sp_season(4);
```

执行结果如图 13-8 所示。

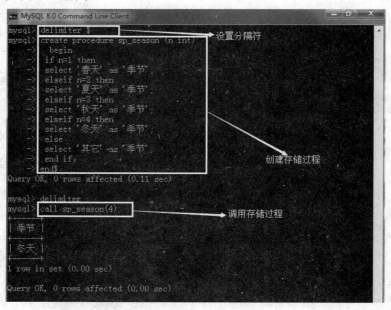

图 13-8　示例 13-7 运行效果图

4. 使用 case 命令实现多重条件分支

在使用"if"命令来实现多重条件分支时，每一个分支块开始的地方都要编写条件表达式，比较繁琐。通常在这种以等式表达式作为条件的多重"if"命令的情况下，优先使用"case"命令，其代码显得更简练。其语法结构如下：

```
case 变量
when 值 then 语句;
when 值 then 语句;
else 语句;
end case ;
```

下面的存储过程"sp_season2"是在存储过程"sp_season"的基础上将"if…elseif…end if"的控制结构转换为使用"case"命令后的结果。参数"n"将与"when"后面的值进行比较，第一个满足相等条件的程序块将被执行。例如，当参数"n"的值为 1 时，则输出"春天"，在"case"命令中没有找到符合条件的值时，则执行"else"程序块中的内容。

下面接收 4 个数字，如果输入 1，则输出"春天"，以此类推，输入 2⇒"夏天"，输入 3⇒"秋天"，输入 4⇒"冬天"，输入其他数字⇒"其它"，如示例 13-8 所示。

【示例 13-8】测试 case 使用。代码如下：

```
delimiter $
create procedure sp_season2 (n int)
begin
case n
```

```
when 1 then select '春天' as '季节';
when 2 then select '夏天' as '季节';
when 3 then select '秋天' as '季节';
when 4 then select '冬天' as '季节';
else select '其它' as '季节';
end case;
end$
delimiter ;
call sp_season(1);
```

执行结果如图 13-9 所示。

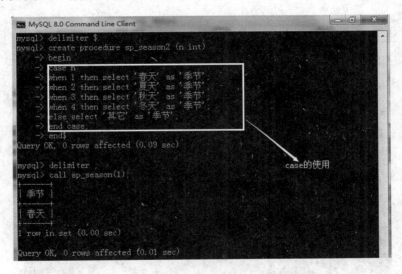

图 13-9 示例 13-8 运行效果图

5. 定义本地变量

变量是一个数据对象，变量的值可以在存储过程执行期间更改。通常使用存储过程中的变量来保存直接/间接结果。这些变量是存储过程的本地变量。

> **注意**：变量必须声明后才能使用。

1）声明变量

要在存储过程中声明一个变量，可以使用 "declare" 语句，如下所示：

```
declare 变量名 类型 [default 默认值];
```

首先，在 "declare" 关键字后面要指定变量名。变量名必须遵循 MySQL 变量名称的命名规则。

其次，指定变量的数据类型及其大小。变量可以有任何 MySQL 数据类型，如 INT、VARCHAR、DATETIME 等。

最后，当声明一个变量时，它的初始值为空。但是可以使用 "default" 关键字为变量分配默认值。

【示例 13-9】声明一个名为"total_sale"的变量，数据类型为"int"，默认值为 10。代码如下：

```
delimiter $
create procedure sp_var_int ()
begin
declare total_sale int default 10;
select total_sale ;
end
$
delimiter ;
call sp_var_int();
```

执行结果如图 13-10 所示。

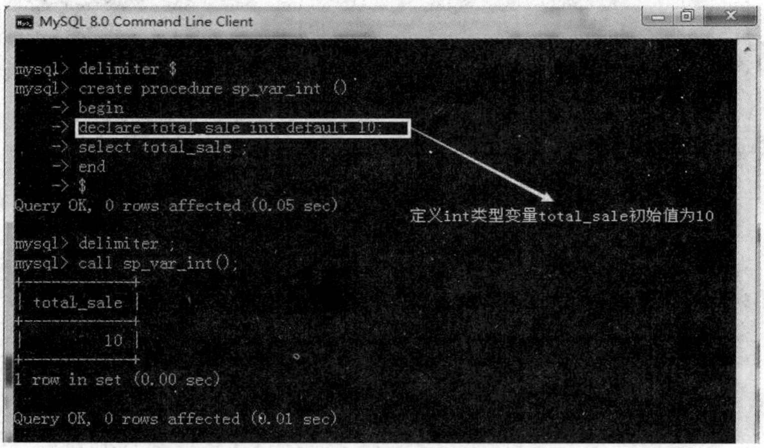

图 13-10　示例 13-9 运行效果图

MySQL 允许用户使用单个"declare"语句声明两个或多个变量，如示例 13-10 所示。

【示例 13-10】声明两个整数变量"x"和"y"，并将其默认值设置为 0。代码如下：

```
delimiter $
create procedure sp_var_int2 ()
begin
declare x, y int default 0;
select x,y ;
end
$
delimiter ;
call sp_var_int2();
```

执行结果如图 13-11 所示。

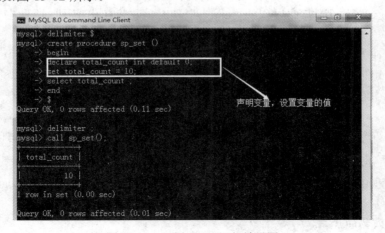

图 13-11　示例 13-10 运行效果图

2) 分配变量值

当声明了一个变量后，就可以开始使用它了。要为变量分配一个值，可以使用"set"语句，如示例 13-11 所示。

【示例 13-11】分配"total_count"变量的值为 10。代码如下：

```
delimiter $
create procedure sp_set ()
begin
declare total_count int default 0;
set total_count = 10;
select total_count ;
end
$
delimiter ;
call sp_set();
```

执行结果如图 13-12 所示。

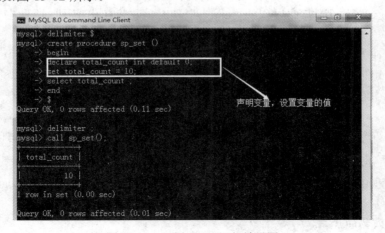

图 13-12　示例 13-11 运行效果图

【示例 13-12】使用"select into"语句将查询的结果分配给一个变量。代码如下：

```
delimiter $
create procedure sp_select_into()
begin
declare total_count_emp int default 0;
select count(*) into total_count_emp from emp;
select total_count_emp ;
end
$
delimiter ;
call sp_select_into();
```

执行结果如图 13-13 所示。

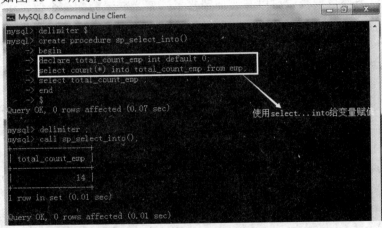

图 13-13　示例 13-12 运行效果图

3) 作用域

一个变量有自己的作用范围(作用域)，用来说明其生命周期。如果在存储过程中声明一个变量，那么当执行到存储过程的"end"语句时，它将超出范围，因此在其他程序块中无法访问。

如果用户在"begin … end"程序块内声明一个变量，那么如果执行到"end"语句，它将超出范围。可以在不同的作用域中声明具有相同名称的两个或多个变量，因为变量仅在自己的作用域中有效。但是，在不同范围内声明具有相同名称的变量不是一个良好的编程习惯。

以"@"符号开头的变量是会话变量。直到会话结束前，它可用并可访问。

6. 使用循环

在存储过程中可以使用三种类型的循环语句，分别为 while 循环、repeat 循环和 loop 循环。

1) while 循环的使用

while 循环语句格式如下：

```
while  条件  do
    //代码
end while;
```

while 循环在每次迭代开始时检查表达式。如果条件为 true，mysql 将执行 while 和 end while 之间的语句，直到条件为 false。while 循环称为预先测试条件循环，因为它总是在执行前检查语句的表达式值。

【示例 13-13】计算参数"p_num"之内的和，如 100 内的和。代码如下：

```
delimiter $
create procedure sp_while(in p_num int(4))
begin
    declare p_result int default 0;
    while p_num>=1 do
        set p_result=p_result+p_num;
        set p_num=p_num-1;
    end while;
    select p_result;
end
$
delimiter ;
call sp_while(100);
```

执行结果如图 13-14 所示。

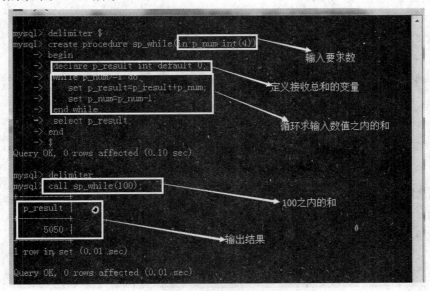

图 13-14　示例 13-13 运行效果图

2) repeat 循环的使用

repeat 循环语句格式如下：

```
repeat
    //代码
until  条件  end repeat;
```

首先，执行语句，然后判断条件。如果条件为 false，则将重复执行该语句，直到该表达式计算结果为 true。

因为 repeat 循环在执行语句后检查条件，因此 repeat 循环也称为测试后循环。

【示例 13-14】计算参数"p_num"的阶乘。代码如下：

```
delimiter $
create procedure sp_repeat(in p_num int(4))
begin
    declare p_result int default 1;
    repeat
        set p_result=p_result*p_num;
        set p_num=p_num-1;
    until p_num<=1 end repeat;
    select p_result;
end
$
delimiter ;
call sp_repeat(5);
```

执行结果如图 13-15 所示。

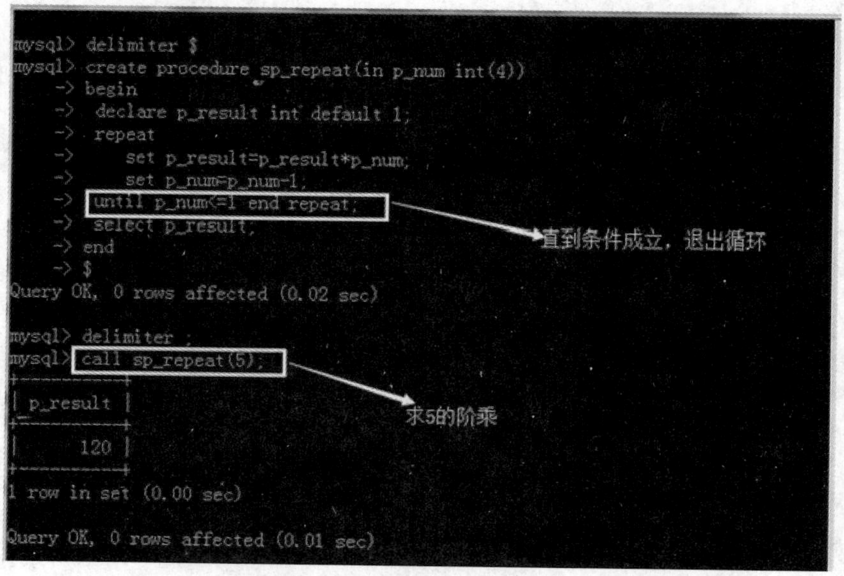

图 13-15　示例 13-14 运行效果图

3）loop 循环的使用

loop 循环语句的格式如下：

```
标签名:loop
    leave 标签名 – 退出循环
end loop;
```

在"loop"语句之前放置一个"loop_label"循环标签。如果条件成立，则会由于"leave"语句循环被终止，如示例 13-15 所示。

【示例 13-15】loop 循环实例代码。代码如下：

```
delimiter $
create procedure sp_loop()
 begin
    declare x    int;
    set x = 1;
    loop_label:loop
        if   x > 10 then leave loop_label;
        end if;
        set x=x+1;
    end loop;
    select x;
end
$
delimiter ;
call sp_loop();
```

执行结果如图 13-16 所示。

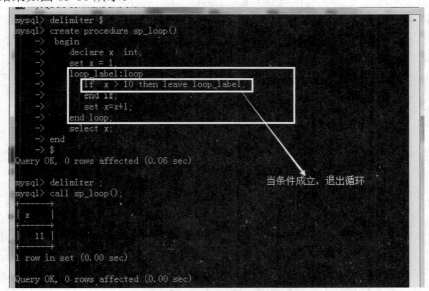

图 13-16　示例 13-15 运行效果图

13.2.4　删除存储过程

存储过程在创建之后，被保存在服务器上以供使用，直至被删除。删除存储过程使用以下语句：

```
drop   procedure   存储过程名;
```

以上这条语句可以删除创建的存储过程。请注意没有使用括号"()"，只给出存储过程名。

本 章 小 结

本章介绍了什么是存储过程、存储过程的优点及对存储过程的操作。其中，存储过程的优点包括可提高执行性能、可减轻网络负担、可防止对表的直接访问、可将数据库的处理黑匣子化。通过本章内容的学习，要了解存储过程的概念及优点，学会使用"create procedure"命令创建存储过程；掌握输入"in"参数、输出"out"参数、输入/输出"inout"参数的使用；学会应用"while"、"repeat"和"loop"三种循环；学会使用"call"命令调用存储过程，使用"drop procedure"命令删除存储过程。

练 习 题

1. 简述什么是存储过程。
2. 简述存储过程可以带来什么好处。
3. 简述存储过程中"in"、"out"、"inout"参数的使用。
4. 对表 emp 的雇员姓名(ename)列创建模糊检索的存储过程"sp_search_emp"。
5. 调用存储过程"sp_search_emp"。
6. 删除存储过程"sp_search_emp"。

第十四章 游 标

14.1 游标简介

由前几章可知,MySQL 检索操作返回一组称为结果集的行。这组返回的行都是与 SQL 语句相匹配的行(零行或多行)。使用简单的"select"语句有时会存在一些问题,例如,没有办法得到第一行、下一行或前 10 行,也不存在每次一行一行地处理所有行的简单方法(相对于成批处理而言)。

有时需要在检索出来的行中前进或后退一行或多行,这就是使用游标的原因。游标(Cursor)是一个存储在 MySQL 服务器上的数据库查询,它不是一条"select"语句,而是被该语句检索出来的结果集。在存储了游标之后,应用程序可以根据需要滚动或者浏览其中的数据。

游标主要用于交互式应用,如用户需要滚动屏幕上的数据,并对数据进行浏览或者做出更改等。

14.2 使用游标

使用游标涉及以下几个步骤。

1. 创建游标

游标用"declare"语句创建。"declare"语句命名游标,并定义相应的"select"语句,根据需要带"where"或其他子句。语法如下:

```
DECLARE cursor_name CURSOR FOR SELECT_statement;
```

游标声明必须在变量声明之后。如果在变量声明之前声明游标,MySQL 将会出现一个错误。游标必须始终与"select"语句相关联。

2. 打开游标

使用"open"语句打开游标。"open"语句可以初始化游标的结果集,因此用户必须在从结果集中提取行之前调用"open"语句。语法如下:

```
OPEN cursor_name;
```

在处理"open"语句时执行查询,存储检索出的数据以供浏览和滚动。

3. 使用游标数据

在一个游标被打开后，可以使用"fetch"语句分别访问它的每一行。"fetch"语句指定检索什么数据(所需的列)，检索出来的数据存储在什么地方。它还可以向前移动游标中的内部行指针，使下一条"fetch"语句检索下一行(不重复读取同一行)。语法如下：

```
fetch cursor_name into var_name [, var_name] ...
```

当使用 MySQL 游标时，还必须声明一个"not found"处理程序来处理当游标找不到任何行时的情况。 因为每次调用"fetch"语句时，游标会尝试读取结果集中的下一行。 当游标到达结果集的末尾时，它将无法获得数据。"not found"处理程序用于处理这种情况。要声明这个处理程序，可参考以下语法：

```
declare continue handler for not found set finished = 1;
```

"finished"是一个变量，指示游标到达结果集的结尾。需要注意的是，处理程序声明必须出现在存储过程中的变量和游标声明之后。

4. 关闭游标

当不再使用游标时，应该关闭它，调用"close"语句来停用游标并释放与之关联的内存，语法如下：

```
close cursor_name;
```

在一个游标关闭后，如果没有重新打开，则不能使用它。但是，使用声明过的游标不需要再次声明，用"open"语句打开它就可以了。

下面通过一个示例来学习一下游标的具体用法，在这个例子中，要在定义存储过程时使用游标。下面的存储过程"sp_cursor_emp"需要完成的是：将表 emp 中雇员姓名和薪资全部取出，并以逗号分隔的字符串形式输出，如示例 14-1 所示。

【示例 14-1】存储过程中的游标使用实例如下：

```
delimiter $
create procedure sp_cursor_emp(out sp_result text)
begin
    declare flag int default 0;
    declare sp_ename varchar(20);
    declare sp_sal double;
    declare cur cursor for select ename,sal from emp;
    declare continue handler for not found set flag=1;
    open cur;
    while flag !=1 do
      fetch cur into sp_ename,sp_sal;
        if flag !=1 then
        set sp_result=concat_ws(',',sp_result,sp_ename,sp_sal);
        end if;
```

```
    end while;
    close cur;
end
$
delimiter ;
```

执行结果如图 14-1 所示。

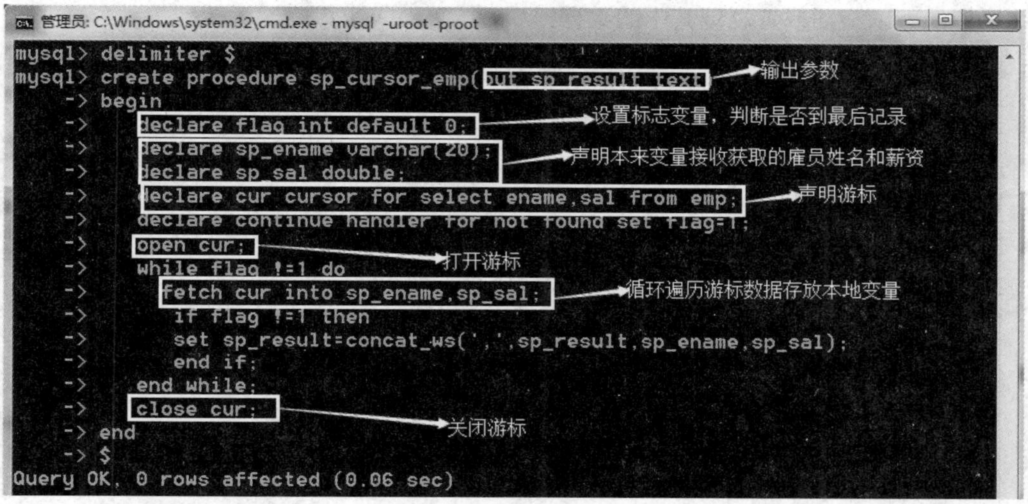

图 14-1　示例 14-1 运行效果图

【示例 14-2】调用存储过程的游标实例如下：

```
call sp_cursor_emp(@p_result);
select @p_result;
```

执行结果如图 14-2 所示。

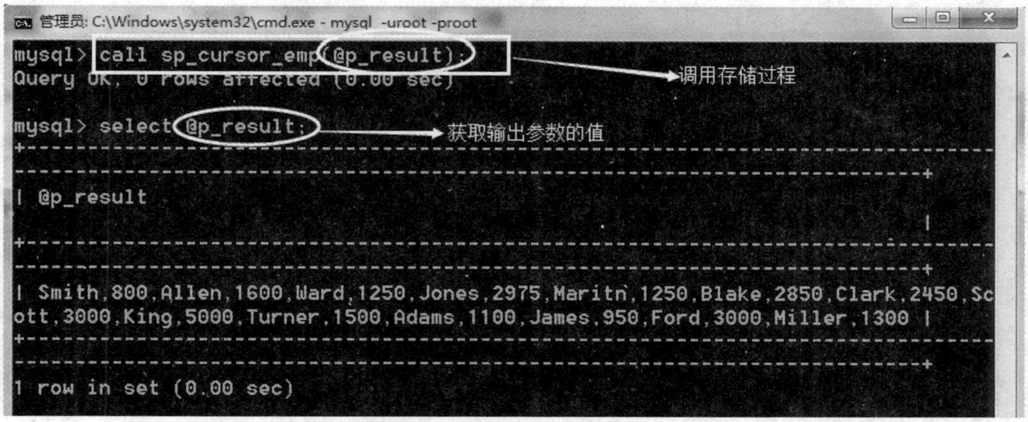

图 14-2　示例 14-2 运行效果图

本 章 小 结

　　本章介绍游标的概念及游标的使用。重点讲解了游标的使用过程，包括使用"declare"语句创建游标、使用"open"语句打开游标、使用"fetch"语句访问游标数据、使用"close"语句关闭游标。通过本章内容的学习，读者要掌握游标的使用，可以根据自己的需要检索出结果集，可以滚动或者浏览其中的数据。

练 习 题

1. 简述什么是游标。
2. 简述游标的使用过程。
3. 使用游标将 emp 表中的雇员姓名和薪资全部取出。

第十五章 存 储 函 数

函数都是按照事先决定的规则进行处理的一组指令，然后将结果返回的单功能机制。例如，我们要计算字符串"北京尚学堂！"的长度，就必须使用如"char_length()"这样的长度计算函数，如图 15-1 所示。

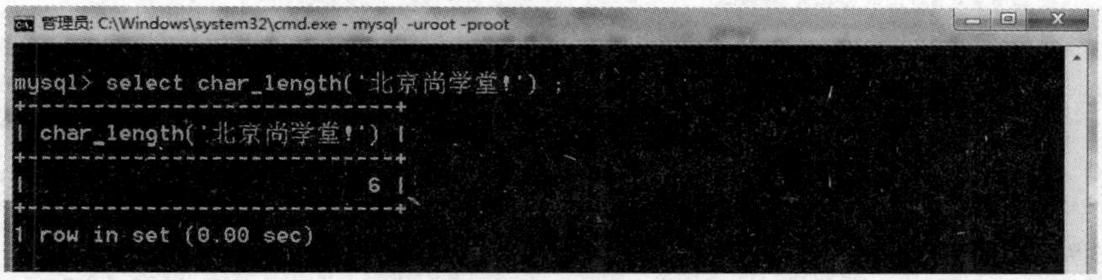

图 15-1 使用长度计算函数

从图 15-1 可以看出，将字符串 '北京尚学堂！' 作为输入参数传给函数"char_length()"，返回了执行结果数字 6。这样的函数在使用时非常方便，但是数据库标准提供的函数数量毕竟有限，在使用过程中经常会出现找不到合适函数的情况。此时，用户就可以根据需要自定义函数，大多数数据库都提供存储函数的功能，允许用户自己定义函数。

顾名思义，存储函数(Stored Function)就是保存(Stored)在数据库中的函数(Function)，定义存储函数的要点几乎与定义存储过程完全相同。

15.1 定义存储函数

本节介绍如何定义存储函数。定义存储函数使用"create function"命令，具体的语法如下：

```
create function  函数名 (
[参数 1    数据类型 1],
[参数 2    数据类型 2…])
    returns  返回值类型
begin
    任意系列 sql 语句
    return  返回值;
end
```

以上语法与定义存储过程的语法相似，下面列出了两者定义时的不同点。

(1) 存储函数参数只有输入型。

存储过程中可以定义 in(输入)、out(输出)、inout(输入输出)三种类型的参数，而在存储函数中不能指定参数的类型。存储函数中指定的参数只能是输入型。

(2) 存储函数通过"return"返回结果值。

尽管存储函数不能指定输出型参数，但是在存储函数中可以通过"return"命令将处理结果返回给调用方。另外，用户必须在参数列表后面的"returns"命令中事先定义返回值的类型。这里可能容易混淆，在参数列表后指定返回值类型时使用"returns"命令，比返回结果值处的"return"命令多一个字母"s"，请务必注意。

下面我们来看一个具体的存储函数示例，将存储过程中的求阶乘运算改造成存储函数，并命名为"fn_factorial"。

【示例 15-1】创建存储函数。代码如下：

```
delimiter $
create function fn_factorial(p_num int)
    returns int
begin
    declare p_result int default 1;
    while p_num >1 do
        set p_result=p_result*p_num;
        set p_num=p_num-1;
    end while;
    return p_result;
end
$
delimiter ;
```

执行结果如图 15-2 所示。

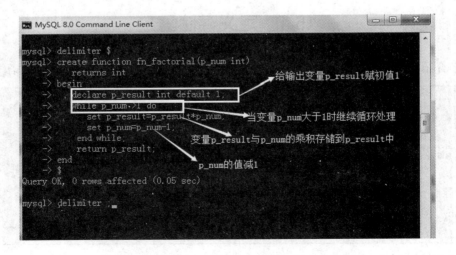

图 15-2　示例 15-1 运行效果图

存储函数被正确地创建之后，可以测试一下创建完成的存储函数。在调用存储函数时，不使用调用存储过程时的"call"命令，其使用方法与标准的数据库函数完全相同，直接在"select"语句中使用就可以了。

【示例 15-2】测试存储函数。代码如下：

```
select fn_factorial(5),fn_factorial(0) ;
```

执行结果如图 15-3 所示。

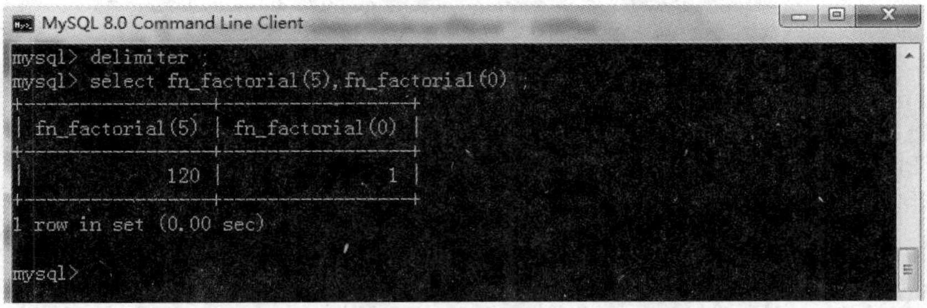

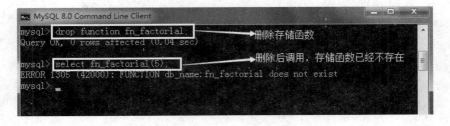

图 15-3 示例 15-2 运行效果图

15.2 删除存储函数

存储函数在创建之后，被保存在服务器上以供使用，直至被删除。删除存储函数使用以下语句：

```
drop   function   函数名;
```

删除存储函数"fn_factorial"，如示例 15-3 所示。

【示例 15-3】测试删除存储函数。代码如下：

```
drop function fn_factorial;
```

执行结果如图 15-4 所示。

图 15-4 示例 15-3 运行效果图

本 章 小 结

　　本章介绍了存储函数的概念及存储过程和存储函数的区别，重点讲解了使用 create function 命令定义存储函数、调用存储函数、使用 drop function 命令删除存储函数。通过本章内容的学习，读者要掌握存储函数的定义、调用、删除及存储过程和存储函数的区别。

练 习 题

1. 简述什么是存储函数。
2. 使用 create function 命令创建存储函数。
3. 使用 drop function 命令删除存储函数。

第十六章　触　发　器

触发器(Trigger)的英文原译为"扳机"或者是"触发装置"，而数据库中的触发器即意味着以针对数据库的操作("触发装置")而被调用的特殊存储过程。

MySQL 语句在需要时被执行，存储过程也是如此。但是，如果你想要某条语句(或某些语句)在事件发生时自动执行，怎么办呢？例如：

(1) 每当增加一位雇员到数据库时，都要检查数据格式是否正确。

(2) 每当订购一个产品时，都要从库存数量中减去订购的数量。

(3) 无论何时删除一行数据，都要在某个存档表中保留一个副本。

以上所有这些例子的共同之处是它们都需要在某个表发生更改时自动执行一个操作。这确切地说就是触发器。触发器是响应以下任意语句而自动执行的一条 MySQL 语句(或位于 begin 和 end 语句之间的一组语句)："delete/insert/update"。触发器可以说是实现了针对相关表的自动化处理。

16.1　创建触发器

理解了触发器的基本概念后，下面开始介绍如何创建触发器。创建触发器使用"create trigger"命令，具体的语法如下：

```
create trigger  触发器名
after/before insert /update/delete on  表名
for each row
begin
sql 语句：(触发的语句：一句或多句)
end
```

(1) 指定成为触发器调用方的表名。

正如前面介绍的一样，触发器并不是直接被调用运行的，而是在针对具体表的操作时被调用。也就是说，在创建触发器时，需要指定针对哪个表的操作才能成为"触发装置"，而这个表就是触发器调用方的表。

(2) 决定触发器运行的时刻。

触发器的运行时刻由"事件名"与"发生时刻"两个因素决定。事件名就是启动触发器的数据处理名，具体的就是指"insert"、"update"、"delete"等操作(但是，需要注意的是，这些数据操作命令并不一定是严格意义上的"insert"、"update"、"delete"等命令，例如，insert 事件并非必须运行"insert"命令，像 load data infile、replace 等伴随有数据插入动作的处理都属于 insert 事件类)。

发生时刻是指决定调用触发器是在事件发生之前,还是在事件发生之后,指定"before"或者"after"两个关键字中的一个即可。

例如,如果指定是[after update],那么意味着在更新命令执行后调用触发器。如果将表名的指定看成是"扳机",那么"事件名"与"发生时刻"就是决定扣动扳机的时刻。

(3) "for each row"为固定值。

"for each row"的意思是触发器是以行为单位执行的。也就是说,当用户使用删除命令删除三条记录时,与删除动作相关的触发器也会被执行三次。

数据库中不同触发器的使用情况会有所不同,在 mysql 数据库中, "for each row"是固定的语法,请务必牢记。

16.2　删除触发器

现在删除触发器的语法应该很明显了。为了删除一个触发器,可以使用"drop trigger"语句,如下:

```
drop trigger  触发器名
```

触发器不能更新或覆盖。如果要修改一个触发器,必须先删除它,然后再重新创建。

16.3　使用触发器

16.3.1　insert 型触发器

下面创建一个触发器。现有一个 emp 表,当要在 emp 表中插入数据时,通过触发器在另一张表——logs 表中插入日志信息(在创建触发器前, 需要先创建 logs 表)。logs 表如表16-1 所示。

表 16-1　logs 表

字段名	数据类型	说　明
id	int(11)	日志 id
log	varchar(255)	日志说明

用 logs 表创建语句的语法如下:

```
CREATE TABLE logs(
  id int(11) PRIMARY KEY AUTO_INCREMENT,
  log varchar(255) DEFAULT NULL COMMENT '日志说明'
);
```

【**示例 16-1**】创建触发器，向 emp 表插入信息，并写入日志。代码如下：

```
DELIMITER $
CREATE TRIGGER trg_emp_log
AFTER INSERT ON emp FOR EACH ROW
BEGIN
    DECLARE s1 VARCHAR(40)character set utf8;
    DECLARE s2 VARCHAR(20) character set utf8;
    SET s2 = " is created";
    SET s1 = CONCAT(NEW.ename,s2);
    INSERT INTO logs(log) values(s1);
END $
DELIMITER ;
```

执行结果如图 16-1 所示。

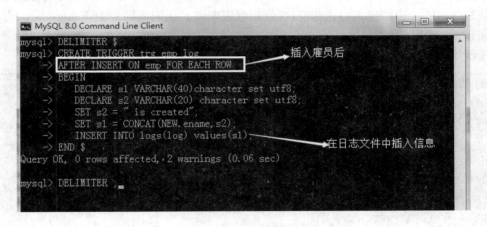

图 16-1 示例 16-1 运行效果图

触发器不能直接调用，需要创造触发器被执行的条件。触发器 trg_emp_log 被执行的条件是 emp 表中的数据被插入。因此，下面先对 emp 表进行记录插入的操作，然后查看一下 logs 表中是否增加了新记录，如果增加了，则说明触发器得到了正确的执行，如示例 16-2 所示。

【**示例 16-2**】测试触发器(1)。代码如下：

```
select * from logs;
insert into emp values(7839, 'King', 'president', null, '1981-11-17', 5000, null, 10);
select * from logs;
```

执行结果如图 16-2 所示。

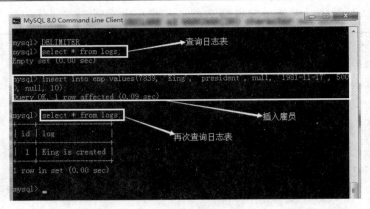

图 16-2　示例 16-2 运行效果图

16.3.2　update 型触发器

下面创建一个触发器。现有一个 emp 表，当在 emp 表中修改数据时，通过触发器将在另一张表——logs 表中插入日志信息(在创建触发器前，我们需要先创建 logs 表)，如示例 16-3 所示。

【示例 16-3】创建触发器，修改 emp 表信息，写入日志。代码如下：

```
DELIMITER $
CREATE TRIGGER trg_emp_update_log
AFTER UPDATE ON emp FOR EACH ROW
BEGIN
    DECLARE s1 VARCHAR(40)character set utf8;
    DECLARE s2 VARCHAR(20) character set utf8;
    SET s2 = " is update";
    SET s1 = CONCAT(NEW.ename,s2);
    INSERT INTO logs(log) values(s1);
END $
DELIMITER ;
```

执行结果如图 16-3 所示。

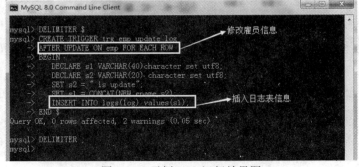

图 16-3　示例 16-3 运行效果图

触发器不能直接调用，需要创造触发器被执行的条件。触发器 trg_emp_log 被执行的条件是 emp 表中的数据被修改。因此，先对 emp 表进行记录修改的操作，然后查看一下 logs 表中是否增加了新记录，如果增加了，则说明触发器得到了正确的执行，如示例 16-4 所示。

【示例 16-4】测试触发器(2)。代码如下：

```
update emp set sal=6000 where empno=7839;
select * from logs;
```

执行结果如图 16-4 所示。

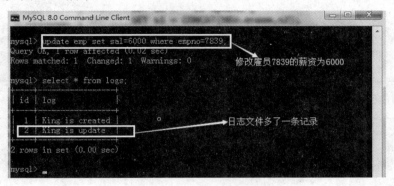

图 16-4　示例 16-4 运行效果图

16.3.3　delete 型触发器

下面创建一个触发器。现有一个 emp 表，在删除 emp 表中的数据时，通过触发器将被删除的数据备份到另一张表——emp_history 表(在创建触发器前，需要先创建 emp_history 表)中。emp_history 表的结构如表 16-2 所示。

表 16-2　emp_history 表

字段名	数据类型	说　　明
id	int(8)	日志 id
empno	int (8)	雇员编号
ename	varchar (20)	雇员名称
job	varchar(9)	职位
mgr	int(4)	领导编号
hiredate	datetime	雇员入职日期
sal	decimal(7,2)	雇员的薪水
comm	decimal(7,2)	雇员奖金
deptno	int(2)	雇员部门编号
updated	datetime	删除日期

emp_history 表创建语句：

```
create table emp_history(
id      int(8) primary key auto_increment,
empno    int(8),
ename       varchar(20),
job   varchar(9),
mgr   int(4),
hiredate    datetime,
sal    decimal(7,2),
comm       decimal(7,2),
deptno      int(2),
updated     datetime
);
```

【示例 16-5】创建触发器，删除 emp 表记录，写入日志。代码如下：

```
delimiter $
create trigger trg_emp_history
after delete on emp for each row
begin
    insert into emp_history
values(default,old.empno,old.ename,old.job,old.mgr,old.hiredate,old.sal,old.comm,old.deptno,now());
end
$
delimiter ;
```

执行结果如图 16-5 所示。

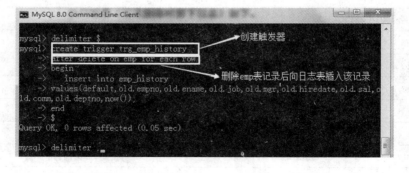

图 16-5　示例 16-5 运行效果图

在实际的数据库应用中，可能不仅仅要在删除时写入数据的日志，例如，可能要在数据插入或者更新时写入原来数据的日志。可以清楚地看到，以上代码有一点是触发器特有的特征，那就是可以在触发器定义中使用"old/new"关键字，具体可参照变更前后的数据记录(如果发生时刻定义为 before，则使用"new.列名")。

另外，根据对象事件的不同，可使用的关键字也不同，如表 16-3 所示。

表 16-3 可使用的关键字

触发器类型	new 和 old 的使用
insert 型触发器	new 表示将要或者已经新增的数据
update 型触发器	old 用来表示将要或者已经被删除的语句，new 表示将要或者已经修改的数据
delete 型触发器	old 表示将要或者已经被删除的数据

触发器 trg_emp_history 被执行的条件是 emp 表中的数据被删除。因此，先对 emp 表进行记录删除的操作，然后查看 emp_history 表中是否增加了新记录，如果增加了，则说明触发器得到了正确的执行。

【示例 16-6】测试触发器(3)。代码如下：

```
select * from emp_history;
delete from emp where empno=7839;
select * from emp_history;
```

执行结果如图 16-6 所示。

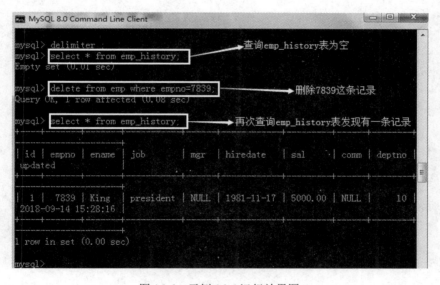

图 16-6 示例 16-6 运行效果图

本 章 小 结

本章介绍了什么是触发器，重点讲解了使用"create trigger"命令创建触发器和使用"drop trigger"命令删除触发器。根据激活触发程序的语句的类型不同，触发器可分为 insert 型、update 型、delete 型。其中，insert 型是指将新行插入表时激活触发程序；update 型是指更改某一行时激活触发程序；delete 型是指从表中删除某一行时激活触发程序。通过本章内容的学习，读者要掌握如何创建触发器及三种触发器的使用。

练 习 题

1. 简述触发器的概念。
2. 使用"create trigger"命令创建触发器。
3. 使用"drop trigger"命令删除触发器。
4. 完成 insert、update、delete 三种触发器的使用。

第十七章　数据备份与恢复

试着想一想，在生产环境中什么最重要？如果服务器的硬件坏了，可以维修或者换新；有软件问题可以修复或重新安装。但是如果数据没了呢？这可能是最恐怖的事情。而在生产环境中应该没有什么比数据更为重要，那么应该如何保证数据不丢失、或者丢失后可以快速恢复呢？本章将进行讲解。

17.1　需要备份数据的原因

在生产环境中数据库可能会遭遇各种各样的不测从而导致数据的丢失，如硬件故障、软件故障、自然灾害、黑客攻击、误操作(占比最大)等。

所以，为了在数据丢失之后能够恢复数据，需要定期地备份数据，备份数据的策略要根据不同的应用场景进行定制，大致有以下几个方面：

(1) 能够容忍丢失多少数据。

(2) 恢复数据需要多长时间。

(3) 需要恢复哪一些数据。

17.2　数据的备份类型

mysql 的备份可以分为冷备份和热备份两种：

(1) 冷备份：停止数据库服务进行备份。

(2) 热备份：不停止数据库服务进行备份。

当 mysql 的存储引擎为 MyIsam 时，只支持冷备份，可以直接复制 mysql 的 data 目录下的数据库文件。这种方式需要注意 mysql 版本兼容性问题，同时，为了保证一致性，必须停机或者锁表进行备份。

在恢复时，首先关闭 mysql 服务，将备份的数据库文件复制到 mysql 的 data 目录下，然后启动 mysql 服务。

当 mysql 的存储引擎为 InnoDB 时，支持热备份，因为 InnoDB 引擎是事务性存储引擎，可以根据日志来进行"redo"和"undo"，即将备份时没有提交的事务进行回滚，已经提交了的事务进行重做。

mysql 提供了"mysqldump"命令用于存储引擎为 InnoDB 时的备份操作。

17.3　备　份　数　据

因为在安装 mysql 时配置了环境变量，所以可以直接输入命令，否则需要进入 mysql 安装目录的 bin 目录下(例如，E:\soft\MySQL\MySQLServer 8.0\bin)。

【示例 17-1】用"mysqldump"命令备份指定数据库。

```
-- 备份指定数据库(db_name)
mysqldump -u root -h 127.0.0.1 -p db_name>d:\bf.sql
```

执行结果如图 17-1 所示。

图 17-1　示例 17-1 运行效果图

【示例 17-2】用"mysqldump"命令备份指定数据库中的指定表。

```
-- 备份指定数据库(db_name)中的指定表(emp)
mysqldump -u root -h 127.0.0.1 -p db_name    emp>d:\bf.sql
```

执行结果如图 17-2 所示。

图 17-2　示例 17-2 运行效果图

【示例 17-3】用"mysqldump"命令备份多个数据库。

```
-- 备份多个数据库(db_name、stock_in_out)
mysqldump -u root -h 127.0.0.1 -p --databases    db_name    stock_in_out >d:\bf.sql
```

执行结果如图 17-3 所示。

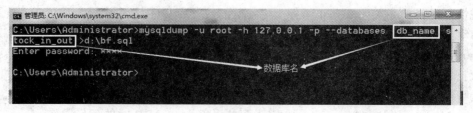

图 17-3　示例 17-3 运行效果图

【示例 17-4】用"mysqldump"命令备份所有数据库。

-- 备份所有数据库

mysqldump -u root -h 127.0.0.1 -p --all-databases > d:\bf.sql

执行结果如图 17-4 所示。

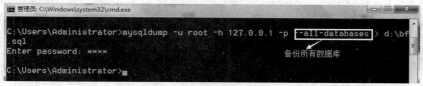

图 17-4　示例 17-4 运行效果图

17.4　恢　复　数　据

【示例 17-5】用"mysql"命令恢复至指定数据库。

-- 恢复至指定数据库(db_name)

mysql -u root -h 127.0.0.1 -p　　db_name <d:\bf.sql

恢复前的结果如图 17-5 所示。

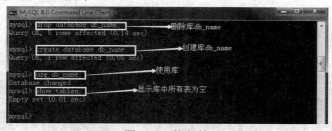

图 17-5　恢复前

执行恢复命令后的结果如图 17-6 所示。

图 17-6　示例 17-5 运行效果图

恢复后的查询结果如图 17-7 所示。

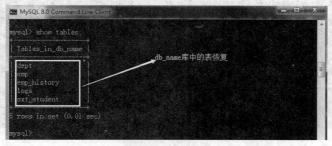

图 17-7　恢复后

如果已经登录 mysql，则可以使用示例 17-6 所示方式恢复指定数据库，在 cmd 界面下执行 source 命令，但不能在 mysql 工具中执行 source 命令。

【示例 17-6】用 source 命令恢复指定数据库。

-- 如果已经登录 mysql，则可以使用这种方式恢复指定数据库
-- 只能在 cmd 界面下执行 source 命令，不能在 mysql 工具里面执行 source 命令
use db_name;
source   d:\bf.sql

恢复前的结果如图 17-8 所示。

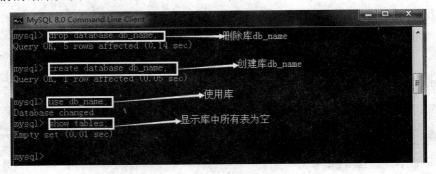

图 17-8　恢复前

执行恢复命令后的结果如图 17-9 所示。

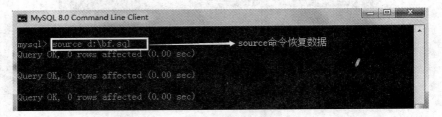

图 17-9　示例 17-6 运行效果图

恢复后的查询结果如图 17-10 所示。

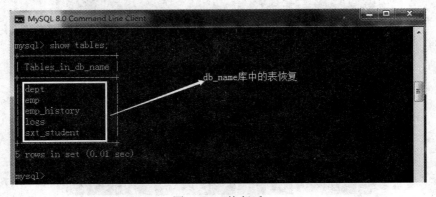

图 17-10　恢复后

本 章 小 结

　　本章介绍了为什么需要数据备份及数据备份的类型，重点讲解了如何实现数据备份及数据恢复。其中，可以使用"mysqldump"命令进行数据备份，使用"mysql"命令、"source"命令进行数据恢复。掌握了数据的备份和恢复，可以方便有效地解决遭遇各种各样不测造成数据丢失的问题。

练 习 题

1. 简述为什么需要备份数据。
2. 简述备份数据的方法。
3. 使用"mysqldump"命令完成数据备份。
4. 使用"mysql"命令和"source"命令完成数据恢复。

第十八章　关系型数据库设计

　　设计数据库是建立数据库及其应用系统的理论基础，也是信息系统开发和管理的核心技术。由于数据库应用系统的复杂性，数据库设计就变得异常复杂，因此最佳设计不可能一蹴而就，而只能是一种反复探寻、逐步求精的过程，也是规划数据库中的数据对象以及这些数据对象之间关系的过程。本章主要讲解如何设计关系型数据库、三大范式及设计学生选课数据库实例。

18.1　设计关系型数据库

18.1.1　数据模型

1．数据模型的内容

　　数据模型所描述的内容包括三个部分，即数据结构、数据操作和数据约束。

　　(1) 数据结构：数据模型中的数据结构主要描述数据的类型、内容、性质以及数据间的联系等。数据结构是数据模型的基础，数据操作和数据约束都建立在数据结构上。不同的数据结构具有不同的数据操作和数据约束。

　　(2) 数据操作：在数据模型中，数据操作主要描述相应的数据结构上的操作类型和操作方式。

　　(3) 数据约束：数据模型中的数据约束主要描述数据结构内数据间的语法、词义联系，数据之间的制约和依存关系，以及数据动态变化的规则，以保证数据的正确、有效和相容。

2．数据模型的分类

　　数据模型按不同的应用层次，可分成三种类型：概念数据模型、逻辑数据模型和物理数据模型。

　　(1) 概念数据模型(Conceptual Data Model)：简称概念模型，它是面向数据库用户的现实世界的模型，主要用来描述现实世界的概念化结构，使数据库的设计人员在设计的初始阶段，摆脱计算机系统及 DBMS 的具体技术问题，集中精力分析数据以及数据之间的联系等，与具体的数据管理系统无关。概念数据模型必须换成逻辑数据模型，才能在 DBMS 中实现。

　　(2) 逻辑数据模型(Logical Data Model)：简称数据模型，这是用户在数据库中所看到的模型，它是具体的 DBMS 所支持的数据模型，如网状数据模型(Network Data Model)、层次数据模型(Hierarchical Data Model)等。此模型既要面向用户，又要面向系统，主要用于数据库管理系统的实现。

　　(3) 物理数据模型(Physical Data Model)：简称物理模型，它是面向计算机物理表示的模型，描述了数据在存储介质上的组织结构，其不但与具体的 DBMS 有关，而且还与操作系统和硬件有关。每一种逻辑数据模型在实现时都有其对应的物理数据模型。DBMS 为了保证其独立性与可移植性，大部分物理数据模型的实现工作由系统自动完成，而设计者只设计索引、聚集等特殊结构。

18.1.2 概念模型

概念模型是对现实世界中的管理对象、属性及联系等信息的描述形式。按用户的观点来对数据和信息建模，用于组织现实世界的概念，表现从现实世界中抽象出来的事物以及它们之间的联系。这类模型强调其语义表达能力，概念简单、清晰、易于用户理解，它是现实世界到信息世界的抽象，是用户与数据库设计人员之间进行交流的语言。

在概念数据模型中，最常用的是实体-联系方法(Entity-Relationship Approach)，简称 E-R 方法。

(1) 实体：即现实世界中存在的、可以相互区别的人或事物。一个实体集合对应于数据库中的一个表，一个实体则对应于表中的一条记录。在 E-R 图中，实体用矩形框表示。

(2) 属性：实体具有的某一种特性，对应于数据库表中的一列。例如，学生实体具有姓名、性别等属性。

(3) 联系：即实体之间存在的关系。在 E-R 图中，联系用菱形框表示。联系的类型可以是 1∶1 (1 对 1)、1∶n (1 对多)、n∶m (多对多)。

在设计比较复杂的数据库应用系统时，往往需要选择多个实体，对每种实体都要画出一个 E-R 图，并且要画出实体之间的联系。

画 E-R 图的一般步骤是：先确定实体集与联系集，把有关系的实体联系起来，然后再分别为每个实体加上实体属性。当实体和联系较多时，为了 E-R 图的整洁，可以省去一些属性。下面介绍如何画出系部、学生、课程三个实体的 E-R 图。各实体的属性如下：

(1) 系部：系编号、系名称、系主任、联系电话、系所在地址。

(2) 学生：学号、姓名、性别、出生日期、所在系部、地址、电话。

(3) 课程：课程号、课程名、课程学时数、学分、开课学期、课程类别。

系部、学生和课程作为实体，相关信息分别作为其属性。学生与课程之间的关系是多对多的关系，一个学生可以学习多门课程，一门课程又可以被多个学生学习，学生和课程间的联系可以命名为"学习"，用菱形框表示；系部和学生之间的关系为 1 对多的关系，一个系有多个学生，一个学生只能属于一个系，其关系命名为"属于"。这样，就可画出三者的 E-R 图，如图 18-1 所示。

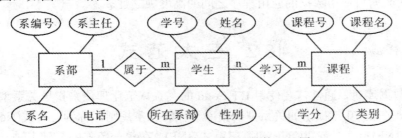

图 18-1 系部、学生和课程三者的 E-R 图

18.1.3　设计数据库的步骤

一般来说，设计数据库要经历需求分析、概念设计、实现设计和物理设计四个阶段。

1．需求分析

需求分析的目的是分析系统的需求。该过程的主要任务是从数据库的所有用户那里收集对数据的需求和对数据处理的要求，并把这些需求写成用户和设计人员都能接受的说明书。

2．概念设计

概念设计的目的是将需求说明书中关于数据的需求综合为一个统一的概念模型。首先根据单个应用的需求，画出能反映每一个应用需求的局部 E-R 图，然后把这些 E-R 模型图合并起来，消除冗余和可能存在的矛盾，得出系统总体的 E-R 模型。

3．实现设计

实现设计的目的是将 E-R 模型转换为某一特定的 DBMS 能够接受的逻辑模式。对于关系型数据库，主要是完成表的设计和表之间关联的设计。

4．物理设计

物理设计的目的是确定数据库的存储结构。主要任务包括确定数据库文件和索引文件的记录格式和物理结构，选择存取方法，决定访问路径和外存储器的分配策略等。不过这些工作大部分可以由 DBMS 来完成，仅有一小部分工作由设计人员来完成。例如，物理设计应确定字段类型和数据库文件的长度。实际上，由于借助 DBMS，这部分工作难度比实现设计要容易得多。

对于一个程序编制人员来说，需要了解最多的应该是实现设计阶段。因为数据库不管设计得好坏，都可以存储数据，但是在存取的效率上可能有很大的差别。可以说，实现设计阶段是影响关系型数据库存取效率的一个重要步骤。

18.1.4　关系型数据库的设计原则

数据库设计是指对于一个给定的应用环境，根据用户的需求，利用数据模型和应用程序模拟现实世界中该应用的数据结构和处理活动的过程。关系型数据库的设计原则如下：

(1) 数据库内数据文件的数据组织应获得最大限度的共享、最小冗余度、消除数据及数据依赖关系中的冗余部分，使依赖于同一个数据模型的数据有效分离。

(2) 保证输入、修改数据时数据的一致性与正确性。

(3) 保证数据与使用数据的应用程序之间的高度独立性。

18.2　三 大 范 式

在设计数据库时，通常需要使用 E.F.Codd 的关系规范化理论来指导关系型数据库的设计。E.F.Codd 在 1970 年提出的关系型数据库设计的三条规则，称为三范式(Normal Form)，即第一范式(1NF)、第二范式(2NF)和第三范式(3NF)。在第一范式的基础上进一步满足更多要求的称为第二范式(2NF)，其余范式以此类推。一般来说，数据库只需要满足第三范式(3NF)即可。将这三个范式应用于关系型数据库的设计中，能够简化设计过程，并达到减少数据冗余、提高查询效率的目的。

18.2.1　第一范式(1NF)

第一范式(1NF)是指数据库表中的每一列都是不可分割的基本数据项，同一列中不能有多个值，即实体类中的某个属性不能有多个值或者不能有重复的属性。

在任何一个关系型数据库中，第一范式是对关系模型的基本要求，不满足第一范式的数据库就不是关系型数据库。在第一范式中，数据表的每一个行只包含一个实体的信息，并且每一行的每一列只能存放实体的一个属性。例如，对于学生信息表，不可以将学生实体的所有属性信息(如学号、姓名、性别、年龄、班级等)都放在一个列中显示，也不能将学生实体的两个或多个属性信息放在一个列中显示，学生实体的每个属性信息需分别放在多个列中显示。

如果数据表中的列信息都符合第一范式，那么在数据表中的字段都是单一的、不可再分的。表 18-1 就是不符合第一范式的学生信息表，因为"班级"列中包含"系别"和"班级"两个属性信息，这样"班级"列中的信息就不是单一的，是可以再分的；而表 18-2 是符合第一范式的学生信息表，它将原"班级"列的信息拆分到"系别"列和"班级"列中。

表 18-1　不符合第一范式的学生信息表

学号	姓名	性别	年龄	班级
023145	张三	男	21	计算机系 3 班
023146	李四	女	20	计算机系 2 班

表 18-2　符合第一范式的学生信息表

学号	姓名	性别	年龄	系别	班级
023145	张三	男	21	计算机系	3 班
023146	李四	女	20	计算机系	2 班

表 18-2 所示的学生信息遵循了第一范式的要求，这样在用系别进行分类时就非常方便，也提高了数据库的性能。

18.2.2　第二范式(2NF)

第二范式是在第一范式的基础上建立起来的，即满足第二范式必先满足第一范式(1NF)。第二范式要求数据表中的每个实体(即各个记录行)必须可以被唯一地区分。为实现区分，各行记录通常需要为表设置一个"区分列"，用以存储各个实体的唯一标识。在学生信息表中，设置了"学号"列，由于每个学生的编号都是唯一的，因此每个学生可以被唯一地区分(即使学生存在重名的情况下)，那么这个唯一属性列被称为主键。

第二范式(2NF)要求实体的属性完全依赖于主键，要消除部分依赖。所谓完全依赖，是指不能存在仅依赖主键一部分的属性，如果存在，那么这个属性应该分离出来形成一个新的实体，新实体与原实体之间是一对多的关系。为实现区分，通常需要为表加上一个列，以存储各个实体的唯一标识。简而言之，第二范式中的属性完全依赖于主键。

如学生信息系统，把所有这些信息放到一个表中(学号、姓名、年龄、性别、课程名称、学分、系别、系办地址、成绩)，如表 18-3 所示。

表 18-3　学生信息表

学号	姓名	年龄	性别	课程名称	学分	系别	系办地址	成绩
023145	张 XX	18	男	C 语言	4	计算机	4-501	87
023146	李 XX	19	女	Java	4	计算机	4-501	86
023147	赵 XX	19	女	数据库	4	计算机	4-501	82
023148	王 XX	19	男	C++	4	计算机	4-501	78

从表 18-3 中可以看出，存在如下的部分依赖关系：

(学号)→(姓名、年龄、性别、系别、系办地址)

(课程名称)→(学分)

(学号，课程)→(成绩)

因此，不能满足第二范式的要求，存在的问题主要有以下三点。

1. 数据冗余

同一门课程有 n 个学生选修，"学分"就冗余地出现了 n−1 次；同一个学生选修了 m 门课程，姓名和年龄就冗余地出现了 m−1 次。

2. 更新异常

(1) 若调整了某门课程的学分，数据表中所有行的"学分"值都要更新，否则会出现同一门课程学分不同的情况。

(2) 假设要开设一门新的课程，暂时还没有人选修。这样，由于还没有"学号"关键字，课程名称和学分也无法记录入数据库。

3. 删除异常

假设一批学生已经完成了课程的选修，则这些选修记录就应该从数据库表中删除。但是，与此同时，课程名称和学分信息也被删除了。这样就删除了不该删除的信息，也就导致了删除异常。

解决方法：把存放部分依赖的关键字和相应的属性分离出来作为一个新的实体，与原实体建立一对多的关系。根据以上的部分依赖分析，可以分解成如下的三张表：

学生表：Student(学号、学生姓名、年龄、性别、系别、系办地址)，如表 18-4 所示。

课程表：Course(课程号、课程名称、学分)，如表 18-5 所示。

选课关系表：SelectCourse(学号、课程号、成绩)，如表 18-6 所示。

表 18-4　学生表(Student)

学号	姓名	年龄	性别	系别	系办地址
023145	张 XX	18	男	计算机	4-501
023146	李 XX	19	女	计算机	4-501
023147	赵 XX	19	女	计算机	4-501
023148	王 XX	19	男	计算机	4-501

表 18-5 课程表(Course)

课程号	课程名称	课程学分
1001	数据库	4
1002	C 语言	4
1003	Java	4
1004	C++	4

表 18-6 选课关系表(SelectCourse)

学号	课程号	成绩
023145	1002	87
023146	1003	86
023147	1001	82
023148	1004	78

以上这样设计，在很大程度上减小了数据库的冗余。如果要获取学生选课信息，可以联合学生表、课程表、选课关系表查询即可。

18.2.3 第三范式(3NF)

第三范式是在第二范式基础上建立起来的，即满足第三范式必先满足第二范式。第三范式要求关系表中的任意一个非主键字段不间接依赖主键字段，即不传递依赖于主键字段，也就是说，第三范式需要确保数据表中的每一列数据都和主键直接相关，而不能间接相关。

传递依赖是指数据表中有 A、B、C 三个字段，如果字段 B 依赖于字段 A，字段 C 又依赖于字段 B，则称字段 C 传递依赖于字段 A，并称该数据表存在传递依赖关系。在一个数据表中，如果有一个非主键字段依赖于另外一个非主键字段，而另一个非主键字段依赖于主键字段，则该非主键字段传递依赖于主键。因而该数据表就不满足第三范式。第三范式要求非主键字段之间没有从属关系。

在表 18-4 中，"学号"是主关键字，字段"系办地址"依赖于"系别"，"系别"依赖于"学号"，所以"系办地址"传递依赖于"学号"，所以"学生"表不满足第三范式。要满足第三范式，需要把"学生"表分割为两个表，"学生"表和"系部"表两个表，将造成传递依赖的"系别"和"系办地址"放入"系部"表中，其他字段和"系别"放入"学生"表中。可以分解成如下的四张表：

(1) 系部信息表：Department_info(系编号、系名、系主任、系办地址、联系电话)，如表 18-7 所示。

(2) 学生信息表：Student_info(学号、姓名、性别、出生日期、所在系、家庭地址、家庭电话)，如表 18-8 所示。

(3) 课程信息表：Course_info(课程号、课程名、课程学时数、学分、开课学期、课程类别)，如表 18-9 所示。

(4) 选课信息表：SC(学号、课程号、成绩)，如表 18-10 所示。

本实例的 E-R 图如图 18-2 所示。

表 18-7　　系部信息表(Department_info)

列名	数据类型	宽度	空值否	默认值	主键	外键	备注
Did	INT	6	否		是		系编号
Dname	VARCHAR	18	否				系名
Ddean	VARCHAR	10	是				系主任
Dtel	VARCHAR	14	是				联系电话
Daddr	VARCHAR	50	是				系办地址

表 18-8　　学生信息表(Student_info)

列名	数据类型	宽度	空值否	默认值	主键	外键	备注
Sid	INT	8	否		是		学号
Sname	VARCHAR	10	否				姓名
Sgender	CHAR	4	是				性别
Sbirth	DATETIME		是				出生日期
Sdepart	INT	6	否			Department 的 Did	所在系
Saddr	VARCHAR	50	是				家庭地址
Stel	CHAR	14	是				家庭电话

表 18-9　课程信息表(Course_info)

列名	数据类型	宽度	空值否	默认值	主键	外键	备注
Cid	INT	10	否		是		课程号
Cname	VARCHAR	20	否				课程名
Cperiod	INT		否	60			课程学时数
Ccredit	DOUBLE	3，2	否	3.0			学分
Cterm	CHAR	2	是				开课学期
Ctype	CHAR		是				课程类别

表 18-10　　选课信息表(SC)

列名	数据类型	宽度	空值否	默认值	主键	外键	备注
Sid	CHAR	8	否		共同构成主键	Student 的 Sid	学号
Cid	CHAR	10	否			Course 的 Cid	课程号
Grade	DOUBLE	5，2	是				成绩

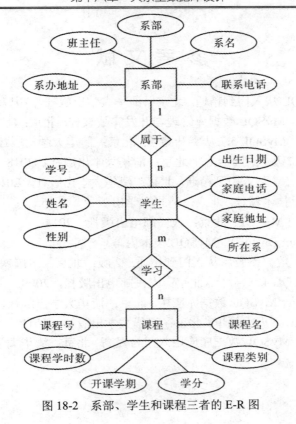

图 18-2 系部、学生和课程三者的 E-R 图

本 章 小 结

　　本章主要介绍了设计数据库的步骤、关系型数据库的设计原则及三大范式。其中，设计数据库需要进行需求分析、概念设计、实现设计和物理设计。关系型数据库的设计原则是保证最大限度的数据共享、最小的冗余，保证插入、修改数据时数据的一致性与正确性，保证数据与使用数据的应用程序之间的高度独立性。重点讲解了三大范式，第一范式是指数据库表中的所有字段值都是不可再分的；第二范式是指确保数据库表中的每一列都和主键相关，而不能只与主键的某一部分相关；第三范式是指确保数据库表中的每一列都和主键直接相关，而不能是间接相关。通过本章内容的学习，要掌握三大范式，会将三个范式应用于关系型数据库的设计，从而简化设计过程、减少数据冗余、提高查询效率。

练 习 题

1. 简述数据库设计的步骤。
2. 简述绘制 E-R 图的步骤。
3. 简述第一范式、第二范式、第三范式的内容。

参 考 文 献

[1]　明日科技. MySQL 从入门到精通. 北京：清华大学出版社，2017.

[2]　程朝斌，张水波. MySQL 数据库管理与开发实战教程. 北京：清华大学出版社，2016.

[3]　王英英，李小威. MySQL 5.7 从零开始学. 北京：清华大学出版社，2018.

[4]　张婷. MySQL 5.7 从入门到实战. 北京：清华大学出版社，2018.

[5]　刘增杰. MySQL 5.7 从入门到精通. 北京：清华大学出版社，2016.

[6]　张工厂. MySQL 技术精粹. 北京：清华大学出版社，2015.

[7]　唐汉明. 深入浅出 MySQL. 北京：人民邮电出版社，2014.

[8]　保罗·迪布瓦(Paul DuBois). MySQL 技术内幕. 5 版. 北京：人民邮电出版社，2015.

[9]　王飞飞. MySQL 数据库应用从入门到精通. 2 版. 北京：中国铁道出版社，2014.

[10]　(英)福塔. MySQL 必知必会. 北京：人民邮电出版社，2009.

[11]　刘玉红，郭广新. MySQL 数据库应用. 北京：清华大学出版社，2016.

[12]　黄缙华. MySQL 入门很简单. 北京：清华大学出版社，2011.

[13]　侯振云，肖进. MySQL 数据库应用入门与提高. 北京：清华大学出版社，2015.